Die Milchstraße

Johannes V. Feitzinger

Die Milchstraße

Innenansichten unserer Galaxie

Spektrum Akademischer Verlag Heidelberg · Berlin

Die Deutsche Bibliothek - CIP-Einheitsaufnahme

Feitzinger, Johannes Viktor:
Die Milchstraße : Innenansichten unserer Galaxie /
Johannes V. Feitzinger. - Heidelberg ; Berlin : Spektrum, Akad. Verl.,
2002
ISBN 3-8274-1363-X

Bei dem vorliegenden Buch handelt es sich um eine völlig überarbeitete Auflage des Titels von Johannes V. Feitzinger, *Unterwegs auf der Milchstraße - Die Erkundung unserer Galaxie*, der 1993 bei Franckh Kosmos, Stuttgart, erschienen ist.

Lektorat: Katharina Neuser-von Oettingen, Ulrike Finck
Produktion: Katrin Frohberg
Umschlaggestaltung: WSP Design, Heidelberg
Titelbild: © NASA GSFC Astrophysics Data Facility,
© Thomas Dame
Druck und Verarbeitung: Ebner & Spiegel GmbH, Ulm

Zum Titelbild: Die Milchstraße dargestellt durch Radiowellen, atomarer Wasserstoff, ferner Infrarot (NASA GSFC Astrophysics Data Facility) und durch molekuaren Wasserstoff (Thomas Dame).

Inhaltsverzeichnis

Aus dem Vorwort zur 1. Auflage

Bei jedem Unterwegs gibt es viele Aufs und Abs, aber auch ebene Strecken: Schwere Wegstrecken wechseln mit leichten, und hin und wieder kann man auch eine Abkürzung gehen. Das Buch ist ähnlich angelegt: Buchkapitel können überschlagen werden, um zügiger voranzukommen oder um schon Bekanntes zu vermeiden; das ist möglich. Querlesen verschafft schnelle Überblicke.

Manche Kapitel sind schwerer, manche leichter zu lesen. Gelegentlich führt ein Kapitel wiederholend an schon Besprochenem vorbei. Mehrfach sind so wichtige Sachverhalte unter anderem Blickwinkel und mit neuem Schwerpunkt aufgearbeitet. Mathematik ist an keiner Stelle über den Ansatz von Proportionalität hinausgehend benutzt. Wer seine Steuererklärung macht oder die Gas- und Stromrechnung überprüft, muss mehr rechnen.

Immer ist versucht worden, allgemeinverständliche Anschaulichkeit zu erhalten. Die jährlich rund 140 000 Besucher des Planetariums der Sternwarte Bochum waren und sind kritisches Publikum genug, um diese Anschaulichkeit einzufordern, die Grundlage ist für das Vermitteln von Fachwissen an ein Laienpublikum. Die erworbenen Erfahrungen wurden genutzt. Vom Leichten zum Schweren und bis zu den letzten Begründungen führt der Weg über die Milchstraße und in die Milchstraße hinein. Die nie ruhenden Fragen der Besucher, sie waren es auch, die mich auf dieser Wanderung begleiteten. Ich habe gelernt, dass Laienfragen oft schwieriger sind als Fragen von Fachleuten. Und ich habe glücklich bestätigt gefunden, dass niemand mit halben Antworten oder Ausreden zufrieden ist.

Naturwissenschaftliche Kultur, von der wir alle abhängig sind, breiten Bevölkerungskreisen zu vermitteln, dafür steht der Name der Sternwarte Bochum. Astronomie und Weltraumforschung übernehmen hierbei eine Stellvertreterrolle für die übrigen Naturwissenschaften. Das Buch ist ein möglicher Schritt bei diesem Vermittlungsversuch.

Dank gebührt vielen Kolleginnen und Kollegen auf der ganzen Welt, die dem Verfasser neues Bildmaterial zur Verfügung stellten oder in vielen Diskussionen mit ihm erprobten, wie weit Vereinfachung gehen kann, gehen darf und was dabei herauskommt.

Bochum, um den 21. März 1993
Johannes Viktor Feitzinger (Professor für Astronomie, Ruhr-Universität, Direktor der Sternwarte und des Planetariums Bochum)

Vorwort zur Neuauflage

Schnell war das Buch vergriffen. Die Nachfrage nach ihm verebbte ab 1996 niemals. Gern nahm ich deshalb die Gelegenheit wahr, mit neuem Verlag, unter anderem Titel, eine aktualisierte Neuauflage vorzunehmen. Neue Forschungsergebnisse wurden in allen Kapiteln berücksichtigt. Ich danke Frau Angelika Grothues für die Hilfe bei der Erstellung der Abbildungen und Herrn Manfred Hünerbein für die Hilfe bei allen Fragen der Computerarbeit am Manuskript. Dem Verlag danke ich für die innovative Betreuung.

Bochum, um den 21. März 2002
Johannes Viktor Feitzinger (Professor für Astronomie, Ruhr-Universität, Direktor der Sternwarte und des Planetariums Bochum)

1. Das Milchstraßenband

Sterne, Sterne, Sterne und kein Ende.
Einen Stern kennen wohl alle: es ist der Stern Sonne. Nur durch ihre Nähe erscheint sie uns Erdenbewohnern nicht als Lichtpunkt wie die übrigen Sterne. Die Sterne, leuchtende Gaskugeln, die ihre Energie in ihrem Inneren selbst erzeugen, liegen in den unterschiedlichsten Entfernungen. Unser Vorstellungsvermögen kann Vergleiche für diese kosmischen Weiten kaum bereitstellen. Die Entfernungen der Sterne sind so groß, dass sie sich an der Himmelssphäre abbilden, als ob sie an einer gläsernen Schale festgeklebt wären. Unsere Sinnesempfindungen können zwischen ihnen keine unterschiedlichen Entfernungen feststellen.

Sterne, Sterne, Sterne, wer bringt Ordnung in dieses Gewimmel? Immer wurden Gestalten erfunden, die in dieses Gewimmel hinein passten. Mit Figuren und Gegenständen, entnommen aus dem Leben der Völker, begann man, den Himmel zu bebildern. Und Jahrtausende war man sich nicht im klaren darüber, dass diese Lichtpunkte, die Sterne, durch Figuren in Muster geordnet, im Raum weit verteilt sind. Und zwischen diesen Sternbildfiguren erblickte man ein weißlich schimmerndes Band - die Milchstraße. Was ist dieses Band? Besteht es aus Sternen? Ist es ein anderer himmlischer Stoff? Warum leuchtet dieses Band?

Brechen wir auf! Unsere Anschrift lautet: Unterwegs auf der Milchstraße! Die letzten Jahrzehnte astronomischer Forschung haben unseren Kenntnisstand über diesen himmlischen Lichtweg dramatisch verändert und erweitert. Doch wie nahmen frühe Kulturen, unsere Vorfahren vor Tausenden von Jahren, dieses schimmernde Band wahr?

1.1 Steinzeitliche Jäger und Sammler unter dem Sternenhimmel

Es ist unbestritten, dass die Sorge für das eigene Leben allen Tieren und auch den Menschen angeboren ist und ebenso der Trieb zur Fortpflanzung und Brutpflege, immer dann, wenn die Nachkommen allein nicht lebensfähig sind. Die Sorge für das eigene Leben ist immer auch die Sorge um die tägliche Nahrung. Nahrungsaufkommen ist aber abhängig vom Lauf der Jahreszeiten. Das genaue Kennen der Wachstums- und Erntezeiten, die Einteilung des Jahreslaufs also, ist für die Sicherung der Nahrung eine Voraussetzung. Schon bei den frühsten Kulturen sind solche erste Ansätze für einen Jahreskalender zu finden. Will man dies nachvollziehen und auch verstehen, wie der Himmel eingeteilt wurde und was man sah, so ist es wohl sinnvoll sich bei den noch auf der Erde verbleibenden Sammler- und Jägergesellschaften umzuschauen. Es gibt heute nur noch wenige Volksstämme, die in solchen ursprünglichen und überschaubar abgegrenzten Einheiten leben. Solch eine Steinzeitkultur, die in den letzten 40 000 Jahren kaum Wandlungen unterworfen war, ist die der australischen Aborigines.

Für uns in Europa ist es unmöglich zu erfahren, was unsere Jäger- und Sammlervorfahren vor 15 000 Jahren fühlten und dachten, wenn sie den Sternenhimmel betrachteten. Aber in der Kultur der Aborigines können wir den ursprünglichen Empfindungen und Gedanken nachfragen, die ein Naturphänomen, welches außerhalb menschlicher Kontrolle abläuft, hervorruft. Roslynn D. Haynes von der Universität New South Wales (Australien) hat diese Arbeit 1990 begonnen. Ihre Untersuchungen erlauben einen tieferen Einblick in die Sternenwelt von Steinzeitmenschen.

Der südliche, genauso wie der nördliche Sternenhimmel bildet die Bühne für ein bewegtes Schauspiel. Wir haben dies vielleicht schon selbst erlebt, vor allem in klaren Winternächten, wenn die Milchstraße sich als breites glitzerndes Band von Horizont zu Horizont schwingt. Die gesamte Lichterpracht scheint dann innerhalb der Reichweite einer Vogelflugentfernung zu liegen. Diese Empfindung ist sicher heute noch die gleiche wie sie es vor Tausenden von Jahren war. So verwundert es nicht, dass die Aborigines sehr sorgfältig die Sternpositionen zu verschiedenen Jahreszeiten beobachten und Geschichten erfanden, in denen sie das Gesehene in den Rahmen ihrer Stammeserfahrungen einwoben und zu erklären versuchten.

Am dicht bestirnten Himmel bestimmte vorgegebene Figuren zu finden, ist nicht leicht. Gestalt erkennen ist daher für die Aborigines wichtiger als die Sternhelligkeit. Ebenso spielt die Farbe bei ihren Sternbezeichnungen eine Rolle. Der Stern Antares zum Beispiel wird als *tataka indora*, als sehr rot bezeichnet; weiß, blau, gelb sind die anderen Farben, die bei anderen Sternen genannt werden.

Die Aborigines unterscheiden auch zwischen dem nächtlichen Himmelsumschwung der Sterne von Ost nach West und zwischen der allmählicheren jährlichen Verschiebung der Sternbilder. Aus dieser Drehung leiteten sie einen Jahreszeitenkalender ab, der auf der Lage der Sternbilder bei Sonnenauf- oder Sonnenuntergang beruht. Ebenso wurden Sternengruppen erkannt, die ganzjährig zu sehen sind. Dies entspricht der Entdeckung, dass Sterne innerhalb eines gewissen Abstandes vom südlichen Himmelspol nicht untergehen. Die Himmelsbeobachtungen der Aborigines wurden und werden nicht aus Gründen einer bestimmten Neugier den Sternen zuliebe gemacht – wir würden sagen, aus wissenschaftlicher Neugier –, sondern aus ganz subjektiven und pragmatischen Gründen. Entweder wird versucht, vorhersagbare Beziehungen zwischen den Sternpositionen und anderen natürlichen Ereignissen herzustellen, die für das Überleben des Stammes wichtig sind. Hierher gehört zum Beispiel die Festlegung des Verfügungszeitpunktes von bestimmten Nahrungsmitteln oder das Einsetzen bestimmter Wetterbedingungen. Zum anderen dienen die Beobachtungen dazu, ein System von moralischen und erzieherischen Merkregeln im Rahmen des Stammeskultes aufzubauen. Dies war und ist zum Erhalt der Stammesidentität notwendig.

Steinzeitliche Jäger und Sammlerkulturen bedürfen um zu überleben eines Vorwissens von Umweltänderungen im Jahreslauf. Die Aborigines benützten hierfür Zusammenhänge zwischen den Sternbildfiguren, ihrem jahreszeitlichen Auftauchen oder Verschwinden, und dem Wetter oder dem Zustand des Pflanzenwachstums. Hauptnahrungsquellen und Lebensstil der verschiedenen Stämme bestimmen die Wichtigkeit und die Zeitpunkte, die solchen Himmelszeichen zukommt. So bedeutet für die Aborigines auf Groote Eylandt im Golf von Carpentaria, das Auftauchen der Sterne Epsilon und Lambda Skorpion im April am Abendhimmel (zwei Sterne im Stachel des europäischen Sternbildes Skorpion) das Ende der feuchten Jahreszeit und der Beginn der Trockenzeit mit einem stetig südöstlich wehenden Wind. Arktur am östlichen Morgenhimmel markiert die Erntezeit für eine Grassorte, die für den Bau von Fischfallen und Körben benötigt wird. Eine Geschichte, in der Arktur als Stern benannt ist, dient hierfür als Erinnerungsstütze.

Neben den pragmatischen Zwecken haben die Erzählungen über die Sterne noch einen weiter weisenden Sinn. Für die Bewahrung einer kulturellen Stammeseinheit ist die innige Verknüpfung zwischen den beobachteten Naturphänomenen und dem sozialen Verhalten notwendig. Der Nachthimmel dient und diente als stetig wiederkehrende Erinnerung an die in den Mythen bewahrten moralischen Gebote des Stammes. Somit ist er die einzige Möglichkeit, die im Laufe der Jahrtausende gewachsene Weisheit eines Stammes in mündlicher Überlieferung zu bewahren. Die auf diese Art und Weise in den Himmel gezeichneten Mythen werden gemimt, getanzt, gesungen und erzählt.

Das Hauptinteresse der Aborigines liegt wesentlich in den regelmäßigen Himmelserscheinungen. Dies ist verständlich, denn der Sinn ihrer Mythologie ist die Überwindung einer Hilflosigkeit, die diese so völlig von den Naturvorgängen abhängigen Volksstämme verspüren. Die Verknüpfung der jahreszeitlich erscheinenden Sternbilder mit bestimmten Wettererscheinungen oder Fruchtfolgen gibt ihnen ein prophetisches Vertrauen, Naturvorgänge vorher zu kennen und somit Lebenssituationen zu beherrschen.

Sicher ist es nicht allgemein zulässig, die Art der Betrachtung des Himmels einfach auch auf andere Kulturen zu übertragen. Die Gleichheit der Grundzüge menschlichen Verhaltens erlaubt uns jedoch, einen Eindruck zu erahnen, wie unsere Vorfahren dem Sternenhimmel gegenübergestanden haben müssen.

1.2 Die Milchstraße in alten Legenden und Mythen

Die Milchstraße, die sich als diffuser Lichtstreifen über den Himmel spannt, wird von den Aborigines als ein Fluss in der Himmelswelt betrachtet. Dabei sind die helleren Sterne die Fische und die schwächeren stellen die Blüten von Wasserlilien dar. Zahlreiche Legenden mit moralischen Belehrungen haben sich von Stamm zu Stamm unterschiedlich entwickelt. Viele handeln von der Entstehung der Milchstraße und benennen auch die dunkleren Teile, die das zerrissene Aussehen dieses Lichtbandes verursachen. Andere Legenden sprechen die Gefahren an, denen Menschen beim Fischfang auf dem Himmelsfluss ausgesetzt sind.

Bei einem Stamm in der Nähe von Yirrkalla, an der nordaustralischen Küste, ist die Milchstraße ein reißender Strom mit Felsen und Stromschnellen, die den dunklen lichtlosen Gebieten der Milchstraße entsprechen. Der Mythos erzählt von zwei Brüdern, die beim Fischen vom Kanu aus ertranken. Ihre Körper treiben im Wasser der Milchstraße (vergleiche hierzu Abb. 1.1) in den Sternbildern Serpens und

Sagittarius. Die das Milchstraßenband schneidenden Wellenlinien stellen die Bugwelle des Kanus dar. Die zwei Brüder erscheinen ein zweites Mal im Außenbereich und stehen auf einem hellen Felsen, der eine auffallende Sternwolke markieren soll.

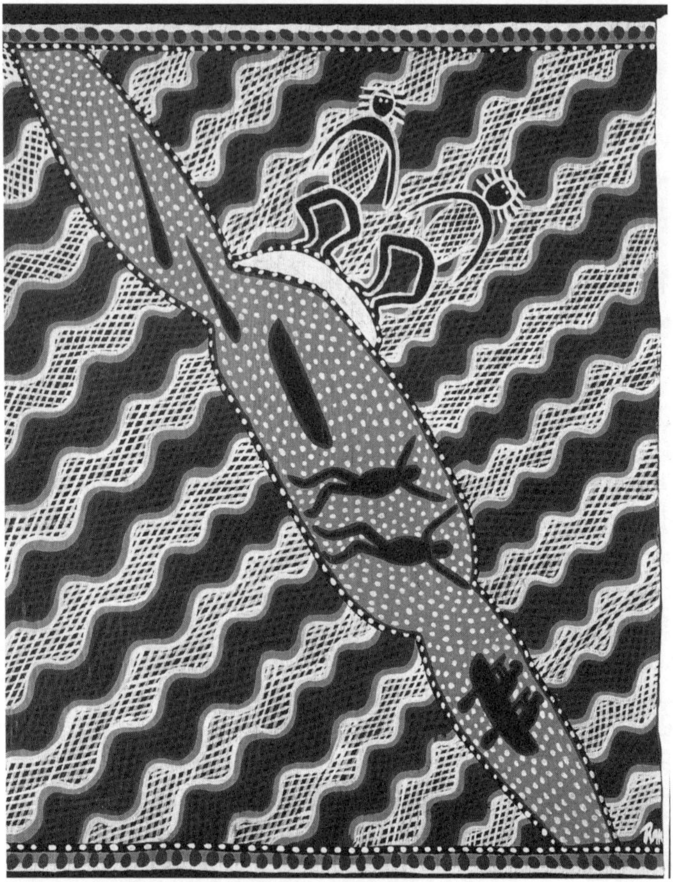

Abb. 1.1 Die Milchstraße in der Vorstellungswelt der Aborigines, gemalt von Roslyn Ann Kemp
(wiedergegeben nach Booarong Publications in Zusammenarbeit mit Queensland Aboriginal Creations, Australien).

In der abendländischen Antike war die Milchstraße ein Riss am Himmelsgewölbe, durch den das Zentralfeuer hindurch scheint. Die Wahrheit in genialer Weise vorausahnend, erklärte der Atomistiker Demokrit (460-370 v. Chr.) sie als ein aus einer unermesslich großen Zahl kleinster Sterne zusammengesetztes Gebilde. Doch dieser richtigen Vorstellung wurden andere phantastische entgegengestellt, so wie die des Metrodorus, eines Schülers des Demokrit, der in dem glänzenden Streifen am Himmel die nachgelassene Spur einer früheren Sonnenbahn erblickte.

Die griechische Göttermythologie erklärt ihre Entstehung auf folgende Weise: Zeus wünschte, dass einer seiner unehelichen Söhne, Herkules, auch mit Göttermilch genährt werde. Er ließ den Sohn in der Nacht durch den Götterboten Hermes aus der Wiege holen und der schlafenden Hera an die Brust legen. Aber Herkules war so ungestüm, dass Hera erwachte und ihn zornig von ihrer Brust riss - da spritzte die Muttermilch im hohen Bogen, und so entstand die Milchstraße.

Später, im Anfang des 5. Jahrhunderts, wurde die Milchstraße von dem Neuplatoniker Macrobius als die Schweißnaht der beiden Himmelssphären betrachtet. Andererseits ist die Vorstellung von der Milchstraße als die eines Weges, einer Straße oder eines Flusses in allen Kulturen verbreitet. Sie ist der Pfad der Seelen und der Götter. Auf ihm gelangen nach dem Glauben der Indianer die Seelen an die Wohnplätze der Abgeschiedenen: Ihre Wachtfeuer sieht man als helle Sterne leuchten.

Die Vorstellungen einiger griechischer Philosophen über die Milchstraße vor mehr als 2000 Jahren, wir erwähnten es schon, weisen in die richtige Richtung. Die Milchstraße ist eine Anhäufung von rund 200 Milliarden Sternen; der Stern Sonne mit seinem Planetensystem ist ein Staubkorn in dieser Unendlichkeit.

Unterwegs auf der Milchstraße zu sein, das bedeutet eine Reise in Raum und Zeit angetreten zu haben.

2. Strahlung in allen Wellenlängen

Zischen und Rauschen, Knallen und Knattern - dreht man an einem Radioempfänger den Senderknopf durch, so erreicht unser Ohr ein Wellensalat. Es sind die vermischten und gestörten Radiowellen vieler irdischer Sender, die das Radiogerät in Schallwellen umsetzt. Radiowellen, für die wir Menschen kein Empfangsorgan besitzen, sind wie das Licht, das wir mit unseren Augen empfangen können, elektromagnetische Wellen. Radiowellen unterscheiden sich vom sichtbaren Licht durch eine größere Wellenlänge. Ultraviolettes Licht wiederum hat eine kürzere Wellenlänge als sichtbares Licht.

In der Abbildung 2.1 ist das elektromagnetische Spektrum dargestellt und sind die einzelnen Wellenlängenbereiche mit ihren gängigen Namen bezeichnet. Das elektromagnetische Spektrum, die Strahlung in allen Wellenlängenbereichen, ist der Hauptinformationsträger, dem wir den größten Teil unserer Kenntnisse über die Eigenschaften aller kosmischen Objekte verdanken. Astronomische Messungen beschränken sich dabei heute nicht mehr nur auf die Analyse des sichtbaren Lichtes, sondern schließen Beobachtungen im Radio-, Infrarot-, Ultraviolett- und Röntgenbereich und sogar im Bereich der energiereichen Gammastrahlung ein.

Jahrtausende, bis etwa 1940, war die Astronomie beschränkt auf den schmalen Bereich, den das sichtbare Licht im elektromagnetischen Spektrum einnimmt. Nach dem zweiten Weltkrieg, Mitte der vierziger Jahre, wurde es dann möglich, durch das Aufkommen der Radioastronomie und später durch den Einsatz von Ballonen, Flugzeugen, Raketen und Erdsatelliten auch die anderen Bereiche des elektromagnetischen Spektrums zu erschließen, die von der Erdatmosphäre verschluckt werden. Diese zunehmende Enthüllung neuer Wellenlängenbereiche setzt zu einem bestimmten Zeitpunkt ein - dem Erschließungs- und Entdeckungszeitpunkt

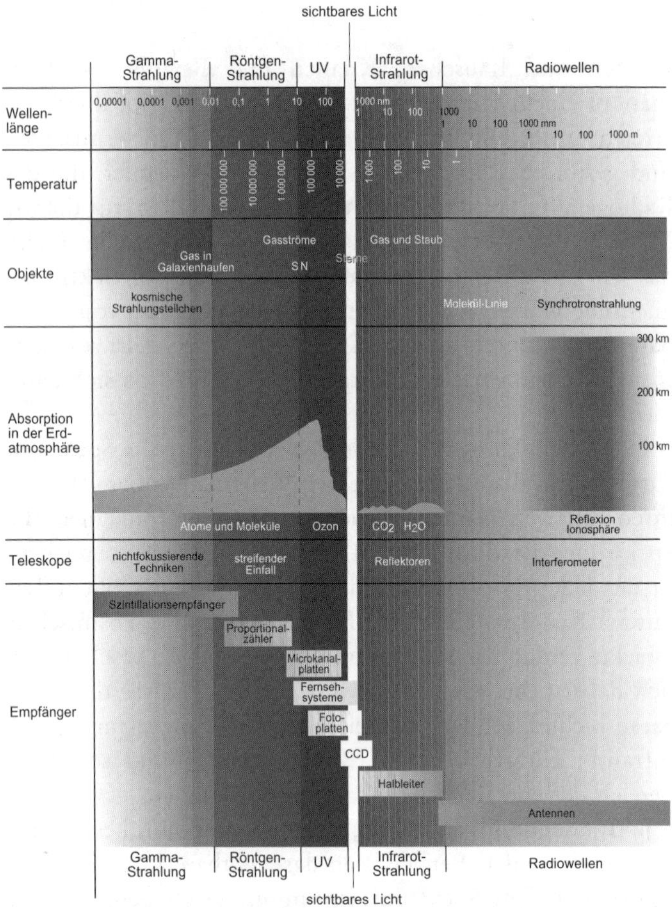

2.1 Das elektromagnetische Spektrum und seine Wellenlängenbereiche. Die Darstellung zeigt außerdem die Absorption in der Erdatmosphäre, charakteristische kosmische Objekte und Strahlungsprozesse, Teleskoptypen und Empfänger für die Strahlung. Diese Abbildung ist auch als eine Art Nachschlagegrafik zu verstehen, auf die immer wieder Bezug genommen werden kann.

- und weitet sich dann mit Verbesserung der Empfangsanlagen über einen größeren Wellenlängenbereich aus (Abb. 2.2). Welcher Wellenlängenbereich auch von der Astronomie in den letzten Jahrzehnten durch Einführung neuer Messtechniken angestochen wurde, immer wurden die Astronomen fündig. Neue Erkenntnis über schon bekannte kosmische Objekte konnte gesammelt werden, oder es wurden überhaupt neue Klassen von kosmischen Objekten mit den neu erschlossenen Wellenlängenbereichen entdeckt.

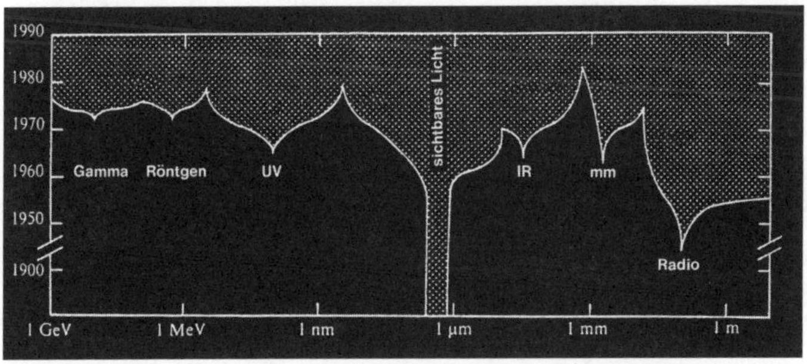

2.2. Die zeitliche Erschließung des elektromagnetischen Spektrums. Ab einem bestimmten Jahr öffnet sich das Strahlungsfenster für einen neuen Beobachtungsbereich.

Die synoptische Zusammenschau aller Wellenlängenbereiche, also die vergleichende Sichtung des Informationsflusses, der von den kosmischen Objekten ausgeht und uns auf dem Trägermedium der elektromagnetischen Welle übermittelt wird, sie macht ein breites und tiefes Verständnis der verschiedensten kosmischen Objekte erst möglich. Aufbau und Bestandteile unserer Milchstraße, die Wechselwirkungen zwischen ihren einzelnen Komponenten wurden so in den verschiedensten Energiebereichen studiert. Unter Energiebereich verstehen wir die verschiedenen Bereiche des elektromagnetischen Spektrums. Sie entsprechen den verschiedenen Energien, mit denen diese Strahlung in den kosmischen Objekten entsteht. Somit bedeutet das Empfangen von Strahlung einer bestimmten Wellenlänge von einem kosmischen Objekt stets auch das Empfangen von Information über Teile seines energetischen Zustands, z. B. seiner Temperatur.

2.1 Zur Entstehung der elektromagnetischen Strahlung

Die Entstehungsprozesse der elektromagnetischen Strahlung geben uns wichtige Hinweise darüber, in welchem physikalischen Zustand sich ein kosmisches Objekt befinden muss, damit es unserer Beobachtung zugänglich wird, das heißt damit es gerade die beobachtete Strahlung aussendet. Im folgenden wird deshalb in einem kurzen Abriss dargestellt, welche physikalischen Prozesse unter den im Weltall herrschenden Bedingungen zur Ausstrahlung in den verschiedenen Bereichen des elektromagnetischen Spektrums führen. Wir müssen zwischen zwei Arten von Strahlungsprozessen unterscheiden: die diskreten Strahlungsprozesse führen zur Emission oder Absorption von einzelnen Spektrallinien bei bestimmten Wellenlängen, die kontinuierlichen Prozesse liefern ein stetiges Wellenlängenband (Abb. 2.3).

Unter nahezu allen astrophysikalischen Bedingungen ist die strahlende kosmische Materie zumindest teilweise ionisiert. Darunter versteht man die Tatsache, dass die Atome durch Anlagerung oder Abtrennung eines oder mehrerer Elektronen elektrisch geladen werden; es sind dann Ionen. Ionisierte Gase nennt man Plasmen. Die Materie im inneren und an der Oberfläche von Sternen sowie die Gaswolken zwischen den Sternen sind im physikalischen Zustand eines Plasmas. Der Ionisationsgrad, das heißt der relative Anteil ionisierter Teilchen eines sich im Temperaturgleichgewicht befindlichen Plasmas wird durch die pro Sekunde stattfindenden Ionisationsprozesse bestimmt. Ein Ionisationsvor-

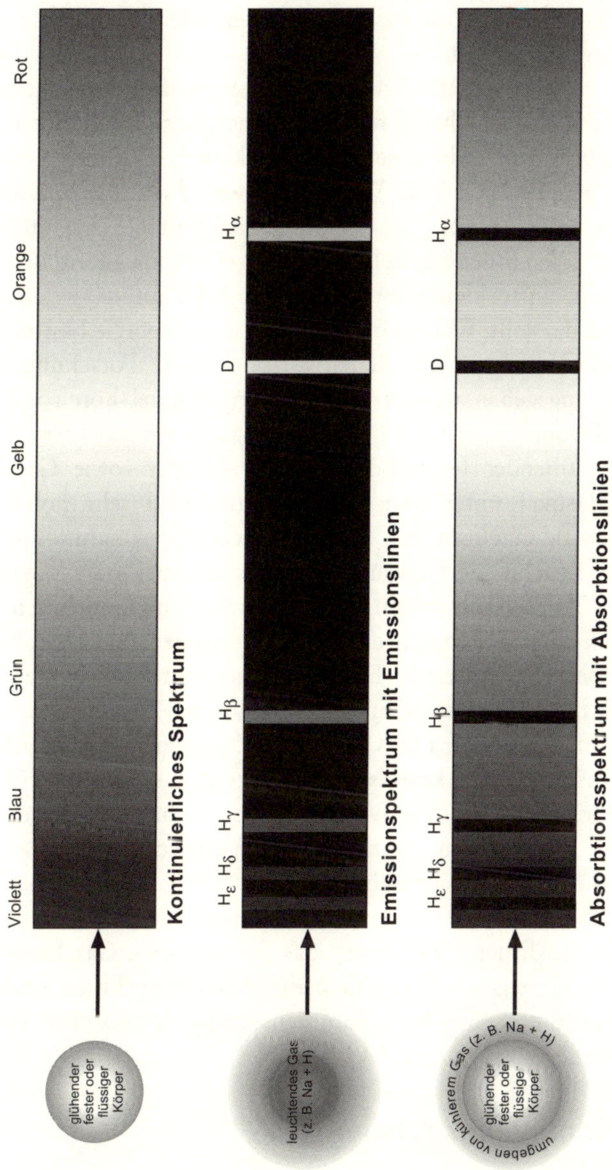

2.3 Kontinuierliches Spektrum, Emissions- und Absorptionslinien

gang kann durch Stöße zwischen Atomen oder durch Photonen ausgelöst werden.

Das elektromagnetische Wellenspektrum lässt sich auch mit Hilfe von Lichtteilchen, den Photonen beschreiben. Diese Photonen sind masselose und elektrisch neutrale Energieteilchen, die sich jeder Wellenlänge zuordnen lassen. Die Energie eines Photons ist der Wellenlänge umgekehrt proportional. Je größer die Wellenlänge des elektromagnetischen Feldes ist, umso kleiner ist die Energie des Photons, welche das Feld darstellt. Wellenlänge oder Photonenenergie bestimmen die Verfahren mit denen astronomische Forschungsgebiete angegeben werden. Im nächsten Kapitel hören wir mehr davon.

Ein glühender fester oder flüssiger Körper sowie Gase oder Plasmen unter sehr hohem Druck und sehr hoher Temperatur erzeugen ein kontinuierliches Spektrum ohne Linien. Leuchtende Gase unter geringem Druck oder niedrigerer Temperatur zeigen einzelne helle Emissionslinien. Jedes chemische Element erzeugt seine eigenen und charakteristischen Linienserien. Das Emissionsspektrum leuchtender Gase erlaubt es daher, ihre chemische Zusammensetzung zu ermitteln. Die chemische Zusammensetzung ist eine Zustandsgröße kosmischer Objekte und wesentlich für die Objektbeschreibung. Durchläuft das Licht eines heißen Körpers, der für sich allein genommen ein kontinuierliches Spektrum abstrahlt, ein kühleres Gas, so zeigen sich genau bei denjenigen Wellenlängen dunkle Linien - wir nennen sie Absorptionslinien - bei denen das durchstrahlte Gas Emissionslinien zeigen würde. Auch die Absorptionslinien sind geeignet, die chemische Zusammensetzung der kosmischen Objekte festzulegen.

2.2 Kontinuumstrahlung

Die thermische Strahlung eines „schwarzen Körpers" - das kann ein schwarz gestrichener Ofen im Alltagsleben sein -

ist der uns vertrauteste kontinuierliche Strahlungsprozess. Ein Körper heißt dann ideal schwarz, wenn er die gesamte auf ihn eingestrahlte Strahlung unabhängig von ihrer Wellenlänge vollständig verschluckt. Er sendet Strahlung mit einer Intensitätsverteilung aus, die allein durch seine Temperatur bestimmt ist. Je höher die Temperatur des Körpers ist, umso weiter verschiebt sich das Maximum der abgestrahlten Intensität zu kürzeren Wellenlängen hin (Abb. 2.4).

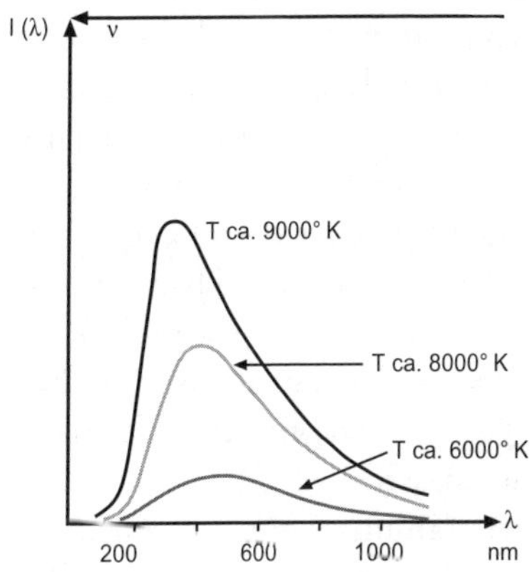

2.4 Die Intensitätsverteilung I(λ) eines Schwarzen Körpers bei verschiedenen Temperaturen: Je höher die Temperatur, desto stärker verschiebt sich das Maximum der Strahlung zu kürzeren Wellenlängen. ν :Verlauf der Frequenz, λ: Verlauf der Wellenlänge.

Summiert man die über alle Wellenlängen abgestrahlte Intensität eines Körpers auf und multipliziert sie mit seiner Oberfläche, erhält man seine Leuchtkraft:

Leuchtkraft = Oberfläche mal abgestrahlte Intensität aller Wellenlängen.

Physikalisch betrachtet entspricht die Leuchtkraft eines astronomischen Objekts einer Leistung; dies ist die pro Zeiteinheit Sekunde abgegebene Energie. Da die abgestrahlte Intensität mit der 4. Potenz von der Temperatur des Körpers abhängt, ist die Leuchtkraft ebenfalls proportional zur Temperatur T.

Leuchtkraft = Strahlungskonstante mal Oberfläche mal T^4.

Die Strahlungskonstante beschreibt den allgemeinen Verlauf der Intensitätsverteilung; sie ist für alle schwarze Körper gleich. Der obige Zusammenhang zeigt uns sofort, dass bestimmte Zustandsgrößen (z. B. Temperatur, Radius, Leuchtkraft) eines kosmischen Objekts miteinander zusammenhängen. Messen wir die Leuchtkraft eines Objekts und kennen wir seinen Radius, so können wir Aussagen über seine Temperatur machen. Die von Sternen oder heißen Gaswolken ausgesandte Strahlungsverteilung lässt sich jedoch immer nur stückweise durch eine bestimmte Temperatur eines schwarzen Körpers beschreiben. Die Abweichungen von der Schwarzkörperstrahlung bei Sternen und Gaswolken haben u. a. als Ursache die Emissions- und Absorptionslinien, die den kontinuierlichen Verlauf der spektralen Energieverteilung stören. Dies bedeutet, dass auf solche Art abgeleitete Zustandsgrößen nur grobe Aussagen über die Eigenschaften kosmischer Objekte zulassen.

Neben der Schwarzkörperstrahlung, die ein Gleichgewichtsstrahlungsfeld darstellt, gibt es noch sechs andere Prozesse, die ein Strahlungskontinuum erzeugen. Sie sind in der Tabelle 2.1 zusammengestellt. Physikalisch haben diese Strahlungskontinua ihre Ursache in der Beschleunigung oder Abbremsung oder in Stößen von elektrisch geladenen Teilchen (Elektronen, Ionen, Atomkernen) über Wechselwirkungen mit anderen Teilchen, Magnetfeldern oder dem Strahlungsfeld. Je nach Energiebereich der Entstehung sind diese Kontinua in verschiedenen Wellenlängenbereichen astronomisch wichtig. Auch hier sehen wir, wie die gemessenen Wellenlängenbereiche erste Einblicke in die Physik astrophysikalischer Strahlungsprozesse und die damit verknüpften Zustandsgrößen kosmischer Objekte erlauben.

Strahlendes Teilchen	Wechselwirkungs-partner	Astronomisch wichtig in folgenden Wellenlängen-bereichen
Schwarzkörper-strahlung	Gleichgewichts-strahlungsfeld	infrarot, optisch, ultraviolett
Ionen	Elektronen	optisch, ultraviolett
Elektronen geringer Energie	Ionen	alle
Elektronen geringer Energie	Magnetfeld	alle
Elektronen hoher Energie	Magnetfeld	alle
Elektronen hoher Energie	Strahlungsfeld	infrarot, optisch, Röntgen, Gamma-strahlung
Atomkerne hoher Energie	Atome des inter-stellaren Gases	Gammastrahlung

Tabelle 2.1 Kontinuierliche Strahlungsprozesse

2.3 Linienstrahlung

Neben den kontinuierlichen Strahlungsprozessen spielen für die Analyse der physikalischen Eigenschaften kosmischer Objekte Linienstrahlungsprozesse eine entscheidende Rolle. Linien können, wie wir schon sahen, sowohl in Absorption als auch in Emission auftreten.

Absorptionslinien werden dadurch hervorgerufen, dass sich auf dem Sehstrahl zwischen dem Beobachter und einer

Strahlungsquelle, die z. B. ein kontinuierliches Spektrum aufgrund eines der diskutierten Prozesse aussendet, kühleres Gas befindet; dieses filtert in einem Wechselwirkungsprozess der Form

Photonen einer bestimmten Wellenlänge + Atom (A) = angeregtes Atom (A^*)

Photonen aus dem Strahlungsfeld heraus. In dieser Beziehung bezeichnet A ein beliebiges Atom oder Ion, welches durch einen Absorptionsprozess in den mit A^* bezeichneten Zustand höherer Energie (Anregung) übergeht. Die Atmosphären der Sterne stellen solch ein Absorptionsfilter dar.

Das Auftreten von Absorptionslinien bestimmter Atome und Ionen bei bestimmten Energien liefert unmittelbare Hinweise über den Ionisations- und Anregungszustand des absorbierenden Gasgebiets und damit über dessen Dichte, Druck und Temperatur. Wiederum erschließt sich dem Astronomen die Möglichkeit, Aussagen über Zustandsgrößen kosmischer Objekte zu machen. Detaillierte Analysen erlauben darüber hinaus sogar eine Bestimmung der chemischen Zusammensetzung des absorbierenden Gases.

Emissionslinien entstehen in Wechselwirkungsprozessen, die man durch folgendes Schema beschreiben kann:

Atom/Ion + Photon bestimmter Wellenlänge/Teilchen bestimmter Energie = angeregtes Atom/Ion = Atom/Ion + abgestrahltes Photon.

Betrachten wir zunächst Wechselwirkungen zwischen einem Atom oder Ion in einem bestimmten Anregungszustand und einem freien Teilchen. Dieser Stoßpartner wird im allgemeinen ein Elektron sein. Durch die Wechselwirkungen wird das Atom oder Ion zunächst in einen höher angeregten Zustand gehoben, aus dem es dann spontan unter Emission eines Photons in einen energetisch tieferen Zustand zurückkehrt. Alternativ kann das Atom oder Ion durch ein Photon in einen energetisch höheren Zustand gehoben werden, aus dem es dann unter Abstrahlung eines Photons derselben Energie oder mehrerer Photonen kleinerer Energie in einen tieferen Zustand zurückkehrt. Ebenso wie im Fall des Auftretens bestimmter Absorptionslinien liefert auch das Auftreten bestimmter Emissionslinien unmittelbare Aufschlüsse über die physikalischen Bedingungen im Abstrahlungsgebiet, speziell über dessen Temperatur, Druck, Dichte und chemische Zusammensetzung.

2.4 Sichtbares Licht und Infrarot

Seitdem die Möglichkeit besteht, astronomische Teleskope und Empfangssysteme auf künstlichen Erdsatelliten, Raketen, Ballonen und Flugzeugen einzusetzen, sind praktisch alle Spektralbereiche, der uns aus dem Kosmos erreichenden Strahlung für die astronomische Forschung nutzbar geworden. Die Sonderrolle, die das sichtbare Licht zusammen mit den Radiowellen früher wegen der Durchsichtigkeit der Erdatmosphäre in diesen Wellenlängenbereichen einnahm, ist daher heute weitgehend weggefallen. Andererseits gibt es astrophysikalische Gründe, die dem optischen Spektralbereich nach wie vor eine besondere Rolle bei der Erforschung des Kosmos zuweisen.

Zunächst strahlen die meisten Sterne hauptsächlich sichtbares Licht aus. Daneben fallen die stärksten Strahlungsübergänge und Spektrallinien der häufigsten Atome, Moleküle und Ionen gerade in den optischen, nahen infraroten und ultravioletten Spektralbereich. Oft strahlen kosmische Objekte im Infraroten, und die Hälfte der Strahlung aus Galaxien liegt in diesem Wellenlängenbereich. Infrarotastronomie erschließt große Bereiche der Strahlung von Molekülen. Daher sind Planetensysteme, kühle Sterne und Sterne zu Beginn und am Ende ihres Lebens, interstellare Materie und Galaxien in allen Entfernungen wichtige Objekte für

Untersuchungen im Wellenlängenbereich von 1 μm bis 500 μm; 1μm entspricht 10^{-6} Meter. Die relativen Intensitäten der Spektrallinien hängen dabei empfindlich von den physikalischen Bedingungen (wie Temperatur, Druck, Dichte und Bewegungszustand) in der das Licht aussendenden Materie ab.

Spektroskopische Beobachtungen im infraroten, optischen und ultravioletten Spektralbereich, also Beobachtungen, bei denen das Licht in einzelne Wellenlängenbereiche zerlegt wird, sind daher besonders gut geeignet, die physikalischen Parameter weit entfernter kosmischer Objekte quantitativ zu messen. Der optische und infrarote Wellenlängenbereich haben dabei gegenüber dem UV den Vorteil einer höheren Durchsichtigkeit der Gaswolken zwischen den Sternen. Aus diesem Grunde lieferten häufig erst optische und infrarote Beobachtungsergebnisse den Schlüssel zum Verständnis auch solcher astronomischer Objekte, die zunächst bei ganz anderen Wellenlängen entdeckt wurden, wie etwa die Röntgenstrahlung der Milchstraße.

3. Die Augen der Astronomen: Messinstrumente

Mehrere tausend Jahre erforschten die Astronomen unser Planetensystem und die Sterne der Milchstraße durch ein kleines Durchlässigkeitsloch für elektromagnetische Strahlung in unserer Erdatmosphäre. Das Zugänglichwerden des gesamten elektromagnetischen Spektrums in den letzten Jahrzehnten für die Astronomie brachte zwar viele neue Entdeckungen, aber stets konnte auf dem alten Bestand der optischen Astronomie aufgebaut werden. Der Grund dafür liegt darin, dass das optische Fenster der Erdatmosphäre gerade sehr wichtige Linien und Bereiche des elektromagnetischen Spektrums durch lässt, die von den Sternen mit normalen, sonnenähnlichen Eigenschaften ausgesandt werden. Ein sehr großer Anteil der Milchstraßensterne ist sonnenähnlich! In den Abbildungen 2.1 und 3.1 ist der Temperaturverlauf für die kühlsten und heißesten Sterne markiert. Im Durchlässigkeitsbereich der Erdatmosphäre liegen wichtige Bereiche ihrer Ausstrahlung. So kam es dazu, dass die Astronomie schon beachtliche Kenntnisse über Sterne und Aufbau unserer Milchstraße vor Beginn der Ära der Erdsatelliten angehäuft hatte.

Die auf der Erde einsetzende lichtabhängige, d.h. von der eingestrahlten Energie abhängige biologische Evolution, entrollte sich natürlich so, dass gerade das Durchlässigkeitsfenster der Erdatmosphäre optimal ausgenutzt wurde. Die Sehorgane der entstehenden Lebensformen - unter anderem auch die des Menschen - wurden für dieses Strahlungsfenster optimiert. Der Mensch wurde und war fähig, die Sonne und somit auch andere Sterne zu sehen.

Eine grundsätzliche Schwierigkeit für astronomische Forschungen liegt darin, dass sich im Weltall mit wenigen Ausnahmen nur unveränderliche Zustände beobachten lassen.

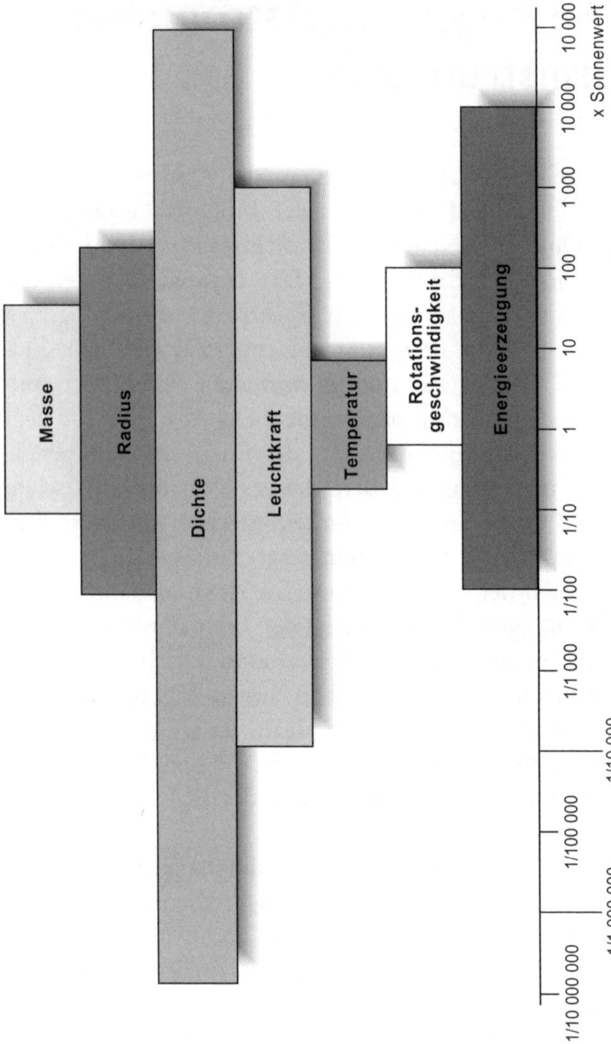

3.1 Die Zustandgrößen der Sterne im Vergleich zu dem Stern Sonne. Für die Sonne sind alle Werte gleich 1 gesetzt. Absolute Bezugswerte für die Zustandsgrößen werden von Fall zu Fall genannt. Die Grafik ist als Nachschlageabbildung anzusehen, auf die immer wieder Bezug genommen werden kann.

Während der Physiker im Experiment das Verhalten der Materie unter selbst gewählten Bedingen verfolgen kann, hat der Astronom keine Möglichkeit auf die Objekte seiner Forschung Einfluss zu nehmen, sehen wir von einigen wenigen Landungen von Satelliten auf Monden oder Planeten, oder dem Einsammeln von Meteoriten auf der Erde ab. Jede Messung eines Teiles des elektromagnetischen Spektrums eines kosmischen Objekts kann als das Ergebnis eines Experimentes aufgefasst werden, das die Natur nur einmal darbietet und das sich in dieser Form nicht wiederholt. Die Sammlung, Sichtung und übersichtliche Veröffentlichung des Beobachtungsmaterials ist deshalb von größerer Wichtigkeit als in der Laboratoriumsphysik, wo sich Versuche wiederholen lassen. Während hier den einzelnen Versuchsergebnissen nach Abschluss einer Untersuchung keine besondere Bedeutung mehr zukommt, bleibt in der Astronomie fast jede einzelne Beobachtung von Interesse und gewinnt oft um so mehr an Wert, je weiter sie zeitlich zurückliegt. Fotoplatten, Magnetbandarchive und CD-Archive der Sternwarten sind daher wertvolle Sammlungen von Beobachtungstatsachen, aus denen sich auch später noch viele Ergebnisse ableiten lassen.

Eine Erschwerung für astronomische Beobachtungen und Messungen bedeutet die Lichtschwäche der meisten Objekte und die durch die Erdatmosphäre gesetzten Schranken. Die Erdatmosphäre wirkt durch die Absorption der Strahlung, durch die Luftunruhe und die endliche Helligkeit des Nachthimmelhintergrundes auf die Beobachtungsmöglichkeiten ein. Das Verlegen von Beobachtungsplattformen außerhalb der Erdatmosphäre, die Entwicklung empfindlichster Messinstrumente und die Entwicklung von aktiven Optiken überwinden diese Beschränkungen. Aktive Optiken sind in der Lage, die Bildverzerrungen durch Luftunruhe auszugleichen.

3.1 Störungen durch die Erdatmosphäre

Die Absorption von Strahlungen in der Erdatmosphäre im kurzwelligen Spektralgebiet über das Ultraviolette hinaus hat ihre Ursache in den Sauerstoff-, Ozon- und Stickstoffmolekülen. Im Infraroten wird die Strahlung hauptsächlich durch den Wasserdampfgehalt der Erdatmosphäre verschluckt. Aber selbst im optischen Strahlungsfenster werden Lichtstrahlen durch die Lichtstreuung an den Luftmolekülen und den Teilchen des atmosphärischen Dunstes und Staubes geschwächt. Der zeitlich variable Dunstgehalt erschwert die Bearbeitung der Helligkeitsmessungen von Sternen.

Infolge der turbulenten Luftbewegungen, die sich aus stets vorhandenen Temperaturunterschieden ergeben, ist die Atmosphäre von Luftschlieren erfüllt. Diese Luftpakete haben eine typische Größe von im Mittel 50 cm und Temperaturdifferenzen von einigen Zehntel Grad. Temperaturunterschiede bewirken Unterschiede in der Dichte der Luft. Die Lichtstrahlen werden dadurch unterschiedlich stark abgelenkt. So kommen ständige Richtungs- und Intensitätsschwankungen der Lichtstrahlen, die uns von den Sternen erreichen, zustande und es entsteht das Funkeln der Sterne. Dieses Funkeln stellte lange Zeit eine Genauigkeitsschranke für astronomische Beobachtungen dar.

Der Hintergrund des Nachthimmels, auf dem die Beobachtung der astronomischen Objekte erfolgt, ist nicht völlig dunkel, sondern hat eine endliche Flächenhelligkeit. Wir sehen die Sterne gleichsam durch eine matt erleuchtete Milchglasscheibe hindurch. Nur was heller als die Helligkeit des Milchglases ist, kann von uns am Grunde des Luftozeans wahrgenommen werden. Etwa 30% des Nachthimmellichtes stammt aus unserer eigenen Milchstraße! Es ist das Licht der sichtbaren und unsichtbaren Sterne, der anderen Milchstraßensysteme und des Gases und des Staubes zwischen den Sternen. Knapp 10% liefert unser Sonnensystem durch die Planeten und den Staub zwischen den Planeten.

Der Rest von über 60% entstammt der Erdatmosphäre selber! Es ist das Wiedervereinigungsleuchten der durch die Sonnenstrahlung bei Tage ionisierten Moleküle der hohen Atmosphäre, das Leuchten der Meteore und Mikrometeorite und das Streulicht aller genannten Lichtquellen im Dunst der unteren Atmosphäre. Dem überlagern sich die durch Menschen geschaffenen künstlichen Himmelsaufhellungen: Stadtbeleuchtung und Reklamelichter.

3.2 Astronomische Beobachtung und Messgeräte

Die Begrenzung der Durchlässigkeit der Erdatmosphäre auf zwei Fenster, also die Möglichkeit der Beobachtung vom Erdboden aus, haben die gesamte Instrumentenentwicklung der Astronomie bestimmt. Das optische Fenster (bis ins nahe Infrarot) im Wellenlängenbereich 0,3 - 15 µm und das Radiofenster, für Wellenlängen von 1 mm - 30 m, wurden durch extraterrestrische Beobachtungen aus ihrer Begrenzung herausgenommen. Bei der Radiostrahlung ist die Absorption in der Erdatmosphäre deutlich geringer als bei sichtbarem Licht. Viele radioastronomische Beobachtungen können daher bei jedem Wetter, Tag und Nacht, durchgeführt werden. Da Radiowellen im Unterschied zu den Lichtwellen auch Staubwolken zwischen den Sternen durchdringen können, sind der Radioastronomie viele Bereiche unserer Milchstraße zugänglich, die mit optischen Methoden nicht erforscht werden können.

Wie astronomische Beobachtungen im sichtbaren Licht, erfüllt auch jede Beobachtung in anderen Wellenlängen und natürlich auch jede radioastronomische Beobachtung sechs wesentliche Bedingungen. Die Bedingungen sind für alle Beobachtungen charakteristisch und werden durch das Beobachtungsmessgerät und den Träger der einfallenden Information festgelegt:

- Wellenlänge oder Energie des Trägermediums legen die Art des Messinstruments fest; bei sichtbarem Licht kann dies z.B. die Fotoplatte oder das Auge sein;

- Winkelauflösung des Beobachtungsinstrumentes (welche Objekte kann man noch trennen oder welche Einzelheiten eines Objektes sind sichtbar);

- Wellenlängenauflösung (spektrale Auflösung) des Beobachtungsinstrumentes;

– Schwingungsrichtung der ankommenden Wellen (Polarisation);

- zeitliche Auflösung des Instrumentes (wie schnell können Helligkeitsunterschiede aufgezeichnet werden);

- Richtungs- und Zeitgenauigkeit einer Beobachtung; Himmelskoordinaten, Uhrzeit, Datum.

Den ersten Beobachtungsparameter messtechnisch zugänglich zu machen, d. h. den Wellenlängenbereich überhaupt erst auf eine bestimmte Art und Weise zu registrieren und die verbleibenden fünf Beobachtungsparameter zu verbessern, das ist das Anliegen der astronomischen Instrumentenbauer. Mit drei Stichworten lässt sich also ein astronomischer Messvorgang kurz beschreiben: Strahlung sammeln (je schwächer und je mehr Strahlung desto besser), Objekte auflösen (Einzelheiten erkennen) und schnell und richtungsgenau den Informationsfluss aufzeichnen. Alle astronomischen Messgeräte und Messtechniken versuchen diesen Anforderungen und Bedingungen gerecht zu werden. Somit wirken immer drei gleich wichtige Bausteine bei einer Beobachtung zusammen: Die einfallende Strahlung muss gesammelt werden, sie muss auf einen Strahlungsempfänger gelenkt und dort vereinigt und aufgezeichnet werden, das gesamte Beobachtungssystem muss orts- und zeitgenau eine bestimmte Himmelsrichtung, also auf ein bestimmtes Objekt, ausgerichtet werden. Die in allen Wellenlängenbereichen vorhandene Lichtschwäche kosmischer Objekte bedingt dabei einen erheblichen technischen Aufwand. Die erfolgreiche Entschleierung der Milchstraße hing und hängt mit den Weiterentwicklungen und Fortschritten der astronomischen Empfänger- und Messtechnik zusammen.

Beim Bau optischer Teleskope der neusten Generation werden die Spiegel nicht mehr aus einem Glasblock hergestellt, sondern aus einzelnen Segmenten zusammengesetzt. Es entsteht ein Mosaik von vielen Teilspiegeln, deren Einzeldurchmesser zwischen 5 bis 7 m liegen. Als neues Spiegelmaterial bieten sich Kohlenfaserkunststoffe an; ihr Vorteil ist die geometrische Konstanz bei Temperaturänderungen und ihr geringes Gewicht. Größere Lichtsammelflächen erlauben das Vermessen schwächerer Objekte.

Ein anderer Weg, mehr astronomische Informationen den am Erdboden ankommenden Wellenfronten zu entlocken besteht darin, die durch die Luftschlieren der Erdatmosphäre entstehenden Störungen auszugleichen. Dabei wird der dünne Teleskopspiegel durch seine Unterstützungselemente so verformt, dass er sich optimal den verbogenen Wellenfronten anpasst. Die Verformungen der Wellenfronten werden über ein schnelles Rechnersystem der Mechanik des Hauptspiegels übermittelt. Solche sich dem Zustand der Wellenfronten anpassenden Optiken - adaptive Optiken - überwinden die durch die Luftunruhe der Erdatmosphäre gesetzten Grenzen: die Bildverschmierung. Sie steigern somit die Objektauflösung und die Positionsgenauigkeit. Eine reine Durchmesservergrößerung der Teleskopspiegel am Grunde der Erdatmosphäre reicht also nicht aus, das Auflösungsvermögen zu steigern.

Ein anderes Verfahren die durch die Erdatmosphäre gesetzten Beobachtungsgrenzen zu überwinden, benützt die einzelnen Funkelbilder der Sterne (Abb. 3.2). Das Bild jeder kurz belichteten fotografischen Aufnahme eines Sternes besteht aus einer Vielzahl von Einzelbildern! Jede vor der Teleskopöffnung vorbeiziehende Luftschliere erzeugt ein Bildchen. Diese Einzelbildchen verschmieren bei längeren Belichtungszeiten. Die Größe dieser Einzelbildchen entspricht dem theoretischen Auflösungsvermögen der Teleskope. Bei einem Teleskop von 1,5 m Öffnung liegt das theoretische Auflösungsvermögen unter 0,1 Bogensekunden. Die Luftunruhe verbreitert dieses Bild auf 1–2 Bogensekunden. Analysiert man also solch ein Einzelbildchen, hat man eine Auflösungsverbesserung um einen Faktor 10. Der Nachteil ist, dass nur hellere astronomische Objekte dafür geeignet sind, denn nur bei ihnen ist die Helligkeit dieser Einzelbildchen (engl. *spekels*) noch genügend groß, um sie einer Analyse zuzuführen. Das Funkelbild- oder Spekelverfahren erlaubte bisher eine Unzahl eng benachbarter Sterne klar in Einzelbilder aufzulösen und sogar Aussagen über die Sterndurchmesser zu machen. Ein Dreckeffekt der Erdatmosphäre, das Sternefunkeln, wurde zur Verbesserung des astronomischen Auflösungsvermögens benützt.

3.3 Winkelauflösung in der Radioastronomie

Photonen im Bereich radioastronomischer Wellenlängen haben eine Energie die im Mittel 10 000-mal kleiner ist als die optischen Photonen. Wir benötigen deswegen erst recht große Photonensammler. Antennen dienen zum Sammeln der Energie. Je größer die Fläche ist, desto größer die gesammelte Energiemenge. Am einfachsten in ihrer Wirkung zu verstehen und auch am universellsten einsetzbar sind die Parabolantennen, deren Wirkung ganz analog der von optischen Spiegelteleskopen ist. Sie dienen in erster Linie dazu, möglichst viel von der Energie der kosmischen Radioquel-

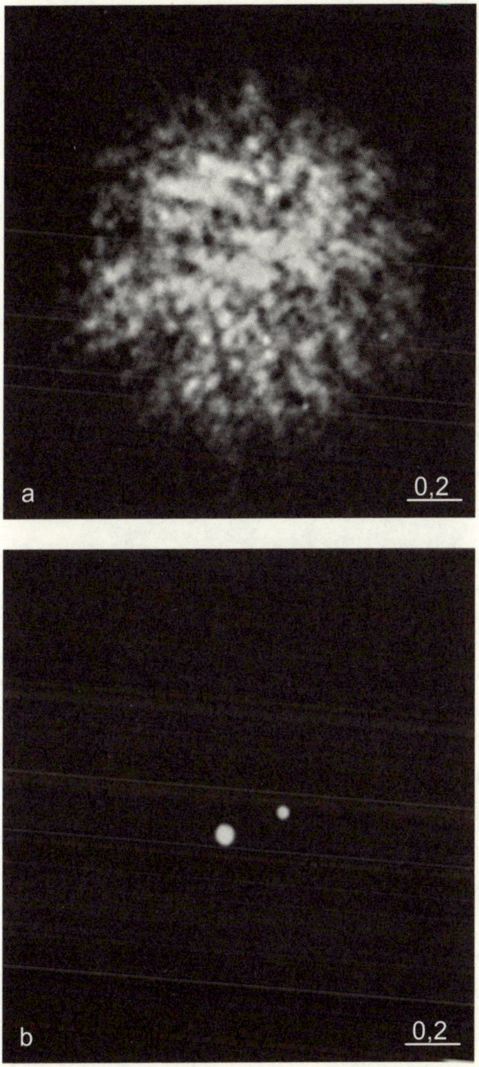

3.2 Funkelbilder des engen Doppelsterns Psi-Sagittarius und rekonstruiertes Bild. Aufnahme gewonnen am 3,6-m-Teleskop der Europäischen Südsternwarte (G. Weigelt, MPI Radioastronomie, Bonn, 1992).

len im Brennpunkt zu sammeln, sodass diese dann zum Empfänger weitergeleitet, verstärkt und gemessen werden kann. Diese Leistungskraft wächst natürlich mit zunehmender Dimension der Antenne und daher wurden im Laufe der Jahre immer größere Parabolantennen gebaut. Die größte freibewegliche, radioastronomisch genutzte Parabolantenne von 100 m Durchmesser steht in der Eifel bei dem Dorf Effelsberg. Große Lineardimensionen der Antennen sind natürlich auch aus einem zweiten Grund wichtig: das Winkelauflösungsvermögen einer Antenne wächst bei gegebener Empfangswellenlänge mit dem Antennendurchmesser. Das liegt daran, dass die Richtung, aus der eine elektromagnetische Welle kommt, durch die Richtung der Senkrechten auf die Wellenfront gegeben ist. Die Wellenfronten aus zwei verschiedenen Richtungen kann man aber gerade noch trennen, wenn sie sich bei voller Antennenbreite gerade noch um eine halbe Wellenlänge unterscheiden. Das Winkelauflösungsvermögen einer Parabolantenne lässt sich näherungsweise schreiben:

Winkelauflösung = (Konstante mal Wellenlänge): Durchmesser.

Das Winkelauflösungsvermögen von radioastronomischen Parabolantennen ist also wesentlich schlechter als das optischer Teleskope. Wiederum lässt sich durch ein besonderes Messverfahren, das natürlich auch bei Lichtwellenlängen angewendet werden kann, das Auflösungsvermögen steigern. Dieses Verfahren beruht auf der Zusammenschaltung der voneinander in bestimmten Entfernungen getrennt aufgestellten Teleskopen; es wird Interferometrie genannt.

Auch hier ist wieder das Prinzip von Bedeutung, dass die Richtung der Strahlung durch die Richtung der Senkrechten auf die Wellenfront gegeben ist. Diese senkrechte Richtung kann wie mit einem großen Teleskop ebenso gut mit Hilfe von zwei oder mehreren getrennten kleineren Teleskopen bestimmt werden, wenn die Schwingungsphase der empfangenen Strahlung der Antennen verglichen wird. Der einfachste Typ macht den Vergleich, in dem die beiden Signale mit Hilfe von Leitungen zusammengeführt werden. Neuerdings verwendet man dabei nicht nur zwei Antennen, sondern bis zu zehn oder noch mehr Antennen gleichzeitig und kann damit ein Bild konstruieren, wie man es mit einer Parabolantenne bekäme, die einen Durchmesser hat, der gleich dem größten Abstand der verwendeten Einzelabstände entspricht. Das sind heute immerhin Durchmesser von einigen Kilometern und Auflösungsvermögen von Bruchteilen von Bogensekunden.

Wählt man den Abstand der Einzelantennen größer als einige Kilometer, kann man den Phasenvergleich nicht mehr per Leitungskabel durchführen, man hat dann zur Funkübertragung der Signale gegriffen. Noch größere Antennenabstände und damit ein noch größeres Winkelauflösungsvermögen werden möglich, wenn man den Phasenvergleich nicht sofort während der Messungen macht, sondern auf später verschiebt. Die Messungen der einzelnen Antennen werden auf Magnetband registriert, und zwar bei jeder Antenne getrennt für sich. Die Bänder werden dann später miteinander verglichen und dadurch die Phasenlage der Wellenfront rekonstruiert. Damit das möglich ist, müssen die Magnetbänder beider Messungen streng synchron laufen. Es werden deswegen außer den Messsignalen noch Taktpulse von Atomuhren registriert. Mit solchen Interferometern konnten Winkelauflösungsvermögen von besser als zehntausendstel Bogensekunden erreicht werden. Die Einzelantennen waren dabei durch Entfernungen über ganze Kontinente hinweg voneinander getrennt.

3.4 Beobachtung bei hohen Energien

Die Abbildung von kosmischen Objekten im Licht von Strahlung hoher Energie bereitet größere Schwierigkeiten wegen deren großer Durchdringungs- und geringer Spiegel- oder Brechfähigkeit. Um diesen Nachteil zu überwinden, nützt man aus, dass an jeder optischen Grenzfläche Totalreflektion eintritt, wenn nur der Einfallswinkel klein genug gewählt wird; man benötigt also streifenden Einfall der Strahlung.

Der Zugang zum streifenden Einfall hat daher erhebliche Auswirkung auf die Konstruktion von Röntgenteleskopen. Alle bisher besprochenen Teleskope, ob sie nun im radio-, infrarot-, sichtbaren oder ultravioletten Licht arbeiten, sind dadurch gekennzeichnet, dass die Strahlung im wesentlichen senkrecht zur optisch wirksamen Fläche einfällt. Bei den Röntgenteleskopen benützt man streifenden Einfall und verwendet hier geschachtelte Rotationsparaboloide und Hyperboloide. Die Kombination von jeweils nur einer Hyperbol- und Parabelschale wäre zu lichtschwach. Zwar entspricht deren Gesamtfläche durchaus derjenigen normaler Teleskope, schaut man jedoch in Richtung einfallenden Lichtes auf das System, so sieht man die beiden Spiegel nur als schmale Ringe. Die effektive Fläche ist also klein. Dies ist der Grund, weshalb mehrere derartige Systeme zu einem Verbundsystem verschachtelt werden. Da die Empfängerfläche dem freien Himmel zugewandt ist, wird eine Blende vor dem freien Teil des Teleskops eingebracht.

Will man bei noch höheren Energien messen, so müssen andere Registrierverfahren für die Photonen angewandt werden. Im Gammaenergiebereich werden die einfallenden Photonen einzeln gezählt und Einfallsrichtung und Energie festgestellt. Die Richtungsbestimmung ist nur grob möglich; das Auflösungsvermögen von Gammateleskopen liegt daher heute erst im Bereich von Bogenminuten.

3.5 Die Strahlungsempfänger

Strahlungssammler und Strahlungsempfänger bilden eine Einheit. Der Strahlungsempfänger kann eine Fotoplatte sein, sie ist gleichzeitig auch ein Informationsspeicher. Als Strahlungsempfänger kann jedoch auch eine elektronisch arbeitende Kamera eingesetzt werden, die ähnlich einer Fernsehkamera das Bild aufzeichnet und auf einem Magnetband abspeichert. Neuentwicklungen in der Halbleitertechnik und Mikroelektronik sowie die Anwendung schneller Rechner und Datenspeicher haben der beobachtenden Astronomie in den letzten Jahren wesentliche neue Impulse gegeben. Dabei geht es hauptsächlich um die bessere Ausnützung des meist schwachen Sternenlichts. Die Effizienz eines Teleskops hängt nämlich, wie wir schon sahen, nicht nur von seiner Größe, sondern auch von der Empfindlichkeit der nachgeschalteten Instrumentierung ab. Diese Instrumentierung kann z.B. ein Photometer oder Spektroskop sein. Das Ende eines Teleskops bildet immer das Messgerät mit dem Detektor. Er hat die Aufgabe, das einfallende Licht in elektrische Signale umzuwandeln, die dann von der nachgeschalteten Elektronik (z.B. Verstärker, Rechner) weiter verarbeitet werden können.

Die neuerdings immer mehr zum Einsatz kommenden Detektoren sind so genannte ladungsgekoppelte Bauelemente (engl. *charge-coupled devices* CCD). Der ursprünglich als mikroelektronisches Bauteil für die Fernsehindustrie entwikkelte Siliciumchip besitzt auf seiner Oberfläche ein Raster von bis zu 10000 x 10000 lichtempfindlicher Elemente, zwischen 10 und 30 Mikrometer Breite. Die auftreffenden Photonen lösen aufgrund des Fotoeffekts Elektronen aus. Dabei ist die Anzahl der ausgelösten Elektronen direkt proportional zur auffallenden Lichtstärke. Nach Belichtungsende werden die gesammelten Elektronen getrennt pro Bildelement in eigens zugeordnete Speicherzellen gebracht, das sogenannte Transportregister. Das Transportregister lässt sich auslesen, die Information durch Steuerung von Strömen verstärken, digitalisieren und mit Hilfe eines Rechners zu einem optischen Bild zusammensetzen, während die Fotodioden bereits erneut zur Messung eingesetzt werden. Mit CCDs lassen sich bis zu 20-mal lichtschwächere Objekte als mit Fotoplatten registrieren.

Ganz besondere Qualitätsanforderungen werden auch an die radioastronomischen Empfänger gestellt, weil die radioastronomischen Signale sehr schwach sind, wenn man von denen der Sonne absieht. Ein typischer radioastronomischer Empfänger muss eine Spannungsverstärkung von mindestens einer Million liefern, ohne das Signal zu verfälschen und ohne dass der Verstärkungsfaktor zeitlich variiert. Völlig ohne Verfälschung geht es leider nicht ab, denn die radioastronomischen Signale bestehen aus Rauschen und auch der beste Empfänger produziert selbst ein gewisses Eigenrauschen.

3.6 Wie kommt astronomisches Wissen zustande

Die Analyse des von den Sternen einlaufenden Informationsflusses wird uns verdeutlichen, wie astronomisches Wissen zustande kommt. Dazu betrachten wir Abbildung 3.3.: Die von Photonen oder elektromagnetischen Wellen aus dem Weltall kommenden Informationen, lassen sich beschreiben durch eine vom Ort an der Sphäre, von der Wellenlänge und der Zeit abhängige Intensität für eine bestimmte Schwingungsrichtung. Beim Durchgang durch die Erdatmosphäre wird diese Intensitätsfunktion in Richtung (Funkeln) und Intensität (Schwächung) geändert und verfälscht. Eine Empfangsanordnung oberhalb der Erdatmosphäre ist von diesen Störeffekten frei, unterliegt aber anderen Störungen z.B. der solaren Teilchenstrahlung, dem Sonnenwind.

Die Empfangsanordnung verursacht einen weiteren Informationsverlust, der von den Absorptionsverlusten, von der spektralen Empfindlichkeit und vom Auflösungsvermögen in Richtung, Wellenlänge und Zeit des Messinstruments herrührt. Zudem hat jeder Empfänger eine untere Empfindlichkeitsgrenze, ab der erst ein bestimmtes Signal wahrgenommen werden kann; man spricht vom Eigenrauschen der Empfangsanordnung. Die Empfangsanordnung hat neben der Umwandlung der einfallenden Intensität in messbare Größen noch weitere Funktionen zu erfüllen. Sie trifft aus

Schema des Informationsflusses bei astronomischen Beobachtungs- und Reduktionsverfahren

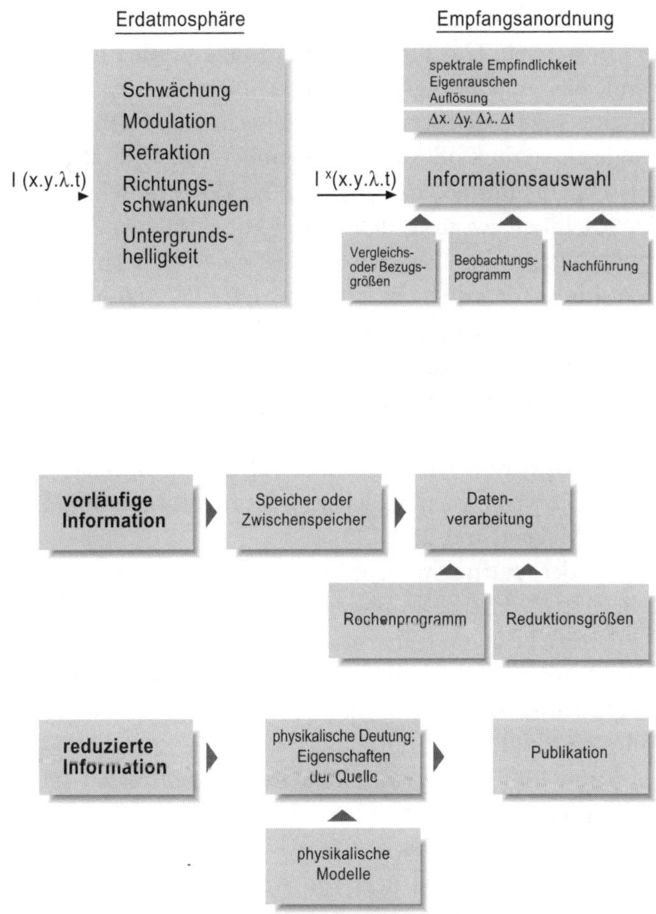

3.3 Schemabild des Informationsflusses bei astronomischen Beobachtungs- und Reduktionsverfahren

der Fülle der angebotenen Information eine Auswahl, je nachdem welches Ziel bei der Beobachtung verfolgt wird, z.B. ob es sich lediglich um eine Positionsbestimmung oder um Intensitätsmessungen in einem bestimmten Wellenlängenintervall handelt. Der Empfangsanordnung werden bestimmte Vergleichs- und Bezugsgrößen zugeführt, diese können kosmischer oder irdischer Art, beispielsweise die Helligkeit von Vergleichssternen oder eine Eichtemperatur, sein. Da die zu messenden Himmelskörper aufgrund der Erddrehung oder der Satellitenbewegung sich relativ zur optischen Achse der Empfangsanordnungen bewegen, ist eine Nachführungsvorrichtung erforderlich, welche die optische Achse in einer bestimmten Richtung des Himmelsgewölbes festhält. Der Empfangsanordnung muss ein Messprogramm vorgegeben werden, das die Einstellungen und Messaufgaben festlegt. Die von der Empfangsanordnung ausgewählte und gemessene Information wird in jedem Fall einem Speicher zugeführt. Die wichtigsten Speicher in der Astronomie sind Fotoplatte, Magnetband und CD.

Mit der Aufnahme der von der Empfangsanordnung gelieferten vorläufigen Informationen in den Speicher ist die Beobachtungsaufgabe noch nicht beendet. Der nächste Schritt ist die Datenverarbeitung, die den Zweck hat, die Störeinflüsse von Erdatmosphäre, Satellitenumgebung, Empfangsanordnung und Empfänger so weit als möglich zu eliminieren und die gewünschten Informationsdaten in saubere reduzierte Form zu bringen. Der Einsatz von Rechenanlagen ist hierbei üblich.

Ein besonderer Fall liegt vor, wenn eine Fotoplatte oder CD als Speicher verwendet wird. Sie dienen dabei als Zwischenspeicher, aus der die gewünschte Information über Position oder Helligkeit eines Sterns durch besondere Messgeräte entnommen und der Datenverarbeitung zugeführt werden können.

Mit der reduzierten Information ist der eigentliche Beobachtungsprozess abgeschlossen. Das nächste Glied in der

Kette, die zur Erkenntnis astronomischer Tatbestände führt, ist die physikalische Deutung der empfangenen Information. Uns interessieren die physikalischen Eigenschaften der kosmischen Objekte, ihre Verteilung im Raum, ihre Entwicklung in der Zeit. Die von den elektromagnetischen Wellen aus dem Kosmos gebrachten Informationen enthalten die gesuchten Eigenschaften der Himmelskörper in verschlüsselter Form. Um sie zu entschlüsseln, um aus ihnen auf die Eigenschaften der Quellen schließen zu können, müssen wir die physikalischen Naturgesetze anwenden, die in unseren irdischen Laboratorien gefunden wurden. Ihre universelle Gültigkeit im gesamten Kosmos zu allen Zeiten ist die entscheidende Voraussetzung der astronomischen Forschung.

Die Zahl der zu untersuchenden Objekte kann bei astronomischen Untersuchungen außerordentlich groß sein. Das Milchstraßensystem, das unsere weitere kosmische Heimat darstellt, enthält rund 300 Milliarden Sterne und in dem unseren Instrumenten bis jetzt zugänglichen Teil des Weltalls ist eine gleiche Zahl Sternsysteme ähnlicher Art vorhanden. Bei der Durchführung von Stichprobenerhebungen kommt man daher immer zu erheblichen Anzahlen von Beobachtungswerten. Zur Bewältigung dieser Aufgabe hat man ein besonderes Verfahren ausgebildet, das für viele astronomische Messungen charakteristisch ist. Wir bezeichnen es als die Methode von System und Anschluss. Die Messaufgabe wird in zwei Schritten gelöst.

Zunächst wird für eine begrenzte Zahl von Objekten die zu untersuchende Eigenschaft mit größtmöglicher Genauigkeit bestimmt, wobei irdische Normalen zum Vergleich herangezogen werden. Diese Sterne bilden das System. Im Anschluss an die Systemsterne wird dann die gesuchte Eigenschaft für die große Masse der Objekte gefunden. Dieser zweite Schritt ist der leichtere Teil der Aufgabe, da es sich um Relativmessungen handelt, bei denen nur Sterne mit Sternen zu vergleichen sind. Das System stellt gewissermaßen einen Maßstab am Himmel dar, dessen Teilstriche durch Systemsterne gegeben sind. In den über unsere Milchstraße hinausgehenden Untersuchungen des Kosmos bilden dann nahe Systemmilchstraßen die Objektstandards, an denen die weiter entfernteren Galaxien messtechnisch angeschlossen werden.

Neben Zeitreihen- und Stichprobenerhebungen sind für die Astrophysik sorgfältige Einzeluntersuchungen bestimmter ausgewählter Objekte von größter Bedeutung, wobei vor allem spektralanalytische Verfahren, Messungen der Linienintensitäten und der Konturen von Spektrallinien angewandt werden. Daher ist die Beobachtung der Sonne in den letzten Jahren immer mehr in den Vordergrund getreten, sodass sich ein eigenes Forschungsgebiet, die Sonnenphysik, herausgebildet hat. An der Sonne können wir wichtige Eigenschaften eines Sterns mit größter Auflösung kennen lernen. Die Sonne wird unser Trittbrett sein, von dem wir uns in die Milchstraße hinaus schwingen.

Das direkte Experiment mit den Objekten ihres Interesses ist den Astronomen zwar verwehrt, die neuen Großrechenanlagen erlauben jedoch eine Art numerisch-rechnerisches Beobachten und Experimentieren. Modelle kosmischer Objekte, gesteuert von physikalischen Gesetzen, bilden die Versuchsanordnung. Auf der Rechneranlage werden durch Eingabe verschiedener Ausgangsparameter Modelleigenschaften ausgetestet. Aus dem Verhalten des Modells und dem Vergleich mit der Beobachtung wird so die Wirklichkeit schrittweise angenähert. Solche numerischen Observatorien oder Kosmolaboratorien sind auch ideal, um zeitliche Entwicklungen von Sternen im Zeitrafferverfahren durchzuspielen.

Abgesehen von den Ausflügen im Sonnensystem, wo Astronomiesatelliten aktiv Planetenoberflächen untersuchten, und den auf der Erdoberfläche gefunden Meteoriten, ist zur Zeit der wichtigste Informationsfluss die elektromagnetische Strahlung, aus der wir unser Wissen über den Kosmos ableiten. Zukünftigen Astronomengenerationen wird es vermutlich auch gelingen, Gravitationswellen zu empfangen und der kosmischen Strahlung und den Neutrinoströmen der

Sonne gezieltere Informationen zu entlocken. In späteren Kapiteln werden wir dazu noch mehr hören. In der Tabelle 3.1 sind zusammenfassend die astronomischen Forschungsgebiete nach Wellenlängen und Energiebereichen der elektromagnetischen Strahlung aufgelistet.

Wellenlänge λ	Photonenenergie E $E = h \cdot \nu = h \cdot c/\lambda$	Forschungsgebiet	Erfordernisse
< 0.01 Å $= 10^{-10}$	E > 1 MeV	Gammastrahlenastronomie	Ballone, Satelliten
0.01 - 300 Å	E ~ 40eV-1MeV	Röntgenastronomie	Ballone, Raketen, Satelliten
300 - 3000 Å (30 - 300 nM)	E ~ 4-40 eV	Ultraviolettastronomie	Raketen, Satelliten
3000 - 7000 Å (0.3 - 0.7 µm)	E ~ 2 - 4 eV	Optische Astronomie	klare Atmosphäre
0.7 µm - 1 mm	E ~ 10^{-3}-2eV	Infrarotastronomie	Hochgebirge, Flugzeug, Satelliten
1 mm - 30m	ν ~ 10 MHz - 300 GHz	Radioastronomie	für mm-Wellen. Hochgebirge
> 30 m	ν < 10 MHz	extraterrestrische Radioastronomie	Satelliten

Tabelle 3.1 Astronomische Forschungsgebiete nach Wellenlängen und Energiebereichen der elektromagnetischen Strahlung

4. Unsere Sonne

Der Stern Sonne, an dem die Erde, die anderen acht Planeten, Asteroide und Kometen durch Anziehungskräfte gekettet sind, überstrahlt tagsüber die Sterne, die sich in solch großen Entfernungen befinden, dass wir sie nachts nur als Lichtpünktchen ausmachen können. Der Stern Sonne ist eine Plasmagaskugel, mit einem Durchmesser von 1,4 Milliarden Kilometern und einer Masse von 2 x 10^{30} Kilogramm; dies entspricht 333 000 Erdmassen. Ihre mittlere Dichte beträgt 1,4 g pro Kubikzentimeter; es ist rund ein Viertel der Dichte der Erde. Ihre geringe Entfernung von der Erde (es sind im Mittel 150 Millionen Kilometer) erlaubt es uns, die Oberfläche dieses Sterns mit höchster räumlicher Auflösung zu untersuchen. Je genauere und je tiefgreifendere Erkenntnisse wir über unseren Heimatstern gewinnen können, desto besser sind wir in der Lage, den Aufbau und die Funktion anderer Sterne zu verstehen. Die Sonne spielt eine grundlegende Rolle als Eichpunkt und Testfall für die Theorie des inneren Aufbaus und der Entwicklung der Sterne. Sie zeigt uns auch in ihren Oberflächenschichten die Strahlungsabgabe und die verschiedenen Störungen, die den Energiefluss eines Sterns verändern können.

Die heiße Plasmakugel Sonne wird durch ihre eigene Anziehungskraft zusammengehalten. Sie rotiert um ihre Achse in rund 28 Tagen, wobei sie jedoch nicht als starrer Körper rotiert, sondern sich am Äquator schneller (26 Tage) als an den Polen (30 Tage) dreht. An ihrer sichtbaren Oberfläche herrscht eine Temperatur von 6000 Grad. Ein schwarzer Strahler mit dieser Temperatur gibt die Energieverteilung ihrer Strahlung in groben Zügen wieder. Von der Gesamtstrahlung der Sonne entfallen dabei 6% auf die Radiostrahlung, 38% auf die Infrarotstrahlung, 48% auf das sichtbare Licht, 7% auf die Ultraviolettstrahlung und 1% auf die Röntgenstrahlung. Pro Sekunde sendet dieser Stern von seiner Oberfläche 3,8 x 10^{23} KW an Leuchtkraft in das Weltall. Nur 0,000 000 05% davon erhält die Erde. Gespeist wird dieser Energiestrom von einer im Sonnenzentrum sitzenden Energiequelle, in der das Element Wasserstoff in das Element Helium umgewandelt wird. Die Energie entstammt dabei der Atomkernverschmelzung, der Kernfusion. Dieser Energieprozess arbeitet im Fall der Sonne schon rund 5 Milliarden Jahre.

Die im Sonneninneren freigesetzte Energie wird durch Strahlung und Strömungen an die Sonnenoberfläche transportiert. Die Sonnenatmosphäre prägt dieser Strahlung ihren charakteristischen Stempel auf: Chemische Zusammensetzung, Temperatur und Dichte - sie erzeugen den spektralen Fingerabdruck der Sonne. Die äußeren Eigenschaften der Sonne, ihre Leuchtkraft, ihr Radius, ihre Temperatur und Dichte, diese Zustandsgrößen also sind genauso wie ihr äußerer Aufbau, die Geschwindigkeitsfelder und ihre Aktivität bestimmt durch ihren inneren Aufbau und seine zeitliche Entwicklung. Mit den für die Sonne gut bekannten Zustandsgrößen und den Reaktionsraten für Kernfusionsprozesse, die in den Physiklabors gemessen werden, lässt sich im Prinzip der innere Aufbau der Sonne berechnen. Der innere Aufbau stellt sich durch den Verlauf von Temperatur, Dichte und Druck im Sonneninneren und deren zeitliche Veränderung dar.

4.1 Ein Blick ins Innere der Sonne

Einen direkten Blick in das Sonneninnere zu tun, ist uns über die elektromagnetische Strahlung nicht möglich. Trotzdem können die Sonnenforscher in die Tiefen der Sonne hineinschauen. Sie benützen dazu Schallwellen. Ähnlich wie das Erdinnere mit Hilfe von Erdbebenwellen erforscht wurde, so kann man aus den Schwingungen des Sonnengasballs Erkenntnisse über den inneren Aufbau ableiten. Die

Sonne ist ein gewaltiger zitternder Wackelpudding, eine riesige schwingende und bebende Glocke. Diese Sonnenschwingungen, die an der Sonnenoberfläche gemessen werden können, enthalten Nachrichten aus dem Sonneninneren. Die Stärke und die zeitlichen Wiederholungen einer Schwingung - dies sind die beiden Messgrößen - sie werden von Temperatur und Dichte im Sonneninneren bestimmt, denn die Sonnenschallwelle durchläuft Gebiete unterschiedlicher Dichte und Temperatur. Wie tief solch eine Welle in die Sonne eindringt und wie weit sie um die Sonne herumläuft, bevor sie an der Oberfläche gemessen werden kann, hängt von der Wellenlänge der Schwingung ab. Schwingungen verschiedener Wellenlängen übermitteln uns also Informationen von Dichte und Temperatur aus verschiedenen Sonnentiefen. Die Bewegung der Sonnenoberfläche ist zu jedem Zeitpunkt die Überlagerung vieler solcher auf sie einwirkender Schwingungen.

Ausgelöst werden diese Schwingungen durch Bewegung des Sonnenplasmas im Sonneninneren, aber wie und was setzt das Sonnenplasma in Bewegung? Stellen wir uns einen Topf mit Wasser vor, das kurz vor dem Kochen steht. Von der Topfunterseite wird ständig Wärme dem Wasser zugeführt und langsam beginnt dieses sich zu bewegen. Heiße Wasserblasen steigen auf und kühlere sinken ab. Es bilden sich Strömungen aus, wir nennen diese Konvektion. In den äußeren Schichten der Sonne ist es ähnlich. Konvektion ist hier das Aufsteigen von heißen Gasblasen, ihr Abkühlen und wieder Absinken. Die heißen Gasblasen nehmen die aus dem Sonneninneren kommende Energie auf und transportieren sie in die höheren kühleren Sonnenschichten. Wenn die Blasen aufsteigen, stört ihre Aufwärtsbewegung das umgebende Gas und bringt es zum Schwingen. Jede Schwingung aber pflanzt sich als Welle fort. Wir sprechen von Schwerewellen - z.B. sind Meereswellen Schwerewellen. Bilden sich Druckunterschiede aus, so entstehen Schallwellen. Beide Arten von Wellen können auf der Sonnenoberfläche nachgewiesen werden. Die Schwingungsperioden der solaren Schallwellen liegen zwischen 3–60 Minuten! Sie durchdringen die obersten 2/3 des Sonnenkörpers. Die Schwerewellen durchlaufen die ganze Sonne mit Perioden größer als 40 Minuten.

4.2 Die Energiequellen der Sonne

Aus der Energiemenge, die über die Entfernung Erde–Sonne der Fläche 1 Quadratzentimeter pro Sekunde zugestrahlt wird, lässt sich der gesamte Energieausstoß der Sonne pro Sekunde, ihre Leuchtkraft, berechnen. Erst Mitte des vorigen Jahrhunderts erkannten die Physiker, dass die Sonne in verschwenderischem Maße Energie ausschüttet. Die Quelle dieser Energie aber war ihnen ein Rätsel. Damals hat der Mensch schon selber Licht und Wärme erzeugt, indem er Brennstoffe verwandte. Dabei machte er die Erfahrung, dass ein Feuer rasch ausgeht, wenn man nicht laufend Holz oder Kohle oder Sauerstoff nachliefert.

Der englische Physiker Lord Kelvin hat Ende des 19. Jahrhunderts ausgerechnet, wie lange die Sonne scheinen könne, wenn ihre Masse aus bester Kohle und reinem Sauerstoff bestünde. Kelvins erschütterndes Rechenergebnis lautete: ein solches Kohlenfeuer der Sonne würde nur 6000 Jahre brennen. 6000 Jahre sind zwar für Menschen eine sehr lange Zeit, für kosmische Entwicklung dagegen eine sehr kurze. So besitzen die ältesten Erdschichten ein Alter von über 3 Milliarden Jahren, und auch erste Lebensspuren zeugen schon von solch einem Alter. Der Stern Sonne muss also wesentlich älter sein und vor allem stetig Energie in etwa gleicher Größenordnung abgestrahlt haben, denn sonst hätte sich Leben auf der Erde nicht entwickeln und weiterentwickeln können.

Wenn man Gase zusammendrückt, erhitzen sie sich. Jede Fahrradpumpe wird warm, wenn wir einen Reifen aufpumpen. Nun gibt es die Gravitation, das Phänomen der Schwerkraft oder Massenanziehung! Ihr verdanken wir unter anderem unser Gewicht. So können wir uns gut vorstellen, wie ein Stern aus verdünntem Gas im Weltall sich in Folge der Massenanziehung verdichtet, immer weiter zusammenzieht und sich dabei erwärmt. Die Gravitation quetscht das Gas zusammen. Das Gas wird heiß und beginnt Licht und Wärme abzustrahlen. Man kann überschlagen, dass ein Stern allein infolge Verdichtung und Erhitzung gut ein paar Millionen Jahre lang so hell zu strahlen vermag wie die Sonne. Aber für mehrere Milliarden Jahre reicht auch dieser Prozess bei weitem nicht.

In den zwanziger Jahren des 19. Jahrhunderts machte sich der englische Astrophysiker Sir Artur Stanley Eddington Gedanken über den inneren Aufbau einer Gaskugel gleich der Sonne, deren Oberflächentemperatur rund 6000 Grad beträgt. Eddington unterteilte sein Gaskugelmodell in kugelige Schalen und betrachtete für jede Schale die Bedingungen unter denen sie stabil wäre. Auf jeder Schale lastet der Druck aller darüber liegenden Schalen. Dieser Druck muss genau aufgehoben werden durch den Druck, den die darunter liegende Schale nach außen ausübt. Da die Sonne stabil ist, muss für jede ihrer Schalen der Druck nach innen genauso groß sein wie der von innen nach außen. Den Druck nach innen liefert die Schwerkraft, den Gegendruck von innen nach außen liefern die zusammengequetschten Gase. Hinzu kommt noch etwas Entscheidendes. Die Sonnenstrahlung dringt aus dem inneren des Gasballs nach außen, damit übt auch diese Strahlung einen Druck nach außen aus, den sogenannten Strahlungsdruck. Bei hohen Temperaturen kann der Strahlungsdruck den Gasdruck weit übersteigen.

Bei einem stabilen Gaskörper, wie der Sonne, müssen alle diese Kräfte genau im Gleichgewicht sein. Mit diesem Modell hat sich Eddington dann gewissermaßen von der Oberfläche der Sonne bis zu ihrem Kern hin vorgerechnet. Er kam zu dem Schluss: Im Sonnenkern müsse eine Energiequelle stecken, deren Natur er noch nicht beschreiben konnte. Klug und ahnungsvoll sprach er von subatomaren Energien. Heute weiß man, dass Atomkerne bei Temperaturen von zwischen 10 bis 20 Millionen Grad verschmelzen können. Wir nennen diesen Vorgang Kernfusion. Bei der Kernfusion geben die Atomkerne eine energiereiche Strahlung extrem kurzer Wellenlänge ab. Diese energiereiche Strahlung, so erkannten die Physiker dann, entstammt der Urkraft der Natur: der Gleichheit und Umwandelbarkeit von Masse und Energie. Hinsichtlich der erforderlichen Ergiebigkeit und Dauer konnte nur jener Vorgang in Frage kommen, bei dem je vier Atome Wasserstoff über viele Zwischenstufen hinweg in je ein Atom Helium umgewandelt werden. Nicht nur in der Sonne, im Kern jedes Sternes befindet sich ein solcher Kernfusionsofen. Er ist eine schier unerschöpfliche Quelle von Energie; er lässt die Sonne, er lässt die Sterne scheinen.

Wegen ihrer gleichen elektrischen Ladung können Wasserstoffkerne nur dann miteinander verschmelzen, wenn sie sehr hohe Geschwindigkeiten, d. h. große Energien besitzen, um einander genügend nahe zu kommen. Dazu sind Temperaturen über 5 Millionen Grad erforderlich, doch auch dann nur können Wasserstoffkerne mit einer bestimmten Wahrscheinlichkeit ihre elektrischen Abstoßungswälle durchtunneln. Verschmelzungsvorgänge sind für einzelne Atomkerne betrachtet eigentlich seltene Ereignisse. Nur durch die große Anzahl der Verschmelzungen kann die entsprechende Energiemenge für die Abstrahlung bereitgestellt werden. Wegen der notwendigen hohen Temperaturen findet die Kernfusion ausschließlich im Zentralgebiet der Sterne und der Sonne statt.

Als Folge der ständig ablaufenden Kernfusion vermindert sich allmählich der Anteil des Wasserstoffs im Zentralgebiet der Sonne und der des Heliums steigt. Die damit verbundene Veränderung der chemischen Zusammensetzung ist ein Merkmal des Entwicklungsprozesses den die Sonne, wie jeder Stern, durchläuft. Die Sonne wird aber noch sehr lang (rund 6 Milliarden Jahre) so strahlen wie gegenwärtig, denn sie besteht zu 74% aus Wasserstoff, 24% aus Helium und zu 2% anderen Elementen.

4.3 Der Aufbau der Sonne

Wie sehen nun Überlegungen aus, die uns ermöglichen, das Innere der Sonne zu erforschen? Zusammen mit den aus den Schwingungszuständen der Sonne abgeleiteten Werten von Dichte und Temperatur sind es drei ganz selbstverständliche Prinzipien, die uns erlauben, den Stern Sonne zu verstehen.

Das natürliche Fusionskraftwerk, der Sonnenkern, liefert in die ihn umgebende und weiter in jede folgende Kugelschale eine bestimmte Energiemenge. Stets muss genau jene Energiemenge eine Schale nach außen verlassen, die von innen in diese eingetreten ist.

Jede einzelne Kugelschale im Sonneninneren muss die Masse behalten, die ihr infolge des hydrostatischen Gleichgewichts zugerechnet wird. Der Massenverlust durch Zerstrahlung der Materie bei den Fusionsvorgängen und der Massenverlust an der Sonnenoberfläche durch den Sonnenwind ist dabei unerheblich.

In jedem Punkt des Sonneninneren muss das Gewicht den über ihm liegenden Schichten, das die Sonne verkleinern möchte, dem Gasdruck, der sie vergrößern möchte, entsprechen. Dies ist die Bedingung des hydrostatischen Gleichgewichtes.

Diese drei Prinzipien und die Zustandsgrößen Masse, Radius, Oberflächentemperatur und Energieverteilung gestatten uns, den Aufbau der Sonne und die Zustände in ihrem Inneren zu beschreiben. Beispielsweise folgt schon aus dem hydrostatischen Gleichgewicht, dass die Temperatur im Sonnenkern mindestens 10 Millionen Grad betragen muss, soll der von der Temperatur abhängige Gasdruck dem Gewicht der über ihm liegenden Schichten das Gleichgewicht halten können. Auch auf jede Störung ihres Gleichgewichtes würde die Sonne schon nach wenigen Stunden mit einer Änderung ihres Durchmessers antworten. Und wie wir sahen, antwortet sie ja schon auf die kleinste Abweichung vom Gleichgewicht in ihrem Inneren: sie schwingt.

Aufgrund dieser Überlegungen und der Beobachtungen können wir uns den Aufbau der Sonne, wie in Abb. 4.1 oben und unten dargestellt, vorstellen. Im Sonnenkern erfolgt die Energieerzeugung durch die Kernverschmelzung von Wasserstoff zu Helium. Dort herrschen Temperaturen bis zu 16 Millionen Grad und Drücke bis zu 100 Milliarden Atmosphären.

Es folgt die Strahlungszone, in der die Energie durch Strahlung transportiert wird. In einer schier unendlichen Folge von einzelnen Absorptions- und Emissionsvorgängen geben die Ionen des solaren Plasmas, wie bei einer Eimerkette, die Photonen des Strahlungsfeldes weiter. Es dauert rund 1 Million Jahre, bis die Strahlung vom Kern zur Oberfläche gelangt ist. Die Strahlungszone ist die größte Zone im Sonnenkörper.

Die Konvektionszone reicht von der Strahlungszone bis knapp unter die Oberflächenschichten; hier erfolgt der Energietransport vorwiegend durch Strömungen, durch Verlagerung heißen Gases. Es bildet sich Konvektion aus.

Die Oberflächenschichten, beginnend mit dem rund 6000 Grad heißen sichtbaren Sonnenrand, reichen mehr als einen Sonnendurchmesser in den Raum hinaus. Der sichtbare Sonnenrand (es ist die Schicht der Sonnenoberfläche von welcher der größte Teil des Sonnenlichtes abgestrahlt wird) heißt Photosphäre. Diese Schicht ist rund 400 Kilometer dick und daher erscheint uns der Gasball Sonne scharf begrenzt.

So viel wir heute wissen, ist die Sonne vor etwa 5 Milliarden Jahren in die gegenwärtige ruhige Periode ihres Lebens eingetreten. Ihre Leuchtkraft in den ersten Millionen Jahren betrug damals nur 30% der heutigen. Schnell stabilisierte sie sich dann auf den heute gemessenen Wert, dabei wuchs ihr Durchmesser um 15% und die Kernverschmelzung Wasserstoff-Helium änderte die chemische Zusammensetzung

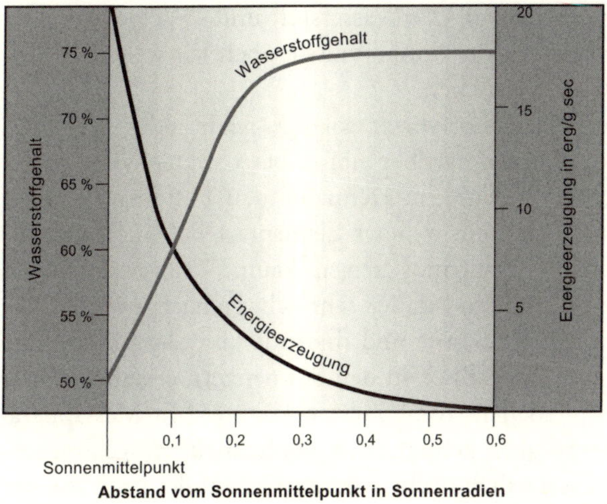

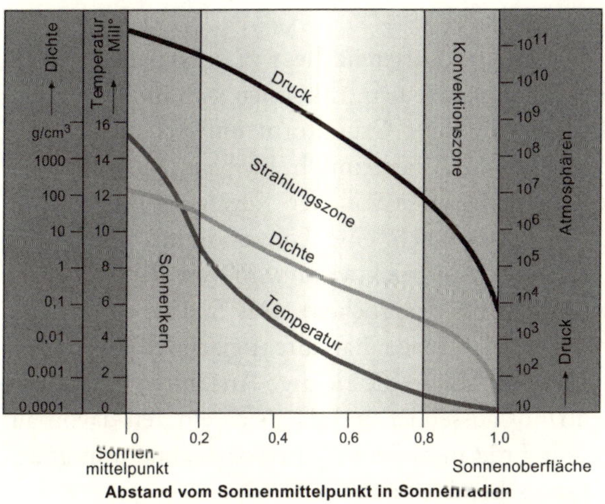

4.1 (oben) Energieerzeugung und Wasserstoffgehalt im Sonneninneren. Nur bis 1/10 Sonnenradius ist die Energieerzeugung effektiv; im Sonnenkern ist der Wasserstoffgehalt schon abgesunken.
(unten) Aufbau des Sonnenkörpers; dargestellt ist der Druck-, Temperatur- und Dichteverlauf.

des Sonnenkerns auf 47% Wasserstoff und 45% Helium. Der Wasserstoffvorrat der Sonne müsste noch für weitere 5 Milliarden Jahre ausreichen.

Ob der Wasserstoffvorrat solange reicht oder gar noch länger oder kürzer, darüber gibt es berechtigter Weise unterschiedlichste Meinungen. Denn bei den Fusionsreaktionen wird immer auch ein weiteres Elementarteilchen freigesetzt: das Neutrino. Neutrinos zeigen kaum Wechselwirkungen mit Materie und sind daher sehr schwer nachzuweisen. Sie durchdringen die Sonne und die Erde fast ungehindert. Sie würden also einen Blick in den Sonnenkern erlauben, wenn man diese Teilchenströme messen könnte. Mit Messapparaten in Bergwerken gelingt es augenblicklich, einige Sonnenneutrinos verlässlich nachzuweisen. Die auf der Erde von der Sonne ankommenden Neutrinos sind jedoch um ein Drittel zu wenig an Zahl, als es unseren Standardmodellen des Sonneninneren, den Kernfusionsöfen, entspricht. Was ist also falsch?

Die Erklärung der Differenz liegt in so genannten Neutrino-Schwingungen. Neutrinos können sich in drei Typen umwandeln, die in ihrer Grundform unterschiedlich, aber in ihrem Gesamtbild neutrinisch bleiben. Ähnlich einer schwingenden Seifenblase von der Kugelgestalt in ellipsoidische Formen ist solch eine Umwandlung vorzustellen (in physikalischer Ausdrucksweise wird von der Änderung des Neutrino-Flavors gesprochen). Das Sudbury Neutrino-Observatorium in Kanada hat direkt nachweisen können, dass der Kern der Sonne die richtige Anzahl von elektronischen Neutrinos aussendet und dass sich ein Teil davon auf dem Weg zur Erde in andere Neutrinozustände umwandelt und deswegen scheinbar fehlt.

Der innere Aufbau der Sonne lässt sich unter Kenntnis ihrer Zustandsgrößen durch physikalische Überlegungen und Berechnungen ermitteln. Die Sonne ist ein in jeder Hinsicht durchschnittlicher Stern! Aus der Beobachtung vieler anderer solcher normaler, verschieden alter Sterne, werden wir später eine Vorstellung von der Sternentwicklung gewinnen. Die Sternentwicklung wird uns aber verstehen lassen, wie der großräumige Aufbau unserer Milchstraße zustande gekommen ist. Eines dürfen wir nicht vergessen: Die Sonne ist für uns der Schlüsselstern, um den Zugang zu unserem Sternsystem zu finden.

4.4 Die aktive Sonne

Die Gesamtheit der periodisch veränderlichen Erscheinungen auf der Sonnenoberfläche, also Sonnenflecke, Gas- und Strahlungsausbrüche, nennen wir Aktivität. Die Erscheinungen der Sonnenaktivität zeigen räumliche und zeitliche Gemeinsamkeiten, die auf gleiche Ursachen hindeuten. Zunächst ist es verwunderlich, weshalb ein Stern, der von einer stetig arbeitenden Energiequelle gespeist wird, Aktivität zeigen sollte. Erinnern wir uns jedoch an den Kochtopf mit Wasser, auch er wird von einer stetig arbeitenden Energiequelle gespeist. Und sein Inhalt beginnt zu brummen, zu summen, zu beben und schließlich zu sprudeln und zu dampfen.

Untersuchungen zur Verteilung der Sonnenschwingungen, zusammen mit der von außen gemessenen Drehgeschwindigkeit des Sonnenballs, lieferten für die verschiedenen Sonnenschichten verschiedene Geschwindigkeiten. Die Oberfläche der Sonne rotiert schneller als die Tiefe; die Pole langsamer als der Äquator. Der Kernbereich scheint keine oder nur sehr geringe Drehbewegung zu haben. Die verschiedenen Sonnenschichten wälzen sich übereinander fort. Da die mittlere Dichte der Sonne der von Glyzerin entspricht, ist es also nicht verwunderlich, wenn wir keine durch und durch starre Drehung des Sonnenkörpers feststellen können, sondern eine vom Ort im Sonneninneren abhängige Rotation.

Dieser Drehbewegung überlagert ist das Auf- und Abströmen von heißen Gasblasen in den äußeren Bereichen des Sonnenkörpers. Denn in einer etwa 200 000 Kilometer dicken Schicht unterhalb der sichtbaren Oberfläche ist die

Sonne instabil geschichtet. Der Temperaturanstieg nach innen bedingt, dass der in den äußeren kühleren Schichten neutrale Wasserstoff mit zunehmender Tiefe ionisiert, in Protonen und Elektronen aufgespaltet wird. Zur Ionisation eines Gases wird aber Energie benötigt, für die das Gas selbst aufkommen muss, weshalb seine Temperatur sinkt. Eine von der Oberfläche absinkende Gasblase ist also durch diesen Ionisationsvorgang stets kühler als ihre Umgebung. Eine aufsteigende Gasblase wird durch den umgekehrten Vorgang, der Zusammenlagerung von Protonen und Elektronen zu Wasserstoff, wärmer als ihre Umgebung. Es bildet sich eine thermische Instabilität aus, die geordnete Strömungsvorgänge auslöst und verstärkt. Wir sprechen von einer Wasserstoffkonvektionszone. Die im tiefen Sonneninneren frei werdende Energie wird in dieser Schicht zum Teil durch Massenströmungen weiter nach außen transportiert. Den Energietransport übernimmt die mechanische Bewegung heißer Gasblasen, die beim Aufsteigen ihre überschüssige Energie abgeben. Die aufsteigenden Gase werden in der Photosphäre als helle Flecke, so genannte Granulen, sichtbar. Diese haben im Durchschnitt eine Ausdehnung von 400 bis 1 000 Kilometer und sind durch um durchschnittlich 100 bis 200 Grad kühlere, dunklere Zwischenzonen getrennt, in denen die Gasströmung abwärts gerichtet ist. Diese solare Granulation ist das beobachtbare Endergebnis der Materiebewegungen in der Wasserstoffkonvektionszone. Die einzelnen hellen Granulen leben einige Minuten, ihre Aufstiegsgeschwindigkeit beträgt etwa 2,5 Kilometer pro Sekunde.

Die beschriebenen Strömungsvorgänge - Konvektion und ungleichförmige Rotation der Sonne - wirken zusammen als Antriebsmotor für alle Vorgänge, die man unter dem Begriff Sonnenaktivität zusammenfasst. Denn durch diese Strömungsvorgänge entstehen die solaren Magnetfelder. Sie sind Folge elektrischer Ströme, hervorgerufen durch die Bewegungen des ionisierten und daher hochleitenden solaren Plasmas. Die veränderlichen Magnetfelder sind verantwortlich für den 22-jährigen Aktivitätszyklus der Sonne. Das zyklische Erscheinen der Störungen hat seine Ursache in langsamen Verstärkungs- und nachfolgenden Abschwächungsprozessen der sich wechselseitig beeinflussenden Magnetfelder und Strömungsverhältnisse.

Neben der ständig zu beobachtenden Granulation zeigt die Sonne eine Vielzahl von periodisch auftretenden Störerscheinungen. Die bekanntesten sind Sonnenflecke, Gebiete örtlicher Temperaturerniedrigung um bis zu 2000 Grad. Sie werden durch starke lokale Magnetfelder erzeugt. Die aus der Oberflächenschicht der Sonne austretenden Magnetfelder behindern die Energienachführung von unten und verursachen so eine Temperaturabsenkung. Es erscheint ein dunkler Fleck auf der Sonnenoberfläche.

Weitere derartige Aktivitätserscheinungen, die dann auch weit über die Photosphäre hinausragen und in den obersten Schichten der Sonnenatmosphäre auftreten, sind die Fakkeln. Es handelt sich hierbei um örtlich begrenzte Temperaturerhöhungen in den oberen Photosphärenschichten. Ihr Aussehen auf photografischen Aufnahmen gab der Erscheinung den Namen Brandung oder Präriefeuer. In noch höheren Schichten, ab 10000 Kilometer und bis einige 100000 Kilometer über dem Sonnenrand, erscheinen von Magnetfeldern verursachte Materieansammlungen, die Protuberanzen. Durch Magnetfeldänderungen können aus ihnen schlagartig große Energien in Form von Strahlung und Materieauswürfen freigesetzt werden. Sie heizen auch die äußersten Atmosphärenschichten der Sonne, die Korona, auf einige Millionen Grad auf. Der Kochtopfinhalt, die Sonnenkorona, ist dadurch heißer als die Herdplatte, die Sonnenoberfläche. Ein gewisser Anteil der Heizenergie kann durch die in der brodelnden Konvektionszone erzeugten Schallwellen in die äußeren Sonnenschichten transportiert werden, ein anderer Teil durch die Magnetfelder.

Die hohe Temperatur der Korona lässt diese im Röntgenlicht strahlen. Sie ist auch der Grund für den ständig abströmenden Sonnenwind, einen Teilchenstrom aus Elektronen und Protonen.

Die Sonne ist ein magnetisch aktiver Stern. Alle Erscheinungsformen der solaren Aktivität sind durch die Wechselwirkungen der lokal auftretenden Magnetfelder mit dem solaren Plasma bestimmt. Wir werden später sehen, dass alle Sterne mit äußeren Konvektionszonen Zeichen von magnetischer Aktivität, teilweise in erheblich größerem Maße als die Sonne zeigen. Aus ihren Spektren, dem unverwechselbaren Fingerabdruck aus der Summe ihrer Zustandsgrößen, kann dies erschlossen werden.

4.5 Der unverwechselbare Fingerabdruck der Sonne

Der Gasball Sonne sendet Strahlung in unterschiedlicher Stärke auf allen Wellenlängen in den Weltraum. Diese Strahlung entsteht in den äußeren Schichten der Sonne. Sie muss also deren physikalische und chemische Eigenschaften widerspiegeln. Wir erhalten einen unverwechselbaren Fingerabdruck der Sonne, wenn wir ihr Spektrum untersuchen. Die Zustandsgrößen der Sonne bestimmen ihr spektrales Erscheinungsbild. Zustandsgrößen sind Masse, Radius, Leuchtkraft, Temperatur und chemische Zusammensetzung.

Jedes Atom und jedes Ion hat seine eigenen Spektrallinien von ganz bestimmter Wellenlänge und spricht auf Veränderungen des physikalischen Zustandes, etwa Erhöhung oder Erniedrigung von Druck und Temperatur, verschieden an. Die Sonne zeigt also, wenn man sie im Licht von Spektrallinien des Wasserstoffs, des Kalziums oder von Eisenatomen beobachtet, ein verschiedenes Aussehen. Wir haben schon erfahren, dass ein Gas unter hohem Druck, bei hoher Temperatur nur kontinuierliche Strahlung abgibt. Wie im Gas herrschen dann auf kleinen Wegstrecken keine Temperaturunterschiede, es ist im thermischen Gleichgewicht und dies gilt ganz unabhängig von der chemischen Zusammensetzung. In den tiefen Schichten des Gasballs Sonne ist der Zustand des thermischen Gleichgewichtes jedenfalls nahezu vollkommen realisiert, sodass die aus diesen Schichten stammende Strahlung als eine Schwarzkörperstrahlung anzusehen ist und nicht erkennen lässt, von was für Atomsorten sie ausgegangen ist. Thermodynamisches Gleichgewicht bedeutet auch gleiche Strahlungsintensität in alle Richtungen.

In den obersten Schichten der Sonne oder den Sternatmosphären treten Abweichungen vom thermischen Gleichgewicht auf. Dort ist die Strahlung nicht mehr richtungsunabhängig, sondern fast nur noch von innen nach außen gerichtet. Den auffälligsten Ausdruck finden wir im Spektrum der Sonnenstrahlung, dessen kontinuierlicher Teil aus dem Sonneninneren stammt, während die Absorptionslinien erst bei Abweichungen vom thermischen Gleichgewicht, also in den höheren kühleren Schichten entstehen. Dunkle Linien auf kontinuierlichem Grund zeigen also an, dass das Licht von einem leuchtenden hochverdichteten gasförmigen Körper kommt und durch eine Schicht, die Sonnenatmosphäre gegangen ist, die aus kühlerem weniger dichtem Gas besteht.

Nun absorbieren und emittieren die Atome allerdings in tiefen und hohen Schichten nach demselben Mechanismus, sodass man fragen kann, warum aus den tieferen Schichten nur ein kontinuierliches Spektrum ohne Absorptionslinien an die Oberfläche dringt. In den tiefen Schichten fällt die Strahlung aus allen Richtungen mit gleicher Intensität auf das Atom oder Ion ein, das so aus jeder Richtung gleich viel absorbiert; da es aber alle aufgenommene Energie nach allen Richtungen gleichförmig zurückstrahlt, wird die erzeugte Absorption vollkommen ausgeglichen. Deshalb geben die tiefen Schichten im thermischen Gleichgewicht das reine Strahlungskontinuum ohne Absorptionslinien ab. Anders dagegen in den äußeren Schichten. Hier fließt die Strahlung praktisch nur von innen nach außen, wird vom Atom und

Ion absorbiert und wieder abgestrahlt, aber nicht nur in der Richtung aus welcher die Strahlung absorbiert worden ist, sondern nach allen Richtungen gleichförmig. Die Remission nach außen ist deshalb bedeutend schwächer als die Absorption aus dieser Richtung, weshalb die für jedes Atom individuellen Absorptionslinien auftreten.

Der Fingerabdruck der Sternes Sonne - sein Spektrum - erschließt uns die wichtigsten Zustandsgrößen. Was wir bei der Sonne gelernt haben, lässt sich auch bei den Sternen wiederholen. Ihre Spektren verraten uns, wie es um sie steht: Aus was sie bestehen, wie heiß sie sind, wie groß, wie schwer und sogar wie alt und wie weit sie von uns entfernt sind. Von dem Trittbrett Sonne können wir in die Milchstraße hinein schwingen.

5. Sternzähler bei der Arbeit

Als Galileo Galilei zu Beginn des 17. Jahrhunderts sein erstes Fernrohr auf das weißlich schimmernde Milchstraßenband richtete, löste er es in Tausende von Sternen auf. Diese Beobachtung scheint für ihn nichts wesentlich Neues gewesen zu sein; es war eben eine Verdichtung von schwächeren Sternen an der Himmelssphäre. Die revolutionäre Idee von einer wie auch immer gestalteten riesigen sphärischen Sternenschale als Milchstraße wurde erst rund 150 Jahre später formuliert. Zwischen 1755 und 1784 haben der Philosoph Emanuel Kant, die Astronomen Johann Lambert und Wilhelm Herschel wohl unabhängig voneinander die wahre Deutung des Milchstraßenbandes geliefert: Die Sterne sind in diskusförmiger Anordnung im Raum verteilt. Kant und Lambert wunderten sich darüber, weshalb man auf eine solche einfache Lösung nicht schon früher gekommen sei. War dies wirklich eine einfache Lösung? Wilhelm Herschel war der erste, der die ganze Tragweite des Problems erkannte, von philosophischen Überlegungen abrückte und die Form des Sternensystems messen wollte. Um messen zu können, brauchte er Sterneigenschaften; die einfachsten sind Position und Helligkeit an der Himmelssphäre.

Der erste Sternkatalog, der Position und Helligkeit verzeichnete, stammt von Hipparchos aus dem Jahre 127 vor unserer Zeitrechnung und enthielt 1080 Sterne. Die Helligkeiten der Sterne wurden nach dem Helligkeitseindruck des Auges geschätzt. Jene, die am stetig dunkler werdenden Abendhimmel als erste auftauchten, wurden Sterne erster Größe genannt. Die rund 2,5-mal schwächer sind und gewissermaßen nach den hellsten als zweite sichtbar wurden, erhielten die Bezeichnung zweiter Größe. Dann folgen jene, die wiederum 2,5-mal schwächer sind als jene zweiter Größe, sie heißen dritter Größe. Und so geht es fort bis zu den schwächsten Lichtpünktchen, die mit normalem Auge unter günstigen Verhältnissen gerade noch gesehen werden können, den Sternen sechster Größe. Heute liegen die schwächsten gerade noch messbaren Sternhelligkeiten bei der 24. Größenklasse. Und diese Grenze wird stetig weiter hinaus geschoben.

Helligkeit und Entfernung hängen miteinander zusammen. Dies ist nicht verwunderlich, denn wenn sich Lichtstrahlen von einem Punkt in alle Richtungen geradlinig ausbreiten, so werden diese Lichtstrahlen in größerer Entfernung weniger stark konzentriert sein. Wir sagen, die Intensität nimmt mit dem Quadrat der Entfernung ab. Wenn wir also für den Augenblick annehmen, alle Sterne seien sonnenähnlich und gleich hell, so sind die helleren Sterne näher, die schwächeren Sterne weiter von uns entfernt.

Herschel machte um 1780 drei Annahmen, um die Ausdehnung unserer Milchstraße durch Messungen zu bestimmen: Alle Sterne sind gleichhell, der Raum ist gleichförmig mit Sternen angefüllt, der Raum zwischen den Sternen ist leer und verschluckt kein Licht. Er begann dann in über den ganzen Himmel verteilten Eichfeldern die Anzahl der Sterne abzuzählen. Die Zahl der so in bestimmten Richtungen gefundenen Sterne ist dann proportional zur Ausdehnung des Sternsystems. Damit konnte er als erster die Milchstraße als flache begrenzte Scheibe darstellen; denn in der Milchstraßenebene ist die Sternenanzahl bedeutend größer als außerhalb. Dies war das Universum von Herschel. Heute wissen wir, dass keine seiner drei Annahmen zutrifft. Trotzdem hat dieses Zählverfahren die Grundstruktur unseres Sternsystems erfasst (Abb. 5.1).

5.1 Dunkle Löcher im Milchstraßenband

Lässt man den Blick das Milchstraßenband entlanglaufen, so fällt seine Zerrissenheit auf. Dunkle Gebiete wechseln mit Sternenwolken ab. Wenn das Milchstraßensystem eine

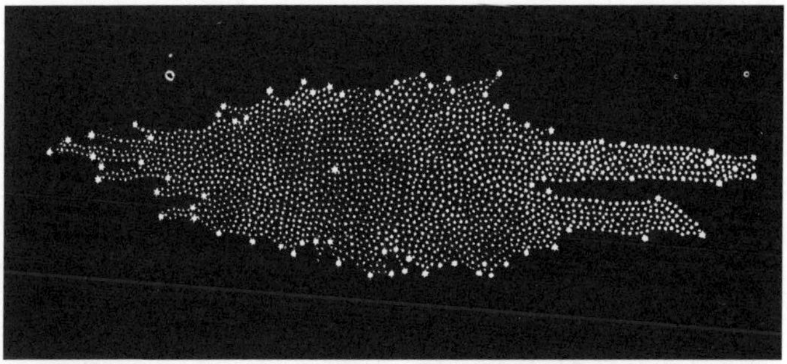

5.1 Die Milchstraße nach Sternzählungen von W. Herschel (1784 veröffentlicht). Herschel hielt die Milchstraße für die äußersten Teile einer linsenförmigen Sternenschicht mit der Sonne (in der Abbildung hervorgehoben) im Mittelpunkt.

gleichförmige Sternbesetzung hätte, sollte es keine Sternleeren geben. Es gibt auch keine Sternleeren; der Raum zwischen den Sternen ist nicht leer, er ist angefüllt mit Gas und Staubwolken. Sie verschlucken das Sternenlicht wie Nebelbänke und täuschen uns Sternleeren vor.

Blicken wir auf andere Sternsysteme, die uns ihre Schmalseite zeigen, so fällt auf, dass fast alle Sternsysteme, die wir von der Seite aus beobachten können, von einem dunklen Streifen durchzogen werden (Abb. 5.2). Schon 1899 gelang es J. E. Keeler, ein Sternsystem mit der heutigen Katalog-Nr. NGC 891 und solch einen zentralen Absorptionsstreifen abzulichten. Es handelt sich hierbei nicht um eine das ganze Sternsystem durchziehende Sternleere, sondern Gas- und Staubwolken in der Mittelebene der Galaxien angehäuft verschlucken das sichtbare Sternenlicht. In Galaxien, die wir von oben beobachten können, sieht man derartige Staubwolken, auch Dunkelwolken genannt, bevorzugt an den Innenkanten der Spiralarme aufgereiht. Dunkelwolken und hellleuchtende Sternentstehungsgebiete liegen sehr oft in unmittelbarer Nachbarschaft beieinander und sind in der Grundebene der Sternsysteme konzentriert.

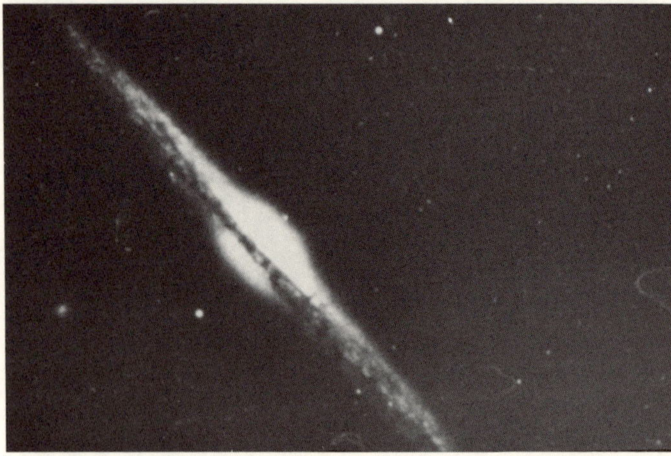

5.2. Die Galaxie NGC 4565: ein Sternsystem, das wir von der Kante beobachten können. Die dunkle Staub- und Gasschicht ist deutlich zu sehen.

Nachdem es 1924 erstmalig über Entfernungsbestimmungen gelungen war, solche Sternsysteme als isolierte, von unserer Milchstraße unabhängige Welteninseln nachzuweisen, wurden oft Vergleiche mit diesen Galaxien durchgeführt, um die wahre Gestalt unserer eigenen Milchstraße zu entschleiern. Wir, mit der Sonne innerhalb unseres Sternsystems gelegen, können seine Ausdehnung und Struktur nur schwer erkennen; denn wer im Wald steht, sieht nicht wie groß der Wald ist. Ein Blick auf andere Sternsysteme draußen jedoch enthüllt den Grundaufbau mit einem Schlage und mit einem Blick.

Um die vielfältigen Beobachtungsbefunde innerhalb unseres eigenen Sternsystems ordnen zu können, ist es ratsam, ein Koordinatensystem einzuführen, das unserer Milchstraße angepasst ist. Wir benützen ein galaktisches Koordinatensystem. Die Grundebene ist in etwa die Mittellinie des Milchstraßenbandes. Auf ihr wird die galaktische Länge in Grad angezeigt. Senkrecht zu dieser Grundlinie wird die galaktische Breite gemessen; positive Werte bedeuten einen nördlichen, negative Werte einen südlichen Winkelabstand vom galaktischen Äquator. Der Nullpunkt für die galaktische Länge liegt in Richtung des Sternbildes Schützen; diese Richtung weist auf das Zentrum unserer Milchstraße. In der Abbildung 5.3a, b des Sternsystems NGC 628, von welchem man annimmt, dass es ungefähr wie die Milchstraße aufgebaut ist, ist das Koordinatensystem eingezeichnet.

Der Ursprung des Koordinatensystems liegt im Ort der Sonne. Wenn wir also einen Rundblick entlang wachsender galaktischer Länge tun, läuft unser Auge das Milchstraßenband entlang, denn es spannt sich ja für einen irdischen Beobachter über die ganze Himmelssphäre. Wenn wir Sterne zu zählen begännen und keine Staubwolken den Blick verstellen würden, wäre es möglich, den Ort der Sonne genauer festzulegen. Die Sonne liegt nicht in der Mitte der Sterneninsel Milchstraße, sondern näher zum Rande hin, aber fast genau in der Mittelebene. Die Milchstraße ist für uns irdische Beobachter ein Projektionseffekt. Blicken wir in die Mittelebene hinein, sehen wir Stern neben Stern, Stern hinter Stern so dicht, dass schließlich ein weißlich schimmerndes Band entsteht, das von dunklen Löchern, den Schatten der Staub- und Gaswolken, aufgelockert wird. Außerhalb der Milchstraßenebene, nimmt die Sternenanzahl ab, und die Tiefen des Kosmos werden sichtbar. Wir können andere Sternsysteme erblicken. Beginnen wir, diese fernen Sternsysteme abzuzählen, so nimmt ihre Anzahl umso mehr ab, je näher wir der Milchstraßenebene kommen. Ihr Licht wird von den Gas- und Staubwolken verschluckt. So entsteht eine von Sternsystemen freie Zone beiderseits des galaktischen Äquators. In den zwanziger und dreißiger Jahren des 19. Jahrhunderts war sie ein zusätzlicher Beweis für die linsenförmige Struktur unserer Milchstraße und das Vorhandensein von interstellarer Materie.

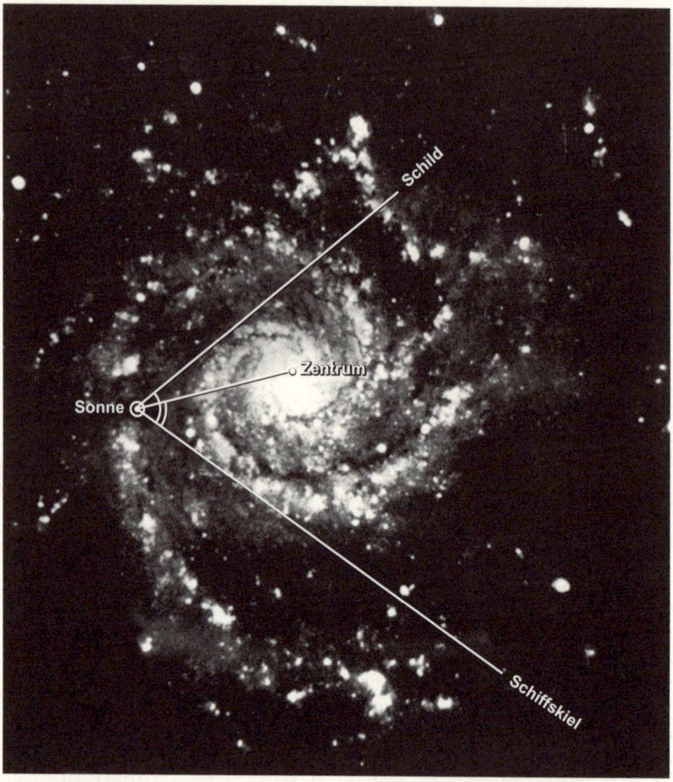
Schild
Zentrum
Sonne
Schiffskiel

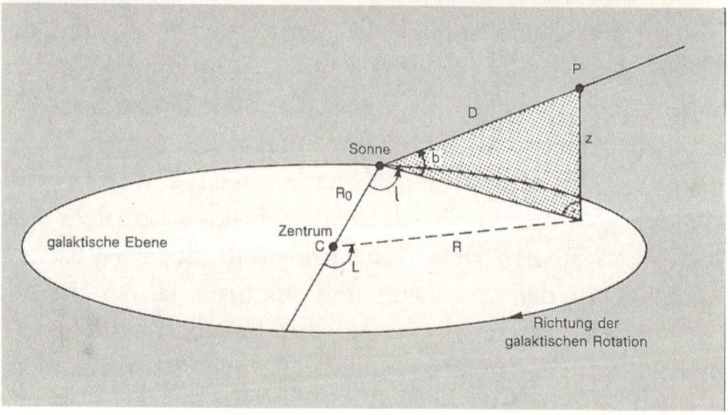
P
D
z
Sonne
b
R_0
l
Zentrum
C
R
L
galaktische Ebene
Richtung der
galaktischen Rotation

5.2 Sterne, Gas und Staub

Unsere Milchstraße enthält rund 200 bis 300 Milliarden Sterne. Zwischen und um diese Sterne lagert das interstellare Medium. Wir finden rund 1 Teilchen pro Kubikzentimeter.

Die mittleren Abstände zwischen den Sternen sind gewaltig, obwohl sie so dicht gelagert zu sein scheinen. Verkleinert man die Sterne auf Kirschkerngröße, so entspricht ihr Abstand dem europäischer Hauptstädte. Trotzdem ist der Hauptteil der Masse der Milchstraße in den Sternen enthalten. Das Verzweigungsdiagramm (Abb. 5.4) der mittleren Materieverteilung in der Milchstraße liefert uns über die

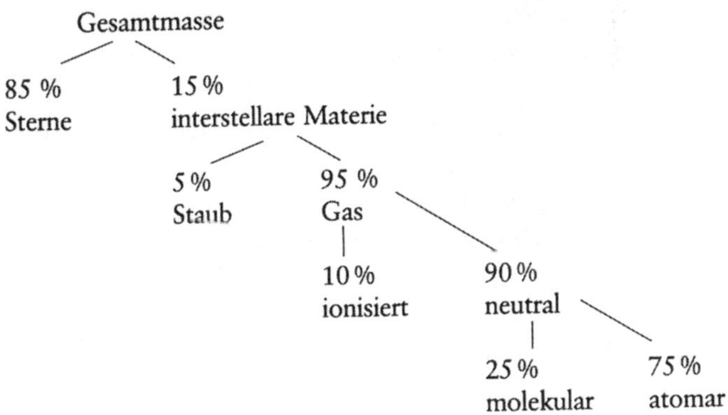

5.4 Prozentuale Verteilung der sichtbaren Materie in der Milchstraße

⇦ 5.3 (oben) Das Sternsystem NGC 628, von ähnlichem Aufbau wie die Milchstraße, mit den Orientierungslinien des galaktischen Koordinatensystems.
(unten) Das galaktische Koordinatensystem mit den Bezeichnungen. R_0 = Abstand Sonne-galaktisches Zentrum, b = galaktische Breite, l = galaktische Länge, D = Entfernung eines Objektes von der Sonne, z = Abstand eines Objektes von der Grundebene (gilt für Ober- und Unterseite), R = Objektentfernung vom galaktischen Zentrum, L = galaktische Länge vom Zentrum aus gemessen.

prozentualen Massenanteile einen ersten Eindruck von der direkt beobachtbaren Materieverteilung in unserem Sternsystem. Nicht berücksichtigt ist hierbei die sogenannte Dunkelmaterie (vergleiche hierzu das Kapitel *Unter dem Schleier der Dunkelmaterie*).

Die interstellare Materie ist ein klumpiges gas- und staubförmiges Substrat zwischen den Sternen. Seine Dichte ist gering, dadurch entzieht es sich meistens der optischen Beobachtung, außer eine größere dichtere Anhäufung nimmt das Licht eines ganzen Sternfeldes weg oder liegt in einem leuchtenden Gasnebel; wir erkennen dann eine scheinbare Sternenleere (Gasleere) und sprechen von Dunkelwolken. Helle leuchtende Nebel aus interstellarem Gas sind stets in der Umgebung von leuchtkräftigen Sternen oder Sterngruppen zu finden; es sind selbstleuchtende Emissionsnebel; ihre Energieanregung wird von den Nachbarsternen geliefert. Bei den Reflexionsnebeln, die aus Staubteilchen bestehen, wird das Licht der Nachbarsterne zurückgeworfen. Die mittlere Dichte der Staubteilchen beträgt nur etwa 10^{-26} g/cm^3. Die Größe der Staubteilchen liegt bei rund 0,1 - 0,04 µm. In einem Würfel von 100 m Kantenlänge befindet sich im interstellaren Raum durchschnittlich ein Staubteilchen.

Es scheint zunächst verwunderlich, dass so fein verteilte Materie überhaupt wahrnehmbar ist. Dazu muss man aber bedenken, welche riesigen Räume mit den Staubteilchen durchsetzt sind. Diese weiten Räume werden vom Sternenlicht auf so großen Weglängen durchlaufen, dass eine merkliche Veränderung dieses Licht trotz der geringen Staubdichten möglich ist. Wenn das Sternenlicht durch Staubwolken hindurch geht, wird es also geschwächt. Die mittlere Schwächung des Sternenlichts durch interstellaren Staub beträgt bei sichtbarem Licht etwa eine Größenklasse pro 3 10^{16} km (= 3 000 Lichtjahre) Weglänge.

Die von dem Gas hervorgerufene Absorption ist keine kontinuierliche Lichtschwächung, sondern eine Linienabsorption. 1904 wurde dies von J. Hartmann nachgewiesen.

Die im optischen Spektralbereich nicht leuchtenden Gase machen sich dadurch bemerkbar, dass sie aus dem Licht dahinter stehender Sterne einzelne Linien absorbieren. Im Spektrum des Sterns tauchen dann zusätzliche Linien auf. Heute wird dieses Gas auch durch seine Radiofrequenzstrahlung nachgewiesen. Die Lichtschwächung an dem interstellaren Staub ist selektiv; rotes, also langwelliges Licht wird stärker geschwächt als das kurzwellige blaue. Sternenlicht erscheint daher nach Durchgang durch Staubwolken nicht nur abgeschwächt, sondern auch verfärbt.

Es gibt sehr dichte und große Wolkenkomplexe von interstellarer Materie; sie werden Dunkelwolken genannt. In ihnen ist die Staubdichte 10-20-mal größer als in den normalen Staubwolken. Sie erreichen mehr als 300 Lichtjahre Durchmesser und können einige hundert Sonnenmassen in sich vereinigen. Wie alle interstellare Materie sind sie stark gegen die Milchstraßenebene konzentriert. Sie sind die Ursache für das zerrissene Aussehen und die Gabelung des Milchstraßenbandes. Ohne interstellare Materie würden wir ein fast gleichförmiges Lichtband sehen, welches sich über die Himmelssphäre erstreckt. Es wäre lediglich in seiner Helligkeitsverteilung unsymmetrisch, da der nichtzentrale Ort der Sonne in der Sternscheibe eine Helligkeitsverschiebung bewirken würde.

Große Ansammlungen von Dunkelwolken verdecken auch vollständig den Kern des Milchstraßensystems. Wenn man also über Sternzählungen eine verbesserte Kenntnis des Aufbaus unseres Sternsystems erhalten will, dann tut man sich schwer. Sternenzähler kommen im wahrsten Sinne des Wortes nicht weit. Sie bleiben in der Sonnenumgebung in den Dunkelwolken stecken.

Ganz anders ergeht es den Radioastronomen. Die längeren Wellenlängen der Radiostrahlung laufen weitgehend ungestört an den Staubpartikeln vorbei. Der Radioastronom erhält mit seinen Messungen Informationen aus der Tiefe des Raumes, also auch aus den Bereichen, aus denen das sichtbare Licht nicht mehr zu uns gelangen kann. Für ihn wird das Milchstraßenband durchsichtig.

Am auffälligsten und daher auch am längsten bekannt sind dichte leuchtende Massen von interstellarem Gas, die Emissionsnebel. Der Wasserstoff des interstellaren Raumes liegt teils neutral in atomarer Form oder in molekularer Form als H_2-Gas vor; teils ist er ionisiert. Die Ionisation kommt hier durch die Absorption von ultravioletter Sternstrahlung zustande. Das absorbierte Lichtquant muss eine kleinere Wellenlänge als 912 Å haben, da erst dann seine Energie größer als die Ionisationsenergie des Wasserstoffs ist.

Die im interstellaren Raum vorhandene und somit für die Ionisation des interstellaren Wasserstoffs verantwortliche Strahlung geht von den Sternen aus. Den größten Teil geben dabei die zwar verhältnismäßig seltenen, aber dafür sehr heißen, leuchtkräftigen Sterne ab. Daher entspricht auch die Verteilung der Strahlungsintensität im interstellaren Raum einer Temperatur von 10 000 Grad, denn dies ist die mittlere Oberflächentemperatur der leuchtkräftigen Sterne.

Leuchtende Gaswolken, Staubwolken und Sterne bestimmen das Aussehen des Milchstraßenbandes im optischen Spektralbereich. Wechseln wir die Wellenlängen, benützen wir also Beobachtungen bei kürzeren oder längeren Wellenlängen, wird sich das Aussehen des Milchstraßenbandes natürlich ändern. Die Hauptstrahlungen der verschiedenen Komponenten des Sternsystems liegen bei verschiedenen Wellenlängen. Andererseits haben verschiedene Wellenlängen anderes Absorptionsverhalten. Ihre Durchdringtiefe wird in der Regel größer sein als die Strahlung bei optischen Wellenlängen. Ein Rundblick vom Ort der Sonne aus wird je nach gewählter Wellenlänge verschieden ausfallen. Immer jedoch sollte eine Intensitätskonzentration zur Milchstraßenebene hin beobachtet werden.

5.3 Das Milchstraßenband platt an den Himmel gepinselt

Das Milchstraßenband platt an den Himmel gepinselt, so ist es uns bekannt, wenn wir mosaiksteinartig viele fotografische Einzelaufnahmen nebeneinander setzen. Mit Kameras, die einen Kugelspiegel benützen, lassen sich große Himmelsausschnitte auf einen Schlag abbilden. Der Kugelspiegel arbeitet dabei wie ein Fischaugenobjektiv. Bis zu 140 Grad kann dann das Bildfeld groß werden. Solche Bilder spiegeln recht gut das Erscheinungsbild wider, welches die Milchstraße abseits störender irdischer Lichtquellen bietet. Zum Vergleich sehen wir in Abbildung 5.5 oben und unten eine fotografische Darstellung der galaktischen Ebene in Richtung zum Milchstraßenzentrum und die geometrische Lage eines irdischen Beobachters.

In der galaktischen Ebene zeigt sich das helle Band der Milchstraße mit Gebieten erhöhter Sternendichte. Das Zentrum unserer Galaxis liegt in der Mitte des Bildes. Dichte interstellare Staubwolken bewirken eine Absorption von 25 bis 30 Größenklassen und verhüllen den Blick auf den Kern unserer Galaxis. Die nahen Vertreter dieser Dunkelwolken projizieren sich auf das Milchstraßenband und erzeugen die vielfältigen Absorptionslöcher.

Um die Verteilung der Dunkelwolken an der Himmelssphäre nach Anzahl, Ausdehnung und Abdunkelungsgrad zu erfassen, ist es nötig, den gesamten Himmel auf fotografischen oder elektronischen Aufnahmen zu durchmustern. Die Grundlage dafür bildete für die nördliche Himmelssphäre der von der amerikanischen Palomar-Sternwarte hergestellte Himmelsatlas, für die südliche Himmelssphäre der Himmelsatlas der Europäischen Südsternwarte. Frau B. T. Lynds veröffentlichte 1962 die Durchmusterung des Nordhimmels. Joachim Stüwe und der Autor setzten diese Untersuchung 1984 für den Südhimmel fort (Abb. 5.6 oben).

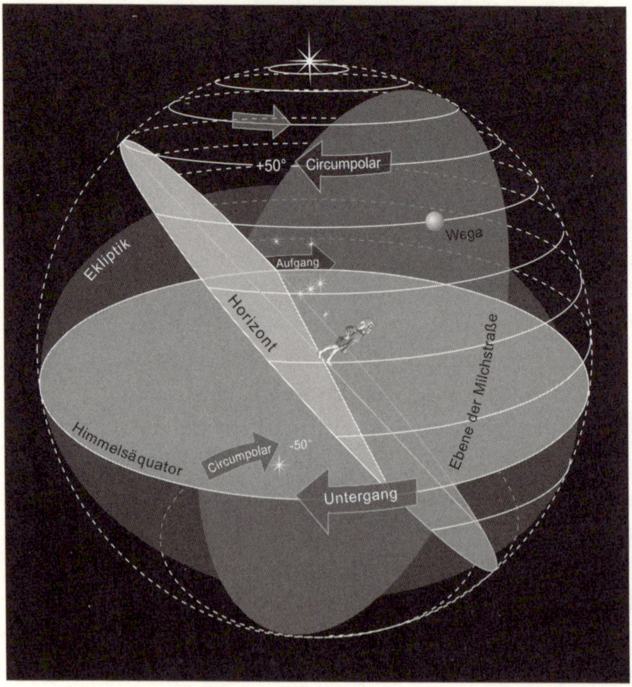
+50°
Circumpolar
Wega
Ekliptik
Aufgang
Horizont
Ebene der Milchstraße
Himmelsäquator
Circumpolar
-50°
Untergang

Die 606 Sternfelder des Südatlas wurden nach Dunkelwolken abgesucht. Dunkelwolken markieren sich durch eine Abnahme der mittleren Sternenanzahlen pro Quadratgrad; eine harte Arbeit also für Sternenzähler, denn keine Wolke darf übersehen werden.

Der Überlappungsbereich zwischen den beiden Durchmusterungen wurde benützt, um die Abdunkelungsstufen, d. h. die Absorption zu eichen. Dieser Brückenschlag sichert die Gleichheit der Absorptionswerte für beide Himmelshälften. Der Prozentsatz des Himmels, der auf der nördlichen Seite durch Dunkelwolken abgedeckt ist, beträgt 4,98%. Im galaktischen Längenbereich $0° < l < 240°$ und nur 1,92% für den südlichen Teil im Längenbereich $240° < l < 360°$. Das nördliche Milchstraßenband ist also 2,5-mal mehr abgedunkelt als das südliche Band. In absoluten Zahlen ausgedrückt bedeutet dies: In der nördlichen Himmelssphäre finden wir 1273 Dunkelwolken, in der südlichen sind es 437 Wolken. Dies spiegelt die altbekannte Tatsache wider, dass das sichtbare Milchstraßenband sein Aussehen von Nord nach Süd dramatisch ändert. Der südliche Teil ist viel homogener, als Folge des Fehlens der großen scheinbaren Gabelung des nördlichen Milchstraßenbandes. Im südlichen Teil finden wir weniger Wolken mit großen Absorptionswerten. Solche Dunkelwolken sind ja für das zerrissene Aussehen des nördlichen Milchstraßenbandes verantwortlich. Hinzu kommt, dass der südliche Teil viel heller ist. Neben der verschiedenen Absorption zeigen die für uns sichtbaren Dunkelwolken einen phantastischen Formen- und Größenreichtum. Man

---

⇦ 5.5 (oben) Kugelspiegelaufnahme des Milchstraßenbandes; das dunkle Dreibein trägt die Kamera. Helle Stern- und dunkle Staubwolken markieren die Richtung zum Milchstraßenzentrum im linken Bildteil. Das Milchstraßenband ist über 140° (W. Schlosser, Astronomisches Institut, Ruhr-Universität, Bochum).
(unten) Zusammenhang zwischen irdischem und himmlischem Koordinatensystem. Der Beobachter auf der Erde (Horizontebene) sieht, wie sich die Milchstraße um die Erde schlingt.

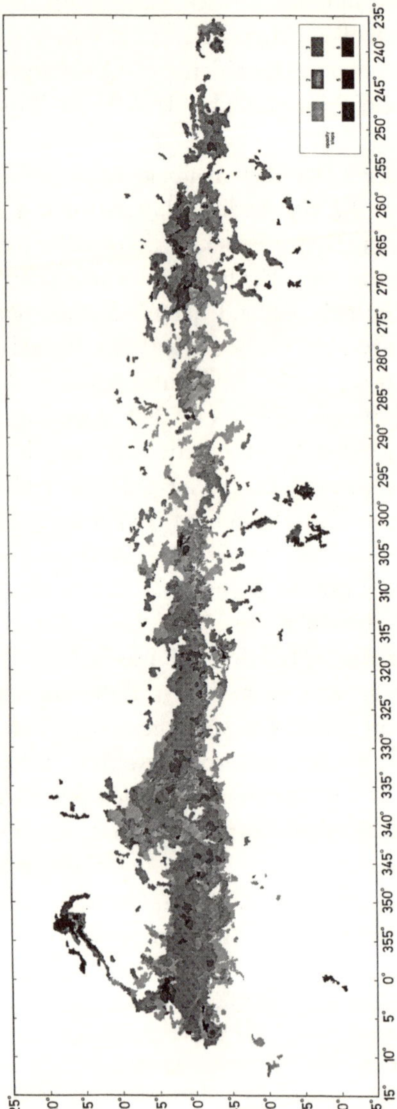

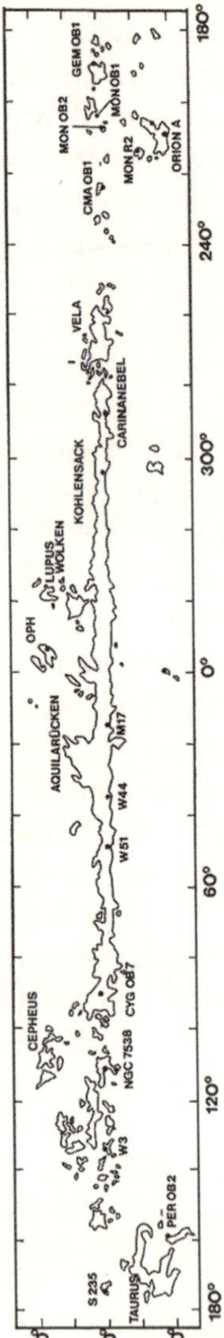
GEM OB1
MON OB2
MON OB1
MON R2
ORION A
CMA OB1
VELA
CARINANEBEL
KOHLENSACK
LUPUS WOLKEN
OPH
AQUILARÜCKEN
M17
W44
W51
CYG OB7
CEPHEUS
NGC 7538
W3
PER OB2
S 235
TAURUS

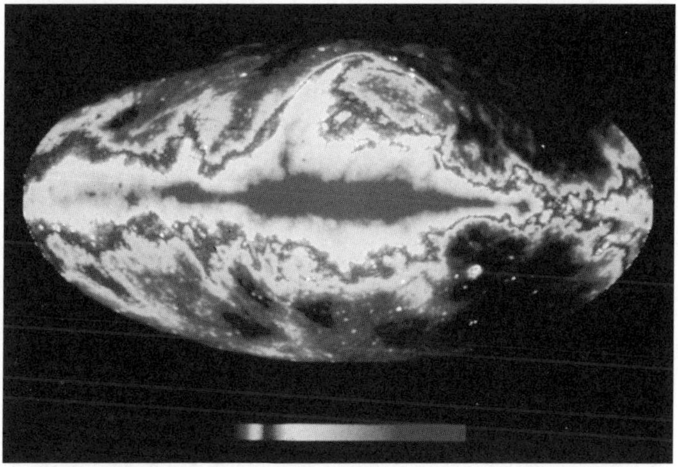

5.7 Die Milchstraße bei einer Wellenlänge von 73,5 cm (W. Haslam, MPI Radioastronomie, Bonn). Siehe Farbtafel I

sieht darin förmlich die stetig an diesen Wolken arbeitenden thermischen und dynamischen Prozesse. Das interstellare Medium befindet sich sicherlich nicht in einem ruhigen statischen Zustand.

5.3.1 Die Milchstraße im Licht der Radiowellenlängen

Ganz anders wird das Erscheinungsbild des Milchstraßenbandes, wenn wir die Wellenlänge wechseln. Gehen wir in den Radiobereich zu einer Wellenlänge von 73,5 cm. Diese Himmelsdurchmusterung (Abb. 5.7) entstand mit verschiede-

---

⇦ 5.6 (oben) Die Verteilung der Dunkelwolken der südlichen Milchstraße nach Feitzinger und Stüwe (Astronomisches Institut, Ruhr-Universität, Bochum).
(unten) Schematisiert dargestellte Verteilung der Strahlung des Kohlenstoffmonoxyds bei 2,6 mm. Die Namen der starken Quellen und bestimmte Milchstraßengegenden sind hervorgehoben (nach Th. Dame und anderen, Astrophysik-Zentrum, Harvard, USA).

nen Radioteleskopen auf der Nord- und Südhalbkugel in den Jahren 1965 bis 1978 und wurde schließlich im Max-Planck-Institut für Radioastronomie in Bonn zusammengesetzt. Wir beobachten bei 73,5 cm vornehmlich diffuse Radioemissionen, die über den Synchrotronprozess, also nichtthermisch erzeugt werden. Dabei bewegen sich schnelle Elektronen entlang den Feldlinien des interstellaren Magnetfeldes und emittieren Strahlung mit einer charakteristischen Energie, die bei den gegebenen Eigenschaften des interstellaren Mediums in den Radiobereich fällt. Die Intensität der Synchrotronstrahlung ist dem Produkt aus Elektronendichte und Magnetfeldstärke proportional, das heißt eine Messung bei 73,5 cm gibt Aufschluss über die Dichte der Elektronen in unserer Milchstraße, jeweils gefaltet mit der Magnetfeldstärke und aufsummiert entlang des Sehstrahls in die Tiefe unseres Sternsystems hinein und zusätzlich durch eventuell schwankende Magnetfeldstärken verfälscht. Dieser Einfluss des Magnetfeldes lässt sich jedoch durch Beobachtungen bei verschiedenen Wellenlängen aus den Messungen herausfiltern.

Eine der auffälligsten Strukturen ist der so genannte nordpolare Sporn, der als Bogen scheinbar das galaktische Zentrum im Norden umspannt. Hierbei handelt es sich jedoch um ein sehr nahes Gebiet. Seine Entfernung ist etwa 300 Lichtjahre. Vermutlich stellt der nordpolare Sporn den Überrest einer nur wenige 10^6 Jahre zurückliegenden Sternexplosion dar, in der Elektronen auf geeignete Geschwindigkeiten beschleunigt wurden. Je weiter solche Reste von Sternexplosionen von uns entfernt sind, umso geringer ist ihre projizierte Ausdehnung senkrecht zur galaktischen Ebene, sodass weitere Sporn- bzw. Bogenstrukturen mit steigendem Abstand von der Sonne in der starken Intensität der Radiostrahlung der galaktischen Scheibe untergehen. Zusätzlich trägt auch die Ortsauflösung von nur 0,8° dazu bei, diskrete, räumlich eng begrenzte Radioquellen weniger deutlich ausgeprägt erscheinen zu lassen.

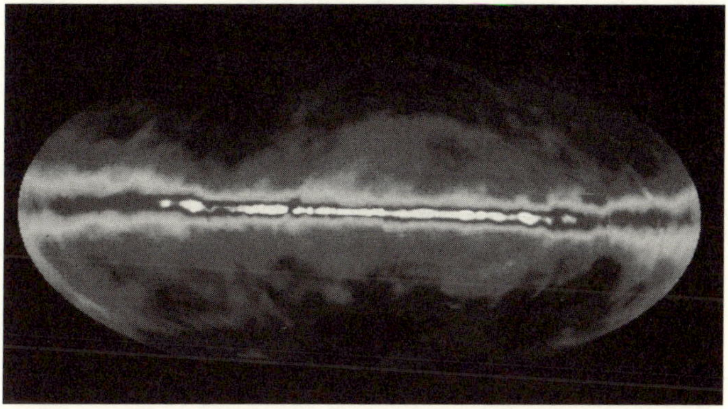

5.8 Die Milchstraße bei einer Wellenlänge von 21 cm; Strahlung des atomaren Wasserstoffs (C. Jones, C. Stern, W. Forman, California Institute of Technology; erstellt nach Messungen von Stark und anderen). Siehe Farbtafel I

Platt an die Himmelssphäre gepinselt entnehmen wir also zunächst dieser Radiowellenregistrierung: Das Milchstraßenband bleibt erhalten; relativ lokale Strukturen bilden sich oberhalb oder unterhalb der Milchstraßenebene ab. Der Ort der Sonne muss asymmetrisch zum Mittelpunkt unseres Sternsystems liegen, denn sonst sollte die Intensitätsverteilung gleichförmig sein.

Im Gegensatz zur 73,5-cm-Radiokarte, die ja dadurch entstand, dass aus einem kontinuierlichen Spektrum eine spezielle Frequenz beobachtet wurde, präsentiert die im Licht der 21,1-cm-Linie gewonnene Durchmusterung die Verteilung einer diskreten Linienemission (Abb. 5.8), denn Strahlung von 21,1 cm Wellenlänge wird vom atomaren Wasserstoff ausgesandt. Die dazu erforderliche Energie stammt von einem Übergang im Wasserstoffatom zwischen der Ausrichtung des Elektrons und des Atomkernes. Heute ist der gesamte Himmel in dieser kürzeren Radiowellenlänge kartiert. Als einer der wichtigsten Merkmale des interstellaren Wasserstoffs ergab sich eine relativ glatte Verteilung in der galaktischen Scheibe. Wegen der nicht sehr starken Klumpung des interstellaren Wasserstoffs in Form von Wolken und des Fehlens von ausgeprägten Unterschieden zwischen Spiralarmen und den Zwischenarmgebieten sind in der Kartographie des neutralen atomaren Wasserstoffes wenige individuelle Objekte bzw. Regionen auszumachen.

Auf die klumpige Struktur des interstellaren Mediums, wie wir es bei den Dunkelwolken schon kennen gelernt haben, stoßen wir wieder, wenn wir die Verteilung der Molekülwolken betrachten. Neutraler atomarer Wasserstoff stellt nämlich nicht die einzige Komponente des interstellaren Gases dar. Ein großer Teil davon findet sich in Form von mehr oder weniger komplexen Molekülen, deren häufigstes - molekularer Wasserstoff H_2 - nicht direkt nachgewiesen werden kann. Der symmetrische Aufbau des H_2-Moleküls verhindert eine hohe Übergangswahrscheinlichkeit des ersten angeregten Rotationszustandes in den Grundzustand, und weitere Zustände lassen sich wegen der allgemein geringen Temperatur in interstellaren Molekülwolken nicht anregen. Jedoch kommt H_2 gemeinsam mit Kohlenmonoxyd CO im interstellaren Medium vor. Dieses CO seinerseits wird dabei durch Stöße mit H_2 in einen angeregten Zustand versetzt, aus dem es unter Emissionen von 2,6 mm Linienstrahlung in den Grundzustand übergeht. Je stärker die gemessene 2,6-mm-Intensität, umso mehr CO-Moleküle müssen angeregt worden sein, d. h. umso höher muss die H_2-Dichte sein. Der genaue Wert des Verhältnisses H_2 zu CO scheint innerhalb der Milchstraße nicht konstant zu sein. Im Mittel kommen auf ein CO-Molekül Zehntausend H_2-Moleküle.

Bei der in der Abbildung 5.6b gezeigten CO-Verteilung fällt sofort die starke Konzentration zur galaktischen Ebene und das Fehlen ausgeprägter weiträumiger CO-Emission außerhalb des Bereichs $90^\circ < l < 270^\circ$ auf. Dies bedeutet einerseits, dass die Ausdehnung von H_2 senkrecht zur galaktischen Scheibe mit weniger als $3\ 10^{15}$ km geringer ist als diejenige von atomarem Wasserstoff. Andererseits befindet sich das interstellare Gas in molekularer Form in unserer Galaxis hauptsächlich innerhalb der Sonnenbahn, also bis zu einem galaktozentrischen Abstand von 8 bis 9 kpc. Die radiale Entzerrung der CO-Längenverteilung führte zur Entdeckung eines Rings mit erhöhter H_2-Dichte in einem Abstand von 4 bis 8 kpc vom galaktischen Zentrum.

Interstellares molekulares Gas findet sich in Wolken zusammengeballt, deren größte eine Ausdehnung von 50 bis 100 pc bei einer Masse von bis zu 10^6 Sonnenmassen erreicht. Wir sprechen dann von Riesenmolekülwolken. Solche Gebilde stellen die möglichen Orte für die Sternentstehung dar, weshalb die großräumige radiale Verteilung der Molekülwolken eng derjenigen von HII-Gebieten folgt, die wiederum ein Anzeichen für das Vorhandensein heißer junger Sterne sind.

CO-Regionen (Kohlenstoffmonoxyd) bei hohen galaktischen Breiten ($b > 5^\circ$) repräsentieren nahe Molekülwolkenkomplexe in Entfernungen von nur wenigen hundert pc wie z.B. im Orion oder im Sternbild Stier. Vergleichen wir die Karte der Molekülwolken mit Dunkelwolkenkarten, so finden wir mehrere Übereinstimmungen. Die nahen CO, d. h. H_2-Gebiete finden wir hauptsächlich dort, wo die inter-

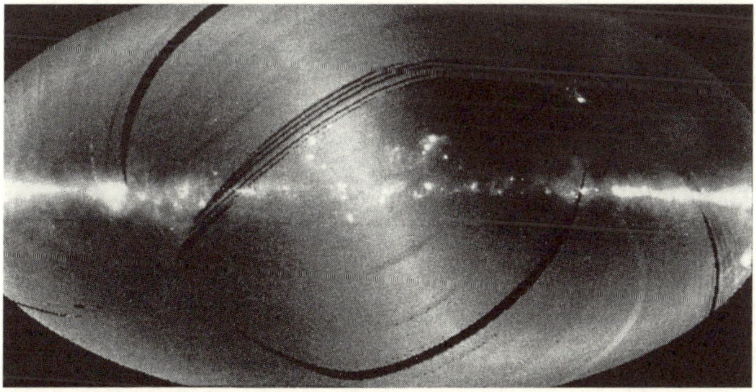

5.9 Die diffuse Infrarotstrahlung zwischen 12 µm und 100 µm, wie sie der Infrarot-Satellit IRAS gemessen hat (Foto IPL/IPAC). Siehe Farbtafel II

stellare Absorption besonders deutlich hervortritt; dort ist viel Staub vorhanden. Man kann deshalb annehmen, und wir sagten es schon, dass interstellare Staubpartikel die Bildung von H_2-Molekülen unterstützen bzw. erst ermöglichen. Gas und Staub sind stets miteinander vereint. Staubwolken und Molekülwolken können also als identische Objekte angesehen werden.

5.3.2 Die Milchstraße leuchtet im Infraroten-, Röntgen- und Gamma-Licht

Im Jahre 1983 wurde der Infrarot-Astronomiesatellit IRAS gestartet, der ein heliumgekühltes 60-cm-Teleskop mit Infrarotinstrumentierung in den erdnahen Weltraum brachte. Ohne störende Erdatmosphäre konnte damit zum ersten Mal der Himmel im fernen Infrarot vollständig durchmustert werden; die Infrarotbänder lagen bei 12, 25, 60 und 100 μm. Das Ergebnis einer fast einjährigen Kartierung zeigt Abbildung 5.9. Wir erkennen die Intensitätsverteilung der diffus emittierten Infrarotstrahlung, wobei die Farbe als Funktion der Wellenlänge von Rot (100 μm) über Grün (60 μm) nach Blau (12 μm) wechselt. Um 100 μm empfangen wir hauptsächlich Photonen von kaltem Staub, der durch Strahlung von nahen heißen Sternen auf nur 20 bis 30 Kelvin aufgeheizt wurde. Es verwundert nicht, dass die diffuse Infrarotemission der CO-Verteilung ähnelt, da, wie bereits beschrieben wurde, das Vorkommen von Molekülwolken und Staub im interstellaren Raum miteinander korreliert ist. Sowohl großräumige Infrarotemission von weit entferntem Staub in der galaktischen Ebene, als auch lokale Emissionen durch individuelle Regionen zeichnen sich in den beiden Verteilungen durch gleiche Strukturen ab. Zunächst findet man in hohen Breiten filamentartige Infrarotemission, die als infraroter Zirrus bezeichnet wird. Sie stammt von Staub mit geringer Dichte ab, der sich offensichtlich in der nahen Sonnenumgebung befindet. Natürlich gibt es neben der diffusen Komponente auch im fernen Infrarotbereich emittierende

5.10 Das Bild der Milchstraße bei Wellenlängen zwischen 1,2 μm und 3,4 μm, gemessen vom Astronomie-Satelliten COBE (Foto: NASA). Siehe Farbtafel II

Punktquellen. Der IRAS-Satellit fand ca. 245 000 Punktquellen - hauptsächlich Sterne unserer Milchstraße die in der galaktischen Ebene und in Richtung zum galaktischen Zentrum konzentriert sind. Man interpretiert diese IRAS-Punktquellen als Sterne, und zwar handelt es sich um relativ kühle alte Sterne, die von abgestoßenem kalten Gas und Staub umgeben sind.

Noch genauere Messungen am unteren Ende des Infrarotspektrums, nämlich zwischen 0,0012 mm und 0,0034 mm, wurden durch Messinstrumente auf dem Erdsatelliten COBE (COSMIC BACKGROUND EXPLORER) durchgeführt. Die Infrarot Aufnahme der Abbildung 5.10 ist wohl der spektakulärste Beweis dafür, dass unser Milchstraßensystem in der Tat eine diskusähnliche Sternscheibe ist. Die Hauptquelle des Lichts im nahen Infraroten sind Sterne. Wir sehen die Sternverteilung in einer dünnen Scheibe und in einem ausgeweiteten Zentralkörper. Die Strahlung wird röter in Richtungen, wo mehr Staub zwischen den Sternen das Sternenlicht absorbiert.

Natürlich können wir für die Vermessung des Milchstraßenbandes auch kürzere Wellenlängen benützen.

5.11 Der Gamma-Himmel vom COS-B-Satelliten gemessen (Foto: MPI Extraterrestrische Physik, München). Siehe Farbtafel II

Wir kommen dann in den hochenergetischen Bereich des elektromagnetischen Spektrums. Der Röntgenhimmel, so wie er sich etwa uns zeigen würde bei einer Wellenlänge von 2,5 x 10^{-8} cm, setzt sich aus individuellen Röntgenquellen zusammen. Die hellsten Röntgenstrahler konzentrieren sich wieder um das galaktische Zentrum und man findet sie entlang der galaktischen Mittelebene. Es handelt sich dabei um jene Röntgensterne, die einen massenarmen oder massenreicheren Begleiter haben. Auf die Röntgenquellen werden wir an späterer Stelle noch zu sprechen kommen. Gehen wir über die Röntgenwellenlänge zu noch kürzeren Wellenlängen weiter, sind wir im Gammabereich. Hier hat der Satellit COS-B sieben Jahre lang gemessen. Seine Schwerpunktswellenlänge liegt bei 1,2 x 10^{-12} cm. Am hochenergetischen Ende werden die Photonenflüsse sehr gering. Da jedoch jedes Gammaphoton eine sehr hohe Energie besitzt, lässt sich der Energieausstoß im Gammabereich mit demjenigen bei anderen Wellenlängen vergleichen. Die von dem COS-B-Satelliten durchgeführte Durchmusterung sehen wir in Abb. 5.11.

Zur Erklärung des Erscheinungsbildes unserer Milchstraße im Licht der hochenergetischen Gammaphotonen können wir auf die oben genannte Zwei-Komponenten-Darstellung zurückgreifen. Zum einen erkennen wir Punktquellen; in der rechten Bildhälfte gruppieren sich von links nach rechts der Velapulsar, Geminga und der Crabpulsar, zum anderen und bei weitem dominierend bestimmte diffuse, in manchen Gegenden stark wolkige Emission die Gammakarte. Im Fall der beiden Pulsare beobachtet man die Gammaquellen auch bei Wellenlängen vom Radio- bis zum Röntgenbereich. Die geheimnisvolle Quelle Geminga wurde 1992 enträtselt: Der Röntgensatellit ROSAT fand eine gepulste Röntgenstrahlung mit einer Periode von 0,0227 Sekunden; die gleiche Periode wurde nachträglich auch in den Gammamessungen nachgewiesen. Geminga ist demnach der Zentralstern einer vor rund 300 000 Jahren explodierten Supernova. In allen drei Fällen liegt der Ursprung der Gammastrahlung bei Neutronensternen, wenngleich die Emissionsmechanismen sicher nicht identisch sind.

Die diffuse Komponente der Gammastrahlung basiert hauptsächlich auf zwei Prozessen: Nichtthermische Bremsstrahlung und den Zerfall von Elementarteilchen, den so genannten Pi-Null-Mesonen. Die Emission aus nichtthermischer Bremsstrahlung beruht auf dem Effekt, dass ein hochenergetisches Elektron der kosmischen Strahlung ein Nukleon stößt und dabei abgelenkt wird und elektromagnetische Strahlung aussendet, deren Energie größenordnungsmäßig derjenigen der Elektronen entspricht. Auch beim Zerfall der Pi-Null-Mesonen sind Nukleonen, d.h. Wasserstoffatome bzw. Moleküle des interstellaren Mediums beteiligt. Hier entstehen zwei Gammaphotonen, wenn ein Pi-Null-Meson zerfällt, welches durch das Aufeinandertreffen eines schnellen Nukleons und eines Atomkerns gebildet wurde. Diffuse Gammastrahlung resultiert also jeweils aus der Wechselwirkung zwischen hochenergetischen Elektronen und Protonen der kosmischen Strahlung und dem interstellaren Gas. Unter der Annahme einer weitgehend gleichmäßigen großräumigen Verteilung der kosmischen Strahlung in der Galaxis passt die gemessene Gammaemission gut zu der Summe der atomaren und molekularen Wasserstoffverteilungen. Es wundert uns also nicht, dass wir in der Gammakarte die Verteilung des Wasserstoffs oder des Staubes wiederfinden. Lokale Gebiete molekularen Wasserstoffs sind für die wolkige Struktur der diffusen Gammastrahlung verantwortlich.

Die Sternenzähler, die im sichtbaren Spektralbereich

des elektromagnetischen Spektrums arbeiteten, haben unter großen Anstrengungen ein erstes Bild von unserer Milchstraße entworfen. Andere Wellenlängenbereiche liefern uns Informationen auch aus den Tiefen unseres Sternsystems. Aber alles ist noch platt an die Himmelssphäre gepinselt. Um den Schritt in die Tiefe des Raumes zu vollbringen, müssen wir noch weitere Kenntnisse über Sterne und Gas anhäufen. Zwar wissen wir jetzt schon, auch durch Vergleich mit anderen Sternsystemen, dass die Milchstraße ein Sternen- und Gasdiskus ist, und dass verschiedene Milchstraßenkomponenten, wir können auch von Milchstraßenbevölkerungen reden, in verschiedenen Wellenlängen mit unterschiedlicher Intensität strahlen. Aber wie die verschiedenen Bevölkerungen angeordnet sind, das ist die eigentlich spannenden und große Frage, die das platt an die Himmelssphäre gepinselte Milchstraßenband uns noch vorenthält.

6. Schwerkraft und Kernfusion: die Motoren der kosmischen Entwicklung

Zwei Energienquellen steuern im Grunde das gesamte Geschehen im Kosmos. Die eine ist die Gravitations-Energie, die wir täglich als Schwerkraft spüren und die wir messen können, wenn wir auf eine Waage steigen. Die zweite Energie ist die bei der Kernfusion freiwerdende Bindungsenergie der Atomkerne. Alle kosmischen Gestalten, wie wir die Himmelskörper, die sich durch ihre stoffliche und räumliche Beschaffenheit von ihrer Umgebung abheben, einmal verallgemeinernd nennen wollen, werden letztendlich durch diese zwei Energieformen in ihrem Erscheinungsbild geprägt. Gestalten in diesem Sinne sind z.B. die Fixsterne und Gasnebel, die großen Sternsysteme, die Kometen und Sonnenflecken. Wir treffen die Organisationsform der Gestalt in allen Bereichen der Natur an; alle Lebewesen, Kristalle, Wolken, Bäume und vieles mehr und auch die meisten technischen Erzeugnisse sind Gestalten.

Gestalten entstehen, wandeln sich und vergehen, eine jede hat ihre eigene individuelle Geschichte. Vergleicht man Gestalten der gleichen Art untereinander, so zeigt sich ein erstaunlicher Reichtum an Formen, bei denen sich die Natur niemals wiederholt. Andererseits erkennen wir in den Gestalten stets gleiche Grundmuster. Wir finden zwar ebenso wenig zwei genau gleiche Spiralnebel, zwei gleiche Kometen, zwei gleiche Doppelsternsysteme oder zwei gleiche Sonnenfleckengruppen, wie wir in der organischen Natur zwei gleiche Lebewesen oder zwei gleiche Blätter an einem Baum antreffen. Diese Reichhaltigkeit der äußeren Erscheinungsformen und das Fehlen jeder Wiederholung sind die stärksten Eindrücke, die eine unbefangene Betrachtung der kosmischen Formen hinterlässt. Es hat den Anschein, als sei jedes kosmische Gebilde einer einmaligen Laune der Natur entsprungen.

Die Zeiträume, in denen kosmische Gestalten sich wandeln, sind im allgemeinen sehr groß. Die Sonne strahlt seit mehr als 4 Milliarden Jahren fast unverändert; die Umlaufszeit der äußeren Teile eines Spiralnebels beträgt etwa 100 bis 200 Millionen Jahre. Das unveränderliche Aussehen der Sternbilder, die ständige gleichartige Wiederholung des Sternhimmelumlaufs und der Planetenerscheinungen veranlassten ja die Denker des klassischen Griechentums sogar dazu, den Kosmos als eine Welt des unveränderlichen Seins scharf abzugrenzen von der irdischen Welt wechselvollen Geschehens. Die neue Astrophysik hat es ermöglicht, dass sich in zahlreichen Fällen der Ablauf kosmischer Ereignisse beobachten und nachrechnen lässt. Bei diesen sich in Zeitspannen von Minuten bis einigen Jahren abspielenden Erscheinungen stehen wir einer ähnlichen Fülle der Realisierungsmöglichkeiten gegenüber wie bei den Formen der praktisch unveränderlichen kosmischen Gestalten. Jeder Lichtausbruch eines Sterns, jede Sonnenfleckengruppe, jeder Gasausbruch auf der Sonne und auch jeder magnetische Sturm, jedes Polarlicht und jeder Tiefdruckwirbel in der Erdatmosphäre zeigt im Einzelnen einen andersartigen Verlauf, wenn auch typische Regeln und Grenzen im allgemeinen eingehalten werden. Es gibt auch im größeren Kosmos periodische Vorgänge, wie die Umläufe von Doppelsternen oder den auf Eigenschwingungen der Sternkugel beruhenden Lichtwechsel gewisser veränderlicher Sterne, aber ungleich charakteristischer sind die scheinbar einmaligen Erscheinungen und Vorgänge. Um ihre Wiederholungen beobachten zu können, sind unsere menschlichen Beobachtungszeiten zu kurz.

Der Formenreichtum der kosmischen Gestalten und die Differenziertheit kosmischer Geschehnisse sind eine Folge der großen Zahl der Freiheitsgrade der Systeme. Jedes System besteht aus zahlreichen Elementen, z.B. Sterne bei einem

Sternhaufen, Atome und Elektronen in einem Gasnebel, Staubteilchen bei einer Dunkelwolke. Die Elemente stehen untereinander und mit dem Gesamtsystem in Wechselwirkung. Die treibenden Kräfte für diese Wechselwirkung sind Schwerkraft und Kernfusion.

6.1 Die Gravitation

Die Gravitation, auch allgemein Massenanziehung genannt, ist eine Eigenschaft jeglicher Materie. Zwei Massen ziehen sich mit einer Kraft an, die um so größer ist, je größer die Massen sind. Die Anziehungskraft nimmt andererseits mit dem Quadrat der Entfernung ab. Dieses Kraftgesetz ist die grundlegende Beziehung für die Bewegungsabläufe der Sterne. Wir können uns dieses Kraftgesetz mit Hilfe des Energiebegriffes folgendermaßen veranschaulichen: Jeder Körper der Masse m ist von einem Gravitationsfeld, einem Anziehungsfeld, umgeben. Jedem beliebigen Ort in diesem Feld kann eine Feldstärke zugeordnet werden, oder anders ausgedrückt, die Fähigkeit Arbeit zu verrichten. Pumpe ich Wasser im Gravitationsfeld der Erde in die Höhe, so hat es, wenn ich es ablaufen lasse, eine bestimmte Energie, die Arbeit verrichten kann. Die Energiemenge des Wassers hängt von der Höhe, also von dem Ort im Gravitationsfeld der Erde ab. Sie wird als potentielle Energie bezeichnet, als Energie also, welche die Möglichkeit oder die Fähigkeit besitzt, Arbeit zu verrichten.

Wenn sich alle Massen anziehen, warum stürzen dann nicht die Sterne aufeinander zu, warum fällt die Erde nicht in die Sonne hinein? Gegenspieler der Anziehungskraft ist die Fliehkraft. Fliehkraft entsteht durch Bewegung als Folge der Trägheit oder des Beharrungsvermögens einer jeden Masse. Bei einer Kurvenfahrt im Auto spüren wir die Fliehkraft, wie sie uns nach außen aus der Kurve heraus zu schieben versucht. Denn unsere Masse will sich gradlinig mit konstanter Geschwindigkeit weiter bewegen. Die Fliehkräfte bemerken wir auch, wenn wir einen an einer Schnur befestigten Stein um uns herumschleudern. Wir spüren die Fliehkraft als Zugkraft im Seil. Ihr halten wir das Gleichgewicht durch unseren Gegenzug. Bei der Bewegung der Sterne ist die Gegenkraft die Anziehungskraft der Gravitation. Sie sorgt für einen Gleichgewichtszustand. Voraussetzung für einen Gleichgewichtszustand ist also die Sternbewegung. Die Anziehungskräfte verhalten sich additiv. Dies bedeutet, wenn wir die Masse verdoppeln, erhalten wir die doppelt so große Anziehungskraft. Viele Sterne zusammengenommen haben also um sich ein Anziehungs- oder ein Kraftfeld aufgebaut, das sich aus den Anteilen eines jeden Sterns zusammensetzt. Die Sterne bewegen sich in ihrem gemeinsamen Gravitationsfeld. Gemäß diesem Gravitationsfeld werden sich die mittleren Geschwindigkeiten der Sterne und somit auch ihre Bahnen einstellen. Ein Sternenschwarm wird also im Laufe der Zeit einer Gleichgewichtsverteilung hinsichtlich seiner Energie und einer Gleichgewichtsgestalt hinsichtlich seiner Bahnen zustreben. Von außen betrachtet wird uns ein Sternenschwarm als Sternsystem erscheinen. Ein Sternsystem hat eine bestimmte äußere Form und seine Bausteine eine bestimmte mittlere Energie. Die Gestalt ergibt sich aus der Vielfalt der möglichen Sternbahnen. Ein Sternsystem erscheint uns als etwas festes, obwohl es sich stets nur in einem dynamischen Gleichgewicht befindet. Die Bewegungsenergie der Sterne und die Gravitationsenergie ihrer Massen sind die Spielpartner auf dieser Gleichgewichtsschaukel.

Sich selbst überlassen kommt heftig umgerührter Kaffee in einer Tasse schließlich zur Ruhe. Die Bewegungsenergie der die Tasse ausfüllenden Flüssigkeitsteilchen verteilt sich allmählich gleichförmig auf immer kleineren Skalen und endet schließlich als zufällige Wärmebewegung der Wassermoleküle. Analog werden großräumige Bewegungen in einem Sternsystem heraus gedämpft, wobei aber aufgrund der Drehimpulserhaltung Drehbewegungen um eine Rotationsachse mehr oder weniger minder geschützt sind. Für eine kosmische Gestalt, die aus vielen Teilchen - Sternen - besteht und in der außer Rotation keine systematischen Strömungsbewegungen stattfinden, gibt es einen festen Zusammenhang zwischen der Bewegungsenergie K ihrer Sterne und der potentiellen Energie U aus der Gravitation:

$$2\,K + U = 0.$$

Da die Gesamtenergie E die Summe aus Bewegungsenergie K und potentielle Energie U ist, können wir mit

$$K + U = E$$

schreiben

$$K = -1/2\,U = -E. \qquad (1)$$

-E nennen wir die Bindungsenergie des Sternsystems. Es ist diejenige Energiemenge, die man bei Zufuhr in das Sternsystem benötigen würde um das Sternsystem völlig aufzulösen. Der Betrag der Bewegungsenergie der Sterne und der Bindungsenergie sind einander gleich. Diese Gleichung verknüpft die zwei wichtigsten Größen einer aus vielen Einzelteilchen der Masse m aufgebauten kosmischen Gestalt. Für die potentielle Energie des Systems können wir ansetzen:

$$U \cong -m \cdot M / D;$$

und für die mittlere Bewegungsenergie gilt

$$K = \tfrac{1}{2} \cdot m \cdot v^2.$$

Hierbei ist M Gesamtmasse, D der Durchmesser und v^2 die mittlere Geschwindigkeitsstreuung der einzelnen Teilchen des Systems. Setzen wir dies in unsere Gleichung (1) erhalten wir

$$v^2 \cong M / D.$$

Damit ist gezeigt: Die Geschwindigkeitsstreuung der Sterne in einem Sternsystem, das sich durch Eigenanziehung zusammenhält, ist proportional dem Quotienten aus der Gesamtmasse des Sternsystems und seinem Durchmesser. Nichts könnte schöner den Sachverhalt verdeutlichen, wie Grundkräfte die sich wiederholenden Materiemuster unseres Universums scheinbar einfach gestalten.

In den kosmischen Gestalten, wie sie Sternsysteme darstellen, ist die Schwerkraft symmetrisch in Richtung des

Zentrums gerichtet. Die Gesamtschwerkraft an einem beliebigen Ort im Sternsystem ist stets die Summe der Einzelschwerkräfte aller Massen, die im Sternsystem vereinigt sind. Unsere Milchstraße, als abgeflachte Diskusscheibe, wird somit ihre Stabilität dadurch bewahren, dass jeder ihrer Sterne auf einer Ellipsenbahn das Massenzentrum umrundet. Die Fliehkräfte der Bahnbewegung halten den Anziehungskräften das Gleichgewicht. Die Stärke der Anziehungskräfte nimmt mit wachsender Entfernung zur anziehenden Masse ab. Die Gleichgewichtsgeschwindigkeit ist daher ebenfalls kleiner, wir kennen dies aus unserem Planetensystem. Die inneren Planeten umlaufen die Sonne schneller als die äußeren Planeten. So schafft einen Umlauf um die Sonne Merkur in 88 Tagen, die Erde in 365 Tagen und Jupiter in 12 Jahren. Die Geschwindigkeit nimmt mit wachsendem Abstand vom Massenzentrum ab. Bei einer starren Rotation, wie bei einem Wagenrad, würde die Geschwindigkeit im gesamten System konstant sein. Im Sternsystem ist sie nicht konstant, wir sprechen daher von differentieller Rotation.

6.2 Die Kernfusion

Wenn sich alle Massen anziehen, warum stürzt dann nicht eine Gaskugel, ein Stern, in sich zusammen? Auch ein Stern stellt eine Gleichgewichtsgestalt dar. Die Massenanziehung will ihn zusammendrücken, der Gas- und Lichtdruck in seinem Inneren hält dagegen. Gas- und Lichtdruck müssen aber stetig aufrechterhalten werden. Der Antriebsmotor hierfür ist die Energieerzeugung durch die Umwandlung von Elementen, z.B. die Verschmelzung von vier Wasserstoffatomen zu einem Heliumatom.

Die großen Energieströme, die für sehr lange Zeiten von den Sternoberflächen abgestrahlt werden, müssen aus gewaltigen Energiespeichern im Sterninneren genährt werden. Es handelt sich um Vorräte an Wärmeenergie, Gravitationsenergie und Kernenergie. Wenn sich das Sterninnere abkühlt, weil keine Energie mehr erzeugt wird, nimmt die gespeicherte Wärmeenergie ab. Diese wird in Strahlung umgesetzt und von der Sternoberfläche abgestrahlt. Auf diese Weise decken alte ausgebrannte Sterne, die nur geringe Leuchtkraft haben, ihre Energieverluste über relativ lange Zeiten. Gravitationsenergie wird durch Kontraktion der Sternmaterie freigesetzt. Sie spielt in der Energiebilanz der Sterne nur bei deren Entstehung und in Zwischenzeiten ihrer Entwicklung eine Rolle, wenn die Sterne auf Umwandlungsprozesse von höheren Elementen als Helium umschalten.

Am wichtigsten ist die Kernenergie. Sie wird zur Ausstrahlung nutzbar gemacht, durch Reaktionen zwischen Atomkernen, wobei sich aus leichteren Atomkernen schwerere bilden. Solche Reaktionen können nur bei sehr hohen Temperaturen (mindestens einige Millionen Grad) auftreten: Nur dann sind die Reaktionspartner bei ihrer Wärmebewegung schnell genug, um die gegenseitige elektrische Abstoßung (Atomkerne sind ja positiv geladen) zu überwinden. Die Abstoßung wächst mit der Ladung. Je höher diese ist, desto größer muss die Wärmebewegung - also die Temperatur sein -, damit es zu Reaktionen kommt. Die mittlere Geschwindigkeit der meisten Atomkerne im Zentralgebiet eines Sterns ist dafür zu klein. Es reagieren immer nur die wenigen Atomkerne, die zufällig eine wesentlich höhere Geschwindigkeit als die mittlere haben und die mit einer bestimmten Wahrscheinlichkeit die gegenseitige Abstoßung überwinden, oder - wie Physiker sagen - durchtunneln können. Daher erfolgen die Reaktionen und die Energiefreisetzung langsam und nicht explosionsartig.

Die wirksamsten Kernreaktionen treten beim so genannten Wasserstoffbrennen auf, wobei im Endeffekt jeweils aus vier Wasserstoffkernen ein Heliumkern gebildet wird. Die Energieerzeugung je Sekunde und je Gramm Sternmaterie wächst stark mit der Temperatur und ist bei der Wasserstoffverschmelzung etwa zur fünften Potenz der Temperatur proportional. Daher konzentriert sich die Energieerzeugung auf die unmittelbare Nachbarschaft des Sternzentrums, wo die Temperatur am höchsten ist. Nur wenn dort bereits aller Wasserstoff verbraucht ist, findet die Energieerzeugung in einer den ausgebrannten Kern umgebenden Kugelschale statt. Ist der Wasserstoff fast verbraucht und nur noch Helium vorhanden, dann kann die Energieversorgung durch das so genannte Heliumbrennen sichergestellt werden, bei dem durch schrittweise Reaktionen von Heliumkernen schließlich Kohlenstoff und Sauerstoff entstehen. In den Fusionsöfen, im Inneren der Sterne, werden also die höheren Elemente aufgebaut. Auch die chemischen Elemente, aus denen wir Menschen bestehen, sind im Sterninneren entstanden.

6.3 Ein kleiner kosmischer Kreislauf

Sterne beginnen ihre eigentliche Existenz, wenn die Gravitationsenergie die Gaswolken des interstellaren Mediums zusammengeballt hat und die Fusionsprozesse Energie in deren Inneren zu erzeugen beginnen: Dann werden diese kosmischen Gasbälle als Sterne stabil. In ihnen baut sich ein Druck auf, der dem Gravitationsdruck das Gleichgewicht hält. Sterne strahlen Energie in den sie umgebenden Raum ab. Diese Energie wiederum steht in Wechselwirkung mit dem interstellaren Medium - es entstehen heiße Gaswolken und dichte, abgeschirmte Dunkelwolken. Zwischen den Sternen und dem interstellaren Gas eines Sternsystems beginnt ein Kreislaufprozess abzulaufen, der sich selbst reguliert. Die stetige Verfügbarkeit von Gravitationsenergie und das Entweichen von Strahlungsenergie aus dem System macht die Galaxien zu offenen Systemen. In einem solchen System laufen viele energieumsetzende Prozesse ab: Kernfusion, chemische Reaktionen, Sternentstehung und Sternentwicklung. All diese Prozesse sind miteinander verknüpft und rückgekoppelt. Ein Sternsystem ist kein energiebewahrendes System.

Es verbraucht und erzeugt Energie auf vielerlei Arten und verliert einen nicht unerheblichen Teil seiner Energie an den Weltraum. Bei all diesen Prozessen wird zunächst der diffuse interstellare Wasserstoff und das Helium in Sternen konzentriert und dabei ein Anteil von etwa 10-20% in höhere Elemente umgesetzt. Aber auch im interstellaren Medium laufen, ausgelöst durch die Energieeinspeisung von Sternen, Umverteilungsprozesse und Reaktionsketten ab: Sterne und Gas bilden ein Wechselwirkungssystem. Dabei durchläuft interstellares Gas bestimmte Dichte und Temperaturbereiche.

Diese Entwicklung läuft in verschiedenen Phasen ab. Zunächst haben wir also atomaren Wasserstoff und Helium. Molekularer Wasserstoff H_2 wird hauptsächlich an den Oberflächen der Staubteilchen gebildet. Die Staubpartikel dienen hierbei als eine Art Katalysator; sie nehmen Energie der einzelnen Wasserstoffatome auf.

Molekülbildung und Bildung von Staubpartikeln hängen zusammen. Immer sind die einfachsten Bausteine die Anfänge von Entwicklungsketten. Beim Zusammentreffen von zwei oder drei Atomen bilden sich einfache Moleküle. Diese stellen eine Art Kondensationskern dar und wachsen durch Einfang weiterer Atome an. Die innere Temperatur der Teilchen liegt nur wenige Grade über dem absoluten Nullpunkt; etwa zwischen 5 und 20 Kelvin. Von den Teilchen werden nur wenige Atome abdampfen, da ja die Temperatur so gering ist. Die Zusammensetzung ist demzufolge hauptsächlich durch die Anlagerungswahrscheinlichkeit der einzelnen Atomsorten und durch die relative Häufigkeit der Atome gegeben. Die so entstandenen Teilchen sind im wesentlichen aus Wasserstoff, Sauerstoff, Kohlenstoff und Stickstoff mit Beimengungen von Metallen aufgebaut.

Aber auch in den Atomsphären kühler Sterne können sich Staubteilchen bilden. Die Staubteilchen gelangen durch den Druck der Sternstrahlung in den interstellaren Raum: Die Sterne rußen. Die Zusammensetzung dieser Teilchen ist durch die Kondensation der verschiedenen Elemente unter den physikalischen Bedingungen der Sternatmosphäre gegeben. Dabei sollten sich besonders Graphitteilchen bilden. Die ersten Bildungsschritte von organischen Molekülen und Kohlenstoffkettenmolekülen können dann in den kalten interstellaren Regionen erfolgen.

Einem kleinen kosmischen Kreislauf, der das zeitliche Verhalten eines Sternentstehungsgebietes reguliert, können wir uns wie folgt vorstellen. Das Sternentstehungsgebiet ist ein Teil des Milchstraßensystems unserer Galaxis. Als eines von vielen Untersystemen (die Zahl der Sternentstehungsgebiete in der Milchstraße wird auf einige Zehntausend geschätzt) ist es hinsichtlich des gesamten Sternsystems offen (Abbildung 6.1). Es kann Energie und Materie austauschen: Diffuses interstellares Gas fließt in das Untersystem ein und gealterte Sterne verlassen es. Das System besteht aus drei Bestandteilen. Kaltes neutrales Wasserstoffgas stellt die Grundsubstanz dar; aus diesem Gas können sich noch keine Sterne bilden, denn die stets zur Zusammenballung treibende Gravitationskraft würde das Gas derart erhitzen, dass der entstehende Druck es wieder auseinander triebe. Das atomare Wasserstoffgas hat keine genügend gut arbeitende Kühlmöglichkeit. Ganz anders verhält es sich da mit der zweiten Komponente unseres Kreislaufes. Es ist das kalte neutrale molekulare Gas und der Staub. Alle Sterne können aus dieser Komponente entstehen, wobei das molekulare Gas sich natürlich erst aus atomarem Gas in genügender Menge gebildet haben muss. Die gute Kühlung dieser molekularen Komponente wird bei der gravitativen Zusammenballung durch die Wärmestrahlung des Staubes und die Abstrahlung der Moleküle sichergestellt.

Aus den Molekülwolken entstehen die Sterne. Der Kreislauf enthält also frisch entstandene Sterne, die natürlich viel Energie an ihre Umgebung abgeben und so heißes Gas erzeugen. Dieses Gas ist nicht mehr neutral, sondern ionisiert. Die Astronomen sprechen vom 10000 Grad heißen HII-Regio-

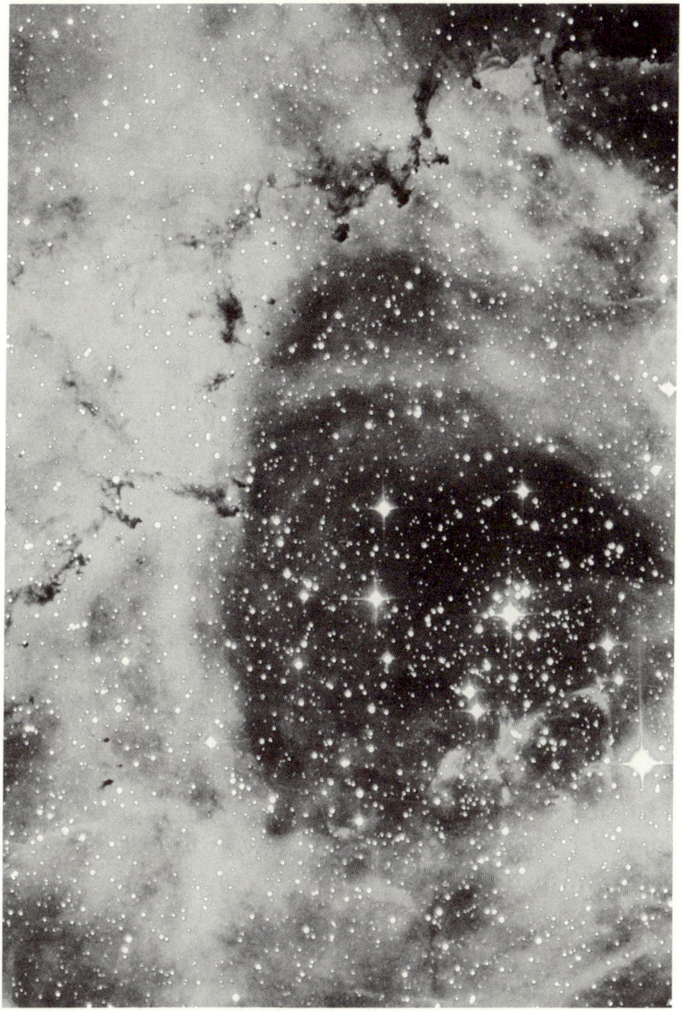

6.1 Gas und Staubwolken des Rosetten-Nebels: Heißes (IIII) und kaltes Gas/Staub (dunkel) sind in diesem Sternentstehungsgebiet auf engstem Raum vereint (mit freundlicher Genehmigung von D.L. Block, C. Madsen und NATURE, Nr. 6292, 1990). Siehe Farbtafel III

nen. Die massereichen neu entstandenen Sterne sind relativ kurzlebig. Sie lassen die in weiterer Umgebung angesiedelten kalten Molekülwolken instabil werden und regen so die Entstehung neuer Sterne an. Sie schubsen diese Wolken sozusagen mit ihrem heißen Atem aus Strahlung und Sternwind an und veranlassen sie, in sich zusammenzufallen. Unter ihrer eigenen Gravitationskraft werden sie zu Gaskugel, die sich schließlich als Sterne entzünden.

In diesem Kreislauf gibt es auch zwei Massespeicher. Einer ist der Vorrat an atomaren Wasserstoffgas, das aus dem ganzen Sternsystem in das Untersystem einfließen kann. Der andere Massespeicher umfasst die alten Sterne und heißes Gas, mit dem natürlich beliebig viel verarbeitendes Material aus dem Untersystem in das Sternsystem ausfließen kann. Für das Untersystem gilt natürlich eine strenge Massenbilanzgleichung: Was an Materiemenge einströmt, muss auch ausströmen, wenn auch in verändertem Zustand. Das Kreislaufschema können wir nun in Abbildung 6.2 darstellen.

Bei diesem kleinen kosmischen Kreislauf wird in drei Prozessen Materie weiter verarbeitet. Es beginnt mit der Molekülbildung aus atomarem Gas. Moleküle verstärken die Kühlfähigkeit der interstellaren Wolken und erlauben so das Zusammenballen zu Sternen. Die größere Dichte beschleunigt die chemischen Reaktionen, was zur weiteren Erhöhung der Molekülproduktion führt; dies fördert wiederum die Kühlfähigkeit und damit den Sternentstehungsprozess. Die Sterne entstehen aus den Molekülwolken, wobei sich die Sternentstehung selbst anregt und weiter fortpflanzt. Die Anzahl der entstandenen Sterne hängt natürlich vom Massevorrat in der Sternentstehungszelle ab.

Bei der Sternentwicklung durchlaufen die Sterne eine Alterung. Entweder explodieren sie am Ende ihres Lebens und geben ihre Materie zum größten Teil wieder an das interstellare Medium zurück oder sie scheiden als relativ kühle Objekte aus dem Entstehungs- und Entwicklungszyklus aus. Sie versinken sozusagen im stellaren Friedhof des

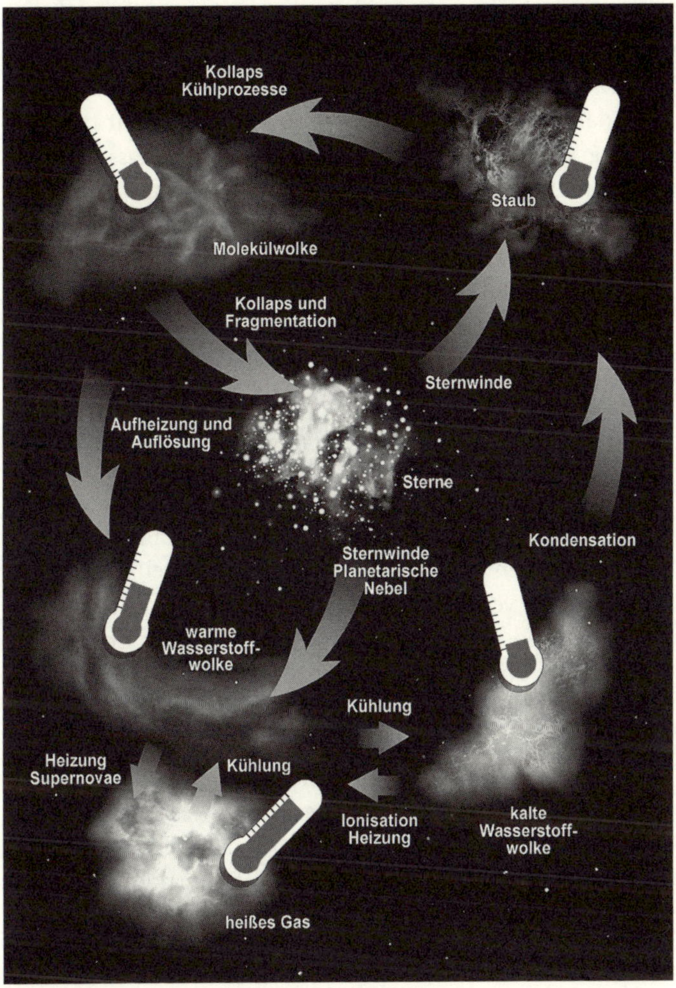

6.2 Kreislaufschema der Sternentstehung und der Molekülwolkenbildung. Siehe Farbtafel IV

Sternsystems. Das ganze System arbeitet teilweise unumkehrbar, denn aus einfachen Wasserstoffatomen entstehen höhere Elemente im Inneren der Sterne und Energie. Natürlich ist das System auch rückgekoppelt und begrenzt. Die Begrenzung liegt im endlichen Massevorrat solch einer Sternentstehungszelle. Wenn die Molekülwolken in Sterne umgewandelt sind, dann bedarf es einer gewissen Zeitspanne für die Neubildung von Molekülwolken. Hinzu kommt, dass ein aktives Sternentstehungsgebiet sich selbst abbremst. Die neu entstandenen Sterne heizen das umgebende kühle molekulare Gas auf, Temperatur und Druck steigen: Die Moleküle zerfallen, die Sternentstehung kommt zum Erliegen. Das gesamte System bedarf einer Erholzeit, um neu aktiv zu werden. Die Rückkoppelung der Prozessabläufe ist entscheidend für einen geregelten Ablauf der Sternentstehung. Der anorganische Kosmos regelt also seine stellare Geburtsrate selbst.

Die verschiedenen Prozessstufen spiegeln sich im interstellaren Medium mit seinen verschiedenen Temperatur- und Dichtebereichen wider. Wir finden das interstellare Gas und den Staub in verschiedenen Zonen eines Temperatur- und Dichtezustandsdiagramms. Diese verschiedenen Zonen oder Phasen, ihre Kühl- und Heizzeiten und die entsprechenden Masseanteile sind bei dem Regelprozess die Stellhähne, die für das natürliche Zusammenspiel der einzelnen Komponenten sorgen. Die Motoren dieses Kreislaufes sind zum einen die Schwerkraft, sie ballt die Sterne aus Gaswolken zusammen, zum anderen ist es die Kernfusion, sie erzeugt die stellaren Energien und verursacht so die Entwicklungsprozesse der kosmischen Materie.

7. Das Leben der Sterne

Energieverbrauch zieht immer Veränderungen nach sich. Sterne entstehen, Sterne erzeugen Energie, und wenn Vorräte dafür verbraucht sind, erwarten wir ein Verlöschen, ein Ausbrennen von Sternen.

Sterne müssen sich entwickeln, wenn Energieumsetzungen ablaufen. Diese Sternentwicklung sollte aus ihren Zustandgrößen ablesbar sein. Die Schwierigkeit hierbei ist die Kurzlebigkeit der Astronomen und die Langlebigkeit der Sterne; anders ausgedrückt, es sind die langsamen Entwicklungszeiten und die großen Zeitskalen der Veränderungen, die den Astronomen zu schaffen machen. Ein Astronom, der etwas über das Sternenleben heraus bekommen will, sieht sich in der gleichen Situation wie ein zufälliger Besucher einer Einkaufspassage, der von menschlichen Altersentwicklungen noch nichts gehört hat. Er erblickt ein Gewimmel von Menschen - von Säuglingen im Kinderwagen bis zur stockgestützten Senioren - er sieht keine der Personen altern und er soll nun versuchen, eine Altersfolge aufzustellen und eine Altersentwicklung zu beschreiben.

Der Beobachter wird also zunächst Zustandsgrößen zu messen versuchen. Bei den Besuchern einer Einkaufspassage könnten dies Körpergröße und Körpergewicht, Hautstraffheit und Rückenkrümmung, Gehgeschwindigkeit und Körpertemperatur sein. Entscheidend für eine Einordnung der Sterne in eine Alterssequenz ist es also, die in unterschiedlichen Phasen ihrer Entwicklung beobachteten Sterne so zu ordnen, dass eine zeitliche Aufeinanderfolge der Entwicklungsphasen zu erkennen ist.

Als geeignete Zustandsgrößen für solch ein Unterfangen kann die Leuchtkraft eines Sterns, seine Temperatur und seine Masse verwendet werden. Beim interstellaren Medium sahen wir schon, dass Temperatur und Dichte in einem

Zustandsdiagramm die Phasen des interstellaren Gases wiedergeben. Diese Phasen - kalt und dicht oder heiß und dünn - spiegeln den Entwicklungszustand wider. Sie spiegeln aber auch eine zeitliche Entwicklung des Gases wider. Denn aus kaltem Gas muss oder kann in einer gewissen Zeit heißes Gas werden und aus heißem Gas wird durch Kühlprozesse wieder kaltes.

Die Zustandsgrößen eines Sterns sind seine chemische Zusammensetzung, seine Masse, sein Radius, seine Leuchtkraft (die Energieabstrahlung), seine Temperatur, seine Drehgeschwindigkeit und sein Magnetfeld. Daraus lassen sich weitere Zustandsstandgrößen ableiten wie mittlere Dichte, Energieerzeugung oder Schwerebeschleunigung an der Sternoberfläche. Auch das Spektrum eines Sterns kann als Zustandsgröße angesehen werden.

Die Helligkeit, unter der uns ein Stern an der Himmelsphäre erscheint, sagt noch nichts über seine wahre oder absolute Helligkeit aus. Denn die Sterne stehen ja in den unterschiedlichsten Entfernungen und haben unterschiedlichste Leuchtkräfte.

Erst wenn wir die Entfernung des Sterns kennen, können wir seine wahre Leuchtkraft errechnen. Für die sonnennächsten Sterne lassen sich die Entfernungen wie bei der Landvermessung durch Winkelmessungen ermitteln. Die Grund- oder Standlinie ist hierbei der Durchmesser der Erdbahn. Im zeitlichen Abstand von einem halben Jahr werden die Winkel zu einem Stern aufgelistet. Da die Länge der Standlinie bekannt ist, lässt sich dann mit Hilfe von etwas Trigonometrie die Entfernung ausrechnen (Abb. 7.1). Diese Methode erlaubt es, die Entfernung von einigen hundert Sternen festzulegen. Als sonnennächster Stern wurde Alpha Centauri gefunden. Er hat einen Abstand von 4×10^{16} m oder 4,3 Lichtjahren. Ein Lichtjahr ist diejenige Entfernung, die das Licht in einem Jahr zurücklegt. Da die Lichtgeschwindigkeit 300 000 km pro Sekunde beträgt, erhalten wir für den Lichtjahresweg:

$$300\,000 \times 60 \times 60 \times 24 \times 365 = 9{,}45 \times 10^{12}\ \text{km}.$$

Um nicht mit großen Entfernungszahlen rechnen zu müssen, haben die Astronomen eine weitere Entfernungseinheit eingeführt. Es ist das Parsec, die Parallaxensekunde, abgekürzt pc. Ein Stern hat die Entfernung 1 pc, wenn von ihm aus gesehen die halbe große Achse der Bahn der Erde um die Sonne unter einem Winkel von einer Bogensekunde erscheint. Daraus ergibt sich für 1 Parsec = $3{,}08 \times 10^{13}$ km = 3,2 Lichtjahre; 1 000 Parsec werden 1 Kiloparsec genannt.

Aus der Entfernung und der scheinbaren Helligkeit eines Sterns kann man die Leuchtkraft des Sterns berechnen. Die Leuchtkraft L von Alpha Centauri stimmt annähernd mit der Leuchtkraft der Sonne überein. Für andere Sterne findet man Werte die zwischen einem 10 000stel oder der 10 000-fachen Leuchtkraft der Sonne liegen. Die Sonne ist ein typischer Stern mittlerer Leuchtkraft.

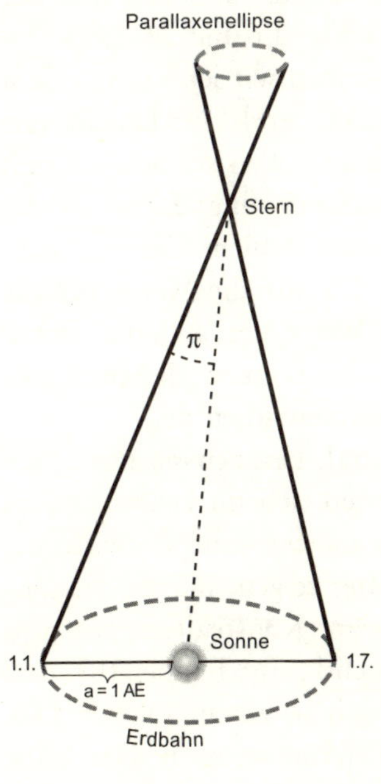

7.1 Trigonometrische Entfernungsbestimmung eines Sterns. Winkelmessungen, hier zum Beispiel am 1.1 und 1.7 eines Jahres, legen die Parallaxe eines Sterns fest. Die Parallaxe ist der Winkel unter dem vom Stern aus der Erdbahnradius erscheint.

Über die Temperatur eines Sternes erfährt man etwas, wenn man die Intensitätsverteilung seiner Strahlung mit der eines schwarzen Körpers vergleicht. Aus der Lage des Intensitätsmaximums der Strahlung ergibt sich die Oberflächentemperatur. Bei dem Stern Sonne haben wir das Prinzip solcher Messungen schon kennen gelernt. Für die Temperaturen der Sterne findet man Werte zwischen 2000 und 60000 Kelvin! Auch hier liegt die Sonne mit einer Oberflächentemperatur von 6000 Kelvin auf einem mittleren Platz.

Die Zerlegung des Sternenlichts in ein Spektrum erlaubt es also, die Intensität in Abhängigkeit von der Wellenlänge zu messen und die Oberflächentemperatur zu berechnen, wenn das Strahlungsmaximum festgelegt werden kann. Einem Sternspektrum kommt jedoch noch zusätzliche Bedeutung zu. Die im Spektrum auftretenden Absorptionslinien geben nämlich über die chemische Zusammensetzung des Sternes Aufschluss. Sie zeigen, dass die meisten normalen Sterne vorwiegend aus Wasserstoff und Helium bestehen und der Anteil der übrigen Elemente zwischen 0,1 und 3% liegt.

Zwei wichtige Zustandgrößen haben wir jetzt schon dem kalten und unnahbaren Sternenlicht entlockt: Leuchtkraft und Temperatur. Mit diesen beiden Größen können wir nun die Radien berechnen. Die Leuchtkraft eines Sterns ist das Produkt aus seiner Oberfläche und seinem Emissionsvermögen, also seiner Temperatur. Da wir die Werte für die Sonne kennen, setzten wir die Werte der anderen Sterne zur Sonne ins Verhältnis. Sternradien können im Mittel zwischen einem 100stel und 1000 Sonnenradien liegen.

Da Sterne endliche Gebilde sind, besitzen sie nur einen endlichen Energievorrat. Sie müssen sich im Laufe der Zeit erschöpfen. Anders gesagt - sie müssen eine Entwicklung zeigen. Wenn sie eine Entwicklung zeigen, müsste dies aus den Zustandsgrößen abzulesen sein. Konstruieren wir also ein Zustandsdiagramm aus Leuchtkraft, Temperatur und Radius und schauen nach, wie sich in einem solchen Diagramm die Zustandsgrößen der Sterne verteilen. Der Däne

Ejnar Hertzsprung (1873 - 1967) und der Amerikaner Henry Russel (1877 - 1957) haben als erste ein solches Zustandsdiagramm konstruiert (Abb. 7.2 links). In solch einem Hertzsprung-Russel Diagramm sind die Sterne nach Leuchtkraft und Temperatur geordnet. Der Großteil der bekannten Sterne liegt in einem wohlbestimmten Streifen, der so genannten Hauptreihe. Sterne mit hohen Temperaturen sind auf der linken Seite des Diagramms zu finden.

Eine Reihe von Sternen steht jedoch deutlich oberhalb der Hauptreihe. Die Leuchtkräfte dieser roten Riesensterne übertreffen die der Hauptreihensterne um das 1000-fache bei gleicher Temperatur. Wir schließen daraus, dass ihre Radien, d.h. ihre Oberflächen entsprechend größer sein müssen. Daher stammt für diese Sterngruppe der Ausdruck Riesensterne. Unterhalb der Hauptreihe liegen die Weißen Zwerge. Ihre Leuchtkraft ist ein 100stel der Sonnenleuchtkraft. Wir vermuten, dass ihre Radien entsprechend kleiner sein sollten; im Vergleich zu den Hauptreihensternen also zwergenhaft klein. Der gewählte Name soll dies versinnbildlichen.

Schauen wir uns diese Überlegungen an drei Beispielen an. Zunächst betrachten wir den Stern Regulus. Seine Leuchtkraft ist 150-mal größer als die der Sonne, seine Temperatur entspricht dem 2,2-fachen Sonnenwert. Wir können daraus einen Sternradius von 2,5 Sonnenradien für Regulus errechnen. Kapella hat wie Regulus eine 150-fache Sonnenleuchtkraft. Ihre Temperatur entspricht der Sonnentemperatur. Der Radius ergibt sich als 12-facher Sonnenradius. Der Begleitstern des Sirius ist Weißer Zwerg. Aus seinem weißblauen Licht wird eine Temperatur von 24000 Grad abgeleitet. Seine Leuchtkraft ist nur 1/100 der Sonnenleuchtkraft. Für den Radius des Weißen Zwerges finden wir 4400 km. Dies entspricht einem Radius, wie wir ihn bei der Erde kennen.

Im Vergleich zur Sonne gibt es unter den Sternen also wirklich Riesen- und Zwergsterne.

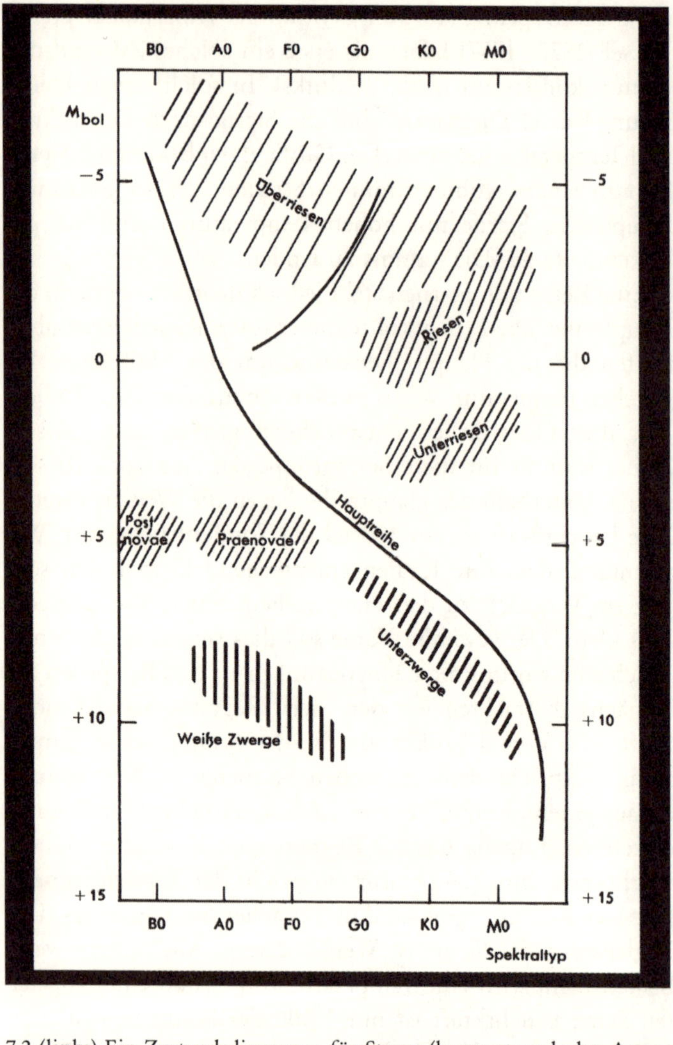

7.2 (links) Ein Zustandsdiagramm für Sterne (benannt nach den Astrophysikern E. Hertzsprung und J. Russell). Es zeigt den Zusammenhang zwischen Spektraltyp (als Maß für die Oberflächentemperatur der Sterne) und der absoluten Gesamthelligkeit M_{bol}.
(rechts) Das Zustandsdiagramm, umgesetzt in absolute Zustandsgrößen: M= Linien gleicher Sternmassen (in Sonnenmassen), R= Linien gleichen Sternradius' (in Sonnenradien), und .....= Linien gleicher Temperatur.

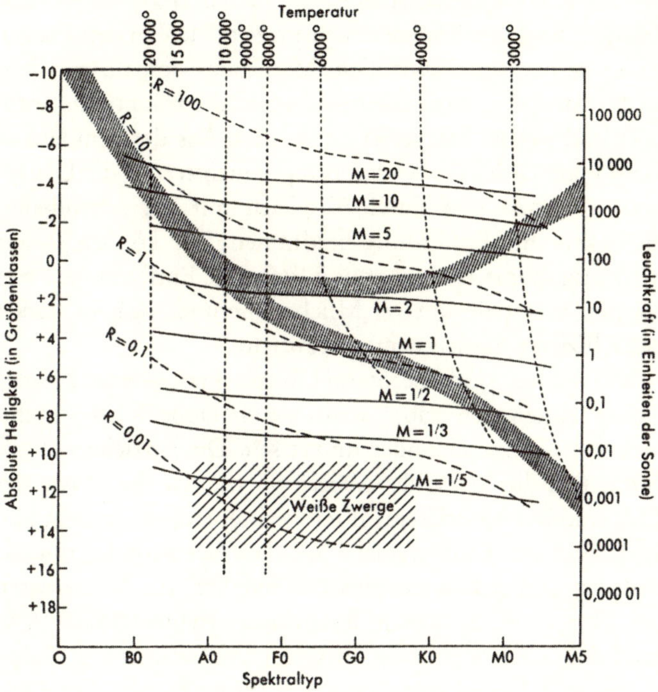

In dem Zustandsdiagramm verlaufen die Linien konstanten Sternradius' leicht geneigt von links oben nach rechts unten. Im unteren Teil des Diagramms finden wir R = 0,01 Sonnenradien im oberen Teil R = 1 000 Sonnenradien (Abb. 7.2 rechts). Die Hauptreihensterne unterschieden sich voneinander durch verschieden große Massen und das Aussehen ihrer Spektren. Da verschiedene Temperaturen und verschiedene Elemente zur Strahlung anregen und auch zur Absorption veranlassen, entsprechen die Spektraltypen der Sterne verschiedenen Temperaturbereichen. Die Ordnung der Sterne nach dem Aussehen ihrer Spektren ist eine Ordnung nach steigender oder fallender Oberflächentemperatur. Aber auch zu den Riesen- und Zwergsternen gibt es Unterschiede in den Spektren. Zum Beispiel ist die Linienstärke von Weißen Zwergen und den Riesensternen im Vergleich zu den Hauptreihensternen unterschiedlich. Man kann deshalb aus dem Spektrum eines Sterns erkennen, ob er der Hauptreihe angehört und welche Temperatur er besitzt. Aus der Temperatur kann man wiederum bei den Hauptreihensternen die Leuchtkraft festlegen und durch Vergleich mit der scheinbaren Helligkeit ihre Entfernung bestimmen. Wir können so auf nicht trigonometrische Art und Weise die Entfernungen von Sternen innerhalb unserer Milchstraße und sogar in nahen benachbarten Sternsystemen ermitteln.

Wie schwer sind die Sterne? Kann man Sterne wiegen? Sterne wiegen sich selbst, wenn sie als Doppel- oder Mehrfachsternsysteme einander umkreisen. Die Anziehungskraft verrät uns die Masse der Sterne. So wie wir die Masse der Erde und des Mondes aus ihrer wechselseitigen Anziehungskraft und der Umlaufgeschwindigkeit des Mondes um die Erde errechnen können, so ist es möglich, die Sternmassen bei Doppelsternsystemen festzulegen. Kepler (1571 - 1630) fand den Zusammenhang zwischen Umlaufszeit und Bahnradius und formulierte damit sein drittes Gesetz. Das Quadrat der Umlaufzeit ist der dritten Potenz des Bahnradius proportional. Die Proportionalitätskonstante enthält versteckt die Sternmassen. Im Fall von Kepler waren es die Planeten- und die Sonnenmasse. Wendet man auf diese Konstante das Anziehungsgesetz von Massen an, Newton (1642 - 1727) formulierte es als erster, ist die Massenbestimmung möglich.

Die erste Massenbestimmung für Sterne geht auf das Jahr 1834 zurück, als der Astronom Friedrich Wilhelm Bessel entdeckte, dass sich der hellste Stern am Nachthimmel, Sirius, nicht gleichförmig bewegte. Bessel vermutete die Existenz eines schwachen Begleitsterns, der die Bahn von Sirius stören sollte. 18 Jahre später erprobte der amerikanische Instrumentenbauer Clark ein neues Fernrohr.

Er dachte zunächst an einen Linsenfehler, als er neben Sirius einen schwachen Lichtfleck entdeckte; erst allmählich wurde deutlich, dass der Lichtfleck ein Stern sein müsste, der sich gemeinsam mit Sirius bewegte. Der Stern erwies sich als Weißer Zwerg. Die Messungen in den nächsten Jahrzehnten zeigten die Bahnen der beiden Sterne um ihren gemeinsamen Massenmittelpunkt. Die großen Bahnhalbachsen von Sirius (a_s) und seinem Begleiter (a_b) stehen dabei im Verhältnis 1 zu 2. Mit Hilfe der Definition des Massenmittelpunktes können wir daraus das Verhältnis der Massen der beiden Sterne berechnen:

$$M_{Sirius} \text{ mal } a_s = M_{Begl.} \text{ mal } a_b.$$

Die Masse des ungefähr erdgroßen Begleiters ist also halb so groß wie die Masse des 100-mal größeren Sirius. Aus der Umlaufzeit und den großen Halbachsen lassen sich die Massen der beiden Sterne bestimmen. Man fand

$$M_s = 2 \text{ Sonnenmassen} = 4\ 10^{30}\text{kg}$$

$$M_B = 1 \text{ Sonnenmasse} = 2\ 10^{30}\text{kg}.$$

Solche Verfahren zur Bestimmung von Sternmassen sind anwendbar, wenn Sterne als Doppelsterne umeinander kreisen. Dabei müssen natürlich die Bahnkurven der Sterne mit ausreichender Genauigkeit vermessen werden können. Dies gelingt nur bei den nahen Doppelsternen. Man kennt daher nur die Masse einiger hundert Sterne aus direkten Beobachtungen; sie liegen zwischen 0,01 Sonnenmassen und 100 Sonnenmassen, wobei die obere Massengrenze möglicherweise um den Faktor 3 bis 4 zu klein sein kann, wie neuere Beobachtungen andeuten.

Eine indirekte Massenbestimmung ergibt sich über die Leuchtkräfte der Sterne. Diese Methode wird uns sofort zur Lebensdauer der Sterne zurückführen. Trägt man die

Leuchtkräfte von Hauptreihensterne gegen ihre Masse auf, erhält man die Masse-Leuchtkraft-Beziehung: Die Masse der Sterne ist zu ihrer Leuchtkraft mit 3,4ter Potenz proportional (Abbildung 7.3). Ein Stern mit dem 10fachen der Sonnenmasse hat also eine um mehr als 1000 größere Leuchtkraft. Größere Leuchtkraft bedeutet aber einen höheren Energieausstoß. Größerer Energieausstoß hat einen größeren Energieumsatz zur Folge, größerer Energieumsatz bedingt einen schnelleren Brennstoffverbrauch. Massenreiche Sterne leben daher kürzer als massenarme Sterne.

Aus Masse und Radius eines Sterns lässt sich die mittlere Dichte festlegen. Führen wir dies wieder für Sirius und seinen Begleiter durch. Aus den Beobachtungsdaten für Sirius (Masse = 4 10^{30}kg, Radius = 1,3 10^{9}m) erhalten wir für die Dichte 0,43 g/cm^3.

Für den Siriusbegleiter (Masse = 2 10^{30}kg, Radius = 5,4

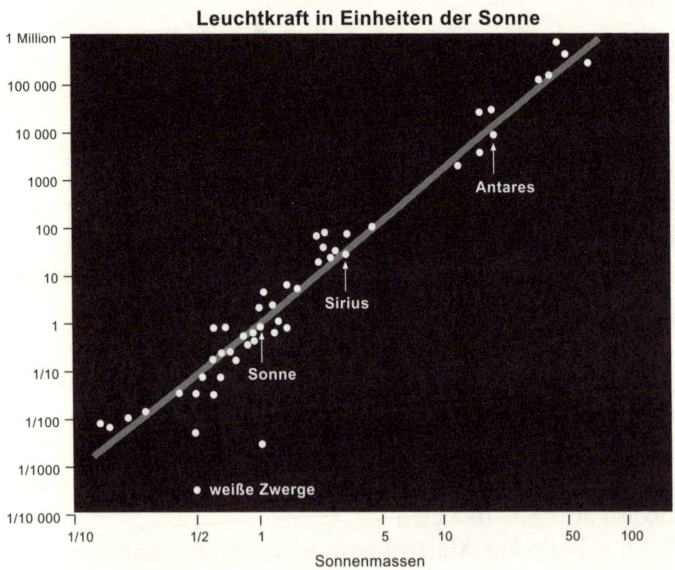

7.3. Die Masse-Leuchtkraft-Beziehung der Sterne

10^6m) finden wir eine Dichte von 3 10^6 g/cm^3. Während die Dichte von Sirius mit der Dichte von Materialien des Sonnensystems vergleichbar ist (und dies gilt für die Hauptreihensterne ebenfalls), so erweist sich die Dichte des weißen Zwerges als Millionen mal dichter. Ein Kubikzentimeter Weißer Zwergmaterie hat eine Masse von drei Tonnen.

In analoger Weise ergeben sich für die Dichten der Riesensterne Werte um 10^{-6} g/cm^3. Es zeigt sich also, dass die roten Riesensterne bei gleicher Masse wie die Hauptreihensterne durch ein wesentlich größeres Volumen ausgezeichnet sind. Die Dichte der Hauptreihensterne ist rund 1 000 kg pro Kubikmeter; die Dichte der Riesensterne ist Millionen mal geringer, die Dichte der Zwergsterne ist Millionen mal größer.

7.1 Sternentwicklung

Woher nehmen die Sterne ihre Energie? Verbrennung im chemischen Sinne ist es bestimmt nicht, denn solche Brennstoffvorräte können in keinem Stern versteckt sein. Erst als man die Kernenergie entdeckte, wurde klar, welche Energie das Licht der Sterne speist. Die Umwandlung von einfachen Elementen in höhere liefert in der Kernfusion den Motor für die stellare Entwicklung. Sterne sind zeitliche, endliche Gebilde, sie haben nur einen endlichen Energievorrat, sie müssen sich im Laufe der Zeit erschöpfen, sie müssen altern und daher müssen sie auch entstehen und sich entwickeln.

Sterne bilden sich aus den Staub- und Gasmassen des interstellaren Mediums. Heute sind in der Milchstraße und ähnlichen Spiralgalaxien rund 15% bis 20% der sichtbaren Gesamtmasse in gasförmigem, turbulentem Zustand vorhanden. Dieser Materiespeicher liefert die Geburtssubstanz für die Sterne. Wenn der Druck von außen zunimmt und in zufälligen Zusammenballungen die Eigenanziehung einer Gaswolke größer wird als der ihrer Temperatur entsprechende Zerstreuungsdrang, beginnt sie langsam, sich unter ihrer Gravitationskraft zusammenzuziehen und einen Stern zu bilden.

Die Voraussetzungen hierfür lassen sich mit einer einfachen Überlegung abschätzen. Bei einer Temperatur T hat ein Molekül oder Staubteilchen einer Gaswolke eine bestimmte Bewegungsenergie. Bei tiefen Temperaturen erreichen die meisten Teilchen die zum Entweichen aus der Gaswolke notwendige Entweichgeschwindigkeit nicht, sondern fallen wieder in die Wolke zurück. Die Gaswolke breitet sich deshalb nicht im Raume aus, sondern zieht sich stetig zusammen. Es entsteht also ein Stern, wenn folgende Bedingung erfüllt ist:

Bewegungsenergie der Teilchen < Anziehungsenergie der interstellaren Wolke.

Stellen wir uns eine kugelförmige Wolke mit dem Radius R und der Dichte ρ vor, so lässt sich diese Bedingung auch folgendermaßen ausdrücken: Überschreitet der Radius R einer Gaswolke den Wert

$$R > \text{Konst.}\ (T/\rho)^{1/2},$$

so kollabiert die Wolke und es entsteht ein Stern. Dies passiert um so eher, je kleiner die Ausgangstemperatur und je größer die der Dichte der Wolke ist. Die Konstante bestimmt sich aus den Materialbedingungen. Sterne entstehen also mit Vorliebe dort, wo es kalt ist und sich interstellare Materie dicht geklumpt sammelt.

Bei einer Ausdehnung von mehreren Lichtjahren - der typischen Größe einer Gaswolke - muss die Mindestmasse rund 7000 Sonnenmassen betragen, um zur Sternentstehung zu führen. Die Masse ist natürlich viel größer als diejenige eines einzelnen Sterns. Während sich die gesamte Wolke zusammenzieht, steigt ihre Dichte in verschiedenen Teilbereichen verschieden stark an. Dadurch werden Teilwolken instabil und ziehen sich ebenfalls zusammen; so zerfällt eine Wolke kaskadenartig in immer kleinere Teile, die schließlich typische Sternmassen besitzen. Eine Assoziation von Sternen ist entstanden. Diese Vorgänge sind in unserer eigenen

Milchstraße und auch in anderen Sternsystemen beobachtet.

Mehrere Millionen Jahre gehen natürlich ins Land, bis eine Gaswolke Sterne geworden sind. Dabei heizt sich das Gas auf, denn die Teilchen der Gaswolke fallen in den immer tiefer werdenden Potentialtrog des Gravitationsfeldes der Wolke, erleiden dabei Zusammenstöße und verwandeln so ihre Fallbewegung in ungeordnete Wärmebewegung. Die Temperatur in der Wolke steigt an und damit auch der Druck, sodass die Sternentstehung zum Erliegen käme, wenn es nicht gelänge, einen Teil dieser Wärme wieder loszuwerden. Gerade diese Kühlung während der Kontraktion steht derzeit im Blickpunkt der Forschung. Wenn schließlich Temperatur und Druck im Zentrum groß genug werden, beginnen im Mittelpunkt Kernreaktionen einzusetzen. Es baut sich ein Gegendruck auf, die Kontraktion kommt zum Stillstand - ein Stern leuchtet auf! Vorher, beim Geburtsprozess, wird natürlich ein Teil der Masse auch wieder weggepustet. Damit im Sternzentrum die Energieerzeugung über die Fusion von Wasserstoff zu Helium einsetzt, muss eine bestimmte Temperatur erreicht werden, die wiederum von der Masse des entstehenden Sternes abhängt. Mindestens 1/10 Sonnenmassen muss die Sternmasse betragen, um die Zündtemperatur zu erreichen. Liegt sie darunter, so kühlt der Stern allmählich aus und wird zu einem planetenähnlichen Körper. Die Suche nach solchen kosmischen Gebilden, die Astronomen nennen sie auch Braune Zwergsterne, war erfolgreich.

Ein Stern wird stabil, wenn der durch seine Energie erzeugte Gasdruck in seinem Inneren seiner eigenen Gravitationskraft das Gleichgewicht zu halten beginnt. Dann ändern sich auch seine Zustandgrößen nicht mehr wesentlich. In einem Zustandsdiagramm ordnen sich daher die Sterne nur in einem bestimmten Bereich an - es ist die Hauptreihe. Die Masse der Sonne reicht aus, um das Wasserstoffbrennen etwa 10 Milliarden Jahre lang aufrechtzuerhalten. Auch in anderen Hauptreihensternen findet Wasserstoffbrennen statt, wobei sich sehr unterschiedliche Lebensdauern ergeben. Wir sahen ja schon, dass die stellare Leuchtkraft etwa der dritten Potenz der Masse proportional ist. Weil ein Stern von 50 Sonnenmassen etwa das 125tausendfache der Leuchtkraft der Sonne hat, reicht sein Wasserstoffvorrat für eine Betriebsdauer von einigen Millionen Jahren aus. Die massenreichen Sterne, die wir heute auf der Hauptreihe beobachten, müssen somit vor kurzer Zeit entstanden sein. Wir erkennen also, dass in unserer Milchstraße laufend neue Sterne entstehen.

Wenn sich ein Stern entwickelt, dann ändern sich seine Zustandgrößen. Oberflächentemperatur und Leuchtkraft sind für unsere Beobachtungen am leichtesten zugänglich. In einem Zustandsdiagramm muss also der zeitlichen Entwicklung eines Sterns eine Linie entsprechen; es ist die Entwicklungslinie. Da man aufgrund der langsamen Entwicklung den Entwicklungsweg eines Sterns nicht direkt verfolgen kann, ist man gezwungen, nach einem indirekten Verfahren zu suchen. Hierbei leisten die Zustandsdiagramme von Sternhaufen oder Sternassoziationen wertvolle Hilfe. Einerseits stehen die Sterne eines Sternhaufens relativ nahe zusammen, daher sind ihre scheinbaren Helligkeitsunterschiede ein gutes Maß für die wahren Leuchtkraftunterschiede. Andererseits sind die Sterne eines Haufens etwa gleichzeitig aus einer gemeinsamen Gasmasse entstanden. Sie stellen also für heutige Beobachter eine Gruppe gleichaltriger Sterne mit gleicher chemischer Zusammensetzung dar. Diese Eigenschaften machen Sternhaufen oder Assoziationen zu idealen Vergleichsobjekten, an denen die Astronomen ihre Vorstellungen von der zeitlichen Entwicklung der Sterne prüfen können. Da Sterne gleichen Entstehungsalters, aber unterschiedlicher Masse, aufgrund ihres unterschiedlichen Energieverbrauchs verschieden schnell ihren Entwicklungsweg durchlaufen, wird das Zustandsdiagramm eines Sternhaufens einen typischen mittleren Entwicklungsweg markieren.

Ein Stern verlässt im Zustandsdiagramm die Hauptreihe, wenn etwa 10% seines Wasserstoffvorrats im Inneren verbraucht sind. Jetzt beginnt seine eigentliche Entwicklungsphase. Das schwere Helium hat sich im Sterninneren angesammelt und die Fusion des Wasserstoffs geht nun nicht mehr im Zentrum des Sterns vor sich. Eine weiter außen liegende Schicht ist jetzt zur Brennzone geworden. Der Stern bläht sich auf und wird zum Riesenstern. Da dabei seine Oberflächentemperatur etwas abnimmt, er also röter wird, spricht man von Roten Riesen. Für die Sonne wird dies in 4 Milliarden Jahren der Fall sein. Eine größere Oberfläche bewirkt eine größere Abstrahlung, also steigt die Leuchtkraft an. Im Zustandsdiagramm verschiebt sich der Ort des Sterns nach rechts oben.

Das entstandene Helium im Zentrum der Roten Riesen muss durch höhere Temperatur im Gleichgewicht gehalten werden. Diese höheren Temperaturen werden durch Kontraktion des Kernbereiches des Sterns erzeugt. Das Helium beginnt dann zu höheren schweren Elementen weiter zu fusionieren. Es entsteht Beryllium, Kohlenstoff, Kalzium und schließlich Eisen. Vom Eisen an entstehen Elemente höherer Ordnungszahlen nur unter Energiezufuhr durch Anlagerung von Neutronen bei explodierenden Sternen.

Auch die chemischen Elemente, aus denen wir Menschen bestehen und die wir heute auf der Erde vorfinden, sind im Inneren roter Riesensterne aus früheren Sterngenerationen erzeugt worden. Diese Elemente wurden beim Zusammenbruch dieser Sterne in den interstellaren Raum geschleudert und bildeten dort die Gaswolken, aus denen neue Sterne und Planeten entstanden sind.

Von Gleichgewichtszustand zu Gleichgewichtszustand schreitet die Sternentwicklung fort. Die Änderung der Zustandsgrößen passt sich der Änderung der Energieerzeugung an. Im Zustandsdiagramm beginnt der Stern einen bestimmten Wanderweg einzuschlagen. Nach dem Wasserstoffbrennen neu erreichte Gleichgewichtszustände sind bei weitem nicht mehr so stabil und lang andauernd. Rote Riesen nach ihrer Expansion verweilen nur kurze Zeit in diesem Stadium. Manche Sterne bestimmter Masse beginnen im Laufe ihrer Entwicklung zu pulsieren, während andere Explosionen erleiden, bei denen Sie einen Teil ihrer Masse an das interstellare Medium zurückgeben. Bei sehr massereichen Sterne kann es sogar fast zur völligen Zerstörung des Sterns kommen - man sagt, ein Supernovaausbruch hat stattgefunden. Am Ende ihrer Entwicklung brechen die Sterne wieder unter ihrer eigenen Anziehungskraft zusammen. Denn der Innendruck aufgrund der Energieerzeugung fehlt. Bei diesen Gravitationszusammenbrüchen der Sterne können drei Arten von Himmelskörpern entstehen, die dann die stellaren Friedhöfe der Sternsysteme bilden.

Ist die verbleibende Sternmasse größer als rund 10 Sonnenmassen, so kommt der durch die Eigengravitation ausgelöste Zusammenbruch überhaupt nicht mehr zum Stillstand. Die Masse des Sterns stürzt immer weiter und tiefer in den eigenen Anziehungstrog hinein, der Stern verschlingt sich selbst, es entsteht ein Schwarzes Loch.

Liegt die Masse des zusammenbrechenden und energetisch ausgelaugten Sterns zwischen 2 und 10 Sonnenmassen, so wird ein großer Teil der Sternmasse in einer Supernovaexplosion nach außen geschleudert. Der innerste Teil des Sterns, etwa in der Größe einer Sonnenmasse, stürzt dagegen in sich zusammen und kommt erst bei einem Radius von rund 10 km als Neutronenstern zur Ruhe. Jetzt halten die Kernabstoßungskräfte zwischen den Neutronen der Gravitation das Gleichgewicht. Beobachten können wir diese Sterne als Pulsare. Langsam kühlen diese kosmischen Körper aus; als kalte Sternschlacke driften sie durch die Milchstraße.

Beim Zusammenbruch eines Sterns mit einer Masse von weniger als 2 Sonnenmassen kommt der Kollaps bei einem Radius von etwa Erdgröße zum Stillstand. Ein Weißer Zwerg ist entstanden. Bei ihm hält der Gasdruck des stark zusammen gepressten Elektronengases der nach innen gerichteten

Gravitation das Gleichgewicht. Die Dichte des Sterns beträgt jetzt 10^6 g/cm^3. Suchen wir die Weißen Zwerge im Zustandsdiagramm, so finden wir sie links unten: Sie sind ausgezeichnet durch geringe Leuchtkraft, die Energieerzeugungsprozesse sind abgeschlossen und ihre Oberfläche ist klein. Andererseits sind sie noch sehr heiß. Erst allmählich, im Laufe von Millionen Jahren, werden sie abkühlen und langsam immer schwächer leuchten, bis sie schließlich ganz verlöschen.

7.2 Sternvölker in Sternsystemen

Es überrascht uns, dass sich fast alle Sterne in den Zustandsdiagrammen einordnen lassen und dort nur bestimmte Kombinationen von Zustandsgrößen auftauchen. Wir erkennen daraus die Eindeutigkeit des Sternaufbaus. Der Aufbau eines Sterns ist im wesentlichen durch zwei Parameter charakterisiert: seine Masse und sein Alter. Die Masse bestimmt die Energieerzeugung, das Sternalter den Brennstoffvorrat und somit die Sternentwicklung. Hierbei setzen wir natürlich voraus, dass die chemische Zusammensetzung aller Sterne gleich ist. Die Urparameter des inneren Aufbaus eines Sterns sind also Masse und chemische Zusammensetzung. Diese beiden Größen legen im Zustandsdiagramm jedoch keinen Punkt fest, sondern eine Linie, den Entwicklungsweg des Sterns. Daher ist das Alter als zusätzlicher Parameter notwendig. Für andere chemische Zusammensetzungen ergeben sich also andere Entwicklungswege, die Sterne sind dann auf andere Art im Zustandsdiagramm verteilt.

Eine unterschiedliche chemische Zusammensetzung von Sternen ist eine Folge der Sternentwicklung. Stellen wir uns eine erste Sterngeneration vor. Sie besteht aus Wasserstoff, wenig Helium und noch weniger anderen Elementen. Im Laufe der Sternentwicklung bilden sich mehr und mehr höhere Elemente im Sterninneren. Der Stern explodiert und gibt einen Teil seiner neu erbrüteten schweren Elemente,

Helium, Beryllium, Kohlenstoff, Eisen, an das interstellare Medium ab. Die neu entstehende Sterngeneration bildet sich aus diesem mit schweren Elementen angereichertem Medium. Erste und zweite Sterngeneration unterscheiden sich also durch ihre chemische Zusammensetzung. Wir haben eine stetig verlaufende, fließende Anreicherung des interstellaren Mediums vor uns. Später geborene Sterne werden sich von früher geborenen Sternen unterscheiden.

Walter Baade, ein deutschstämmiger Astronom, der in den Vereinigten Staaten von Amerika arbeitete, fand 1944 bei der Untersuchung von Sternen der Milchstraße und unserer Nachbargalaxie, dem Andromedanebel, solche Unterschiede zwischen den Sterngenerationen; er sprach in diesem Zusammenhang von Sternpopulationen. Heute fassen wir unter einer solchen alle Sterne eines Sternsystems zusammen, deren räumliche Verteilung, deren Bewegungsverhältnisse und deren chemische Zusammensetzung oder deren Alter ähnlich sind (Abb. 7.4). Grob gilt: Population I sind die jungen Sterne mit 2 bis 4% an schweren Elementen; sie sind in der Grundebene des Sternsystems am häufigsten, dort also, wo auch die interstellare Materie ihre größte Dichte besitzt. Zur Population II gehören die alten Sterne mit einem geringen Gehalt von 0,3 bis 1% an schweren Elementen. Sie verteilen sich sphärisch im Sternsystem. Zwischen diesen Sternbevölkerungen gibt es fließende Übergänge. Der Abfall der Sterndichte, senkrecht zur Ebene, ist für Sterne verschiedenen Typs, also für verschiedene Populationen, unterschiedlich. Je jünger die Sterne sind, desto mehr häufen sie sich in der Ebene, um so stärker nimmt ihr Anteil senkrecht zur Grundebene ab.

Die Sternpopulation I stellt eine spätere Sterngeneration dar als die Sternpopulation II. Alle Sternpopulationen sind natürlich untereinander vermischt. Wir können uns die Sternpopulation vorstellen wie das Volksgemisch auf einem großen Platz. Von der einen Seite strömen viele Schüler auf den Platz, von der anderen Seite kommen die Angestellten

Sternpopulationen und ihre Eigenschaften

	Population I	**Zwischen-population**	**Population II**
Bahnen	kreisförmig	langgestreckte Ellipsenbahnen, starke Strömungen	Ellipsen-bahnen
Verteilung	stark wolkig, Spiralarme	schwach wolkig	homogen
Konzentration zum Zentrum	keine	leicht	stark
typische mittlere Höhe von der Mittelebene (pc)	120	400	2000
Anteil an schweren Elementen in %	3-4	0,2-2	0,1
typisches Alter (Jahre)	10^8	10^9	10^{10}
typische Geschwindig-keit senkrecht zur Ebene (km/s)	10	20	75
typische Objekte	O-, B-Sterne (Hauptreihe), HII-Gebiete, Assoziation, offene Stern-haufen	Sonne, Riesensterne, (A Sterne), bestimmte veränderliche Sterne	Kugelstern-haufen, bestimmte veränderliche Sterne

7.4 Sternpopulationen und ihre Eigenschaften

aus den Kaufhäusern auf den Platz geschlendert, von der dritten Seite spazieren Senioren über den Platz - alle diese verschiedenen Altergruppen durchmischen sich, haben trotzdem eigene Bewegungszustände und werden zusammengehalten durch die Platzbegrenzung. In einem Sternsystem entspricht die Platzbegrenzung dem gemeinsamen Schwerefeld, das durch die Wirkung aller Sterne erzeugt wird. In der Abbildung 7.4 sind die wichtigsten Populationen unserer Milchstraße mit ihren typischen Eigenschaften nebeneinander gestellt. Was bedeuten diese Eigenschaften der Populationen? Als sich die Population II bildete, vor etwa 13 Milliarden Jahren, muss unser Sternsystem (oder sein Vorläufer) eine ausgedehnte sphärische Gaswolke gewesen sein, die aus rund 75% Wasserstoff, 24% Helium und fast keinen anderen Elementen bestand. Die Größe dieses Systems muss etwa der Ausdehnung der weitest entfernten Kugelsternhaufen und anderen Population-II-Objekten entsprechen, dem heutigen Halo der Milchstraße. Im Laufe der Zeit wurde das interstellare Medium chemisch angereichert, wenn explodierende Sterne ihr im Inneren angereichertes Material in den umgebenden Weltraum verteilten. Da sich die Milchstraßenwolken gleichzeitig immer mehr zur Hauptebene hin konzentrierten, bildeten sich neue Sterngenerationen mit wachsendem Gehalt an schweren Elementen in anderen zur Mittelebene gelagerten Stockwerken. Damit verbunden war auch eine jeweils andere Geschwindigkeitsverteilung. Heute ist Sternentstehung auf der Mittelebene unseres Milchstraßensystems konzentriert. Ferner hat unser Sternsystem sicher kleinere Nachbarsternsysteme aufgesaugt und so seine Masse vergrößert. Auf der anderen Seite unserer Milchstraße rast gerade eine kleine Zwerggalaxie in unser eigenes Sternsystem hinein. Besser gesagt, schon vor zehn Milliarden Jahren erfolgte dieses Ereignis und seine Auswirkungen können noch heute festgestellt werden. Galaxien bauen sich auch zu einem nicht unerheblichen Teil aus Verschmelzungen mit kleineren Sternsystemen auf.

8. Sterne ändern ihre Zustandsgrößen: Schwinger, Dreher, Gasspeier

Sterne entstehen, Sterne vergehen. Für ein Menschenleben ist der Anblick des Sternenhimmels unveränderlich. Die Zeitspannen der stellaren Veränderungen sind zu groß, um einer, zwei oder vielen Menschengenerationen aufgefallen zu sein. Und doch - einige Sterne verändern ihre Helligkeit. Bereits den Chinesen vor rund 2000 Jahren war die Veränderlichkeit von Algol aufgefallen. Arabische Astronomen berichteten von einem Teufelsstern Algol im Sternbild Perseus, der seine Helligkeit im Laufe von 2,9 Tagen um 1,2 Größenklassen veränderte. Es ist die erste Nachricht von der Veränderlichkeit eines bis dahin als unveränderlich gedachten Sternenhimmels. Erst sehr viel später begann in Europa die Entdeckungsgeschichte der veränderlichen Sterne. 1638 berichtet Johann Fokkens, genannt Holwarda, geboren in Holwarden in Friesland, von einem veränderlichen Stern im Sternbild Walfisch; man gab ihm den Namen Mira, der Wunderbare. Und im Jahre 1669 stellte der Italiener Geminiano Montanari bei Algol fest, dass dieser Stern seine Helligkeit änderte. John Goodricke entdeckte dieses Phänomen unabhängig davon noch einmal ein Jahrhundert später. 1783 erschien in den *Philosophical Transactions of the Royal Society* in London seine bedeutsame Arbeit, die man als den Beginn der Doppelsternforschung ansehen kann. Goodricke hatte herausgefunden, dass der Lichtwechsel von Algol periodisch erfolgt. In Zeitabständen von 2 Tagen, 20 Stunden und 49 Minuten vermindert der Stern für einige Stunden merklich seine Helligkeit. Als Ursache nannte er zwei Möglichkeiten: entweder die Rotation eines mit dunklen Flecken bedeckten Sterns oder ein dunkles Objekt, das den Stern umkreist und periodisch den Sehstrahl zwischen irdischem Beobachter und dem Stern passiert. Beide Fälle sind, wie wir heute wissen, im Kosmos realisiert. Der zweite trifft auf Algol zu. Es verging aber noch ein weiteres Jahrhundert, bis mit Hilfe der Spektroskopie der endgültige Beweis für die Doppelsternnatur von Algol erbracht werden konnte. Der vermutete dunkle Begleiter war ein nur wenig hellerer Stern. 1889 beobachteten die beiden Potsdamer Astrophysiker Vogel und Scheiner im Spektrum von Algol periodische Linienverschiebungen aufgrund des Dopplereffektes. Diese Linienverschiebungen vollzogen sich im selben Rhythmus wie der Lichtwechsel. Sie spiegelten die Bahnbewegung der helleren Komponente des Systems um den gemeinsamen Schwerpunkt wider.

Im Jahre 1844 veröffentlichte der deutsche Astronom Friedrich Wilhelm August Argelander eine Aufforderung an Freunde der Astronomie, nach veränderlichen Sternen zu suchen. Zu dieser Zeit waren erst 17 Sterne als veränderlich bekannt. Rund 70 Jahre später, 1912, waren es schon 4000. Argelanders Anregung war weithin wirksam geworden, unterstützt noch von einem anderen Umstand: der Einführung der Himmelsfotografie, der vor allem das rasche Ansteigen der Zahl der bekannten Veränderlichen zu verdanken ist. Am Harward College-Observatorium (Massachusetts, USA) wurde etwa ab 1890 auf fotografischen Platten systematisch nach Veränderlichen gesucht. Nimmt man das gleiche Himmelsfeld an verschiedenen Tagen auf, sagen wir mit einer Zeitdifferenz von drei Tagen, so werden veränderliche Sterne mit unterschiedlicher Helligkeit auf den Fotoplatten erscheinen. Durch Vergleich der beiden Fotoplatten lassen sich so die veränderlichen Sterne herauspicken.

Die Zeitskala für Veränderlichkeit soll höchstens Jahrzehnte betragen, um die Definition praktikabel für den Beobachter zu halten. Bei längeren Zeitskalen für Helligkeitsänderungen werden schon zwei Forschergenerationen mit dem Objekt befasst; eine stetige Überwachung ist dann nur mehr schwer möglich. Für viele Forscher sind die kurzen Zeitskalen das Faszinierende an den Untersuchungen der Veränderlichkeitsphänomene.

Himmlische Objekte zeigen auf Skalen von Minuten, Stunden oder Tagen Änderungen ihrer Zustandsgrößen, wo doch sonst einem Stern die Unveränderlichkeit als wichtigstes Wesensmerkmal zukommt. Die Veränderlichkeit verrät jedoch viel über den Sternaufbau. Hier experimentiert die Natur auf kurzen Zeitskalen, und wir erhalten durch unsere Beobachtungen Einblicke, wie ein Stern oder ein Doppelsternsystem funktioniert.

Fragen wir noch einmal nach: Wie funktioniert denn ein Stern? Sterne sind Gaskugeln. Auf Gaskugeln lassen sich die Strahlungs- und Gasgesetze anwenden. Daher ist der Verlauf von Temperatur und Dichte in einem Stern berechenbar, denn Oberflächentemperatur, Gesamtmasse und Volumen liefert uns die Beobachtung. Zum Sternkern hin nehmen Dichte und Temperatur zu. Im Kerngebiet findet die Energieerzeugung statt. Dabei tritt überwiegend sehr kurzwellige Strahlung auf. Die Strahlung diffundiert über sehr viele Absorptions- und Reemissionsprozesse langsam nach außen und wird schließlich von der Oberfläche in den Raum abgestrahlt. Eine ungestörte Energieerzeugung hat einen Gleichgewichtszustand zur Folge, sodass genauso viel Energie an der Oberfläche abgestrahlt wird wie im Inneren entsteht. Auf jede Volumeneinheit im Stern wirken dabei zwei einander entgegen gerichtete Kräfte. Der Gas- und Strahlungsdruck versuchen den Stern auszudehnen, die Schwerkraft strebt ein Zusammenziehen an (Abb. 8.1). Da die mit der Sternentwicklung verbundenen Veränderungen der Energieerzeugung, von seltenen kritischen Übergangszuständen abgesehen, äußerst langsam verlaufen, kann ein Stern sogar über Milliarden von Jahren praktisch im stabilen Gleichgewicht verweilen. Im Zustandsdiagramm der Sterne beschreibt die Hauptreihe einen solchen Bereich des stabilen Gleichgewichtes.

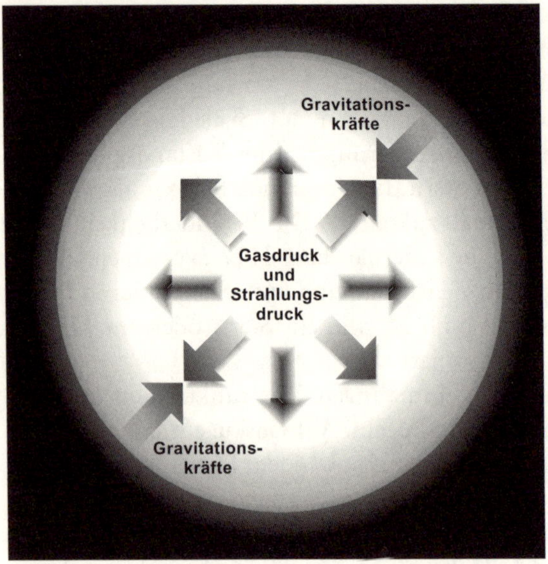

8.1 Stabilität eines Sterns aus dem Wechselspiel von Gravitationskräften und Gas- und Strahlungsdruck

Eine Verstärkung der Energieerzeugung oder eine Verlagerung der Energieerzeugungszonen weiter nach außen dehnt den Stern aus. Eine Verminderung der Energieerzeugung verkleinert seinen Radius. Diese Änderungen dauern so lange an, bis das Gleichgewicht zwischen Energieerzeugung und Abstrahlung wiederhergestellt ist. Dass damit auch eine Veränderung der Oberflächentemperatur und Helligkeit verbunden ist, lässt sich leicht verstehen. Der Stern ändert seinen Ort im Zustandsdiagramm, er durchläuft seinen Entwicklungsweg.

In kritischen Übergangszuständen und zu gewissen Zeiten der Sternentwicklung kann jedoch dieses stabile Gleichgewicht verloren gehen. Der Stern wird veränderlich. Die Veränderlichkeit kann plötzlich auftreten - der Stern explodiert, wir sprechen von eruptiven Veränderlichen; Supernovae sind hierfür ein Beispiel. Die Veränderlichkeit kann jedoch auch streng periodisch ablaufen. Dann haben wir es mit pulsierenden Veränderlichen zu tun. Im Zustandsdiagramm gibt es für beide Gruppen bestimmte Gebiete, die ausschließlich von diesen Veränderlichen besetzt sind. Es sind die Instabilitätsstreifen. Gewisse Kombinationen von Zustandsgrößen, die im Laufe einer Sternentwicklung auftreten, bewirken also Veränderlichkeit. Bei den Bedeckungssternen sind äußere Ursachen für die Veränderlichkeit verantwortlich. Es können, wie wir schon sahen, die Komponenten in Doppel- oder Mehrfachsystemen sein; aber auch Gasströme zwischen den Komponenten oder Verformungen durch die wechselseitigen Gezeitenkräfte sind für Helligkeitsänderungen verantwortlich.

Während bei den Veränderlichen der ersten und zweiten Gruppe die Veränderlichkeit aus jeder Raumrichtung beobachtet werden kann, ist die Veränderlichkeit der dritten Gruppe der zufälligen Orientierung der Bahnebenen der beiden Sterne zuzuschreiben. Etwa 50 bis 60% aller Sterne gehören zu Doppel- oder Mehrfachsystemen. Aber nur wenige Prozent der Doppelsterne haben ihre Umdrehungsachsen so orientiert, dass sie dem irdischen Beobachter einen Bedeckungslichtwechsel zeigen. Bei den Bedeckungssternen sind die beiden Komponenten in der Regel dicht benachbart; denn bei weiten Systemen ist die Wahrscheinlichkeit, dass von der Erde aus gesehen Bedeckungen stattfinden, gering.

Unter den veränderlichen Sternen nehmen die Bedeckungssysteme eine gewisse Sonderstellung ein: Als optisch-geometrisch Veränderliche stehen sie den physisch Veränderlichen gegenüber. Nur selten jedoch beobachtet man einen reinen geometrischen Bedeckungslichtwechsel. Bei den meisten engen Doppelsternen wird durch gegenseitige Beeinflussung der beiden Komponenten noch eine physische Veränderlichkeit hervorgerufen. Dies ist besonders krass bei bestimmten Klassen von eruptiven Doppelsternen. Gasströme und zirkumstellare Gas- oder Staubscheiben machen es oft schwierig, aus den physisch bedingten Helligkeitsänderungen überhaupt eine Bedeckungsveränderlichkeit zu finden.

8.1 Schwingende Sterne: die pulsierenden Veränderlichen

Bereits unter den ersten bekannten veränderlichen Sternen sind Pulsationsvariable zu finden: der Stern Mira und δ-Cephei, der von Goodricke 1784 entdeckt wurde. Wie können Sterne pulsieren? Für das Zustandekommen und Aufrechterhalten von Schwingungen ist zweierlei erforderlich: Ein schwingungsfähiges System, dessen Eigenschaften die Dauer der Schwingung, die Periode, festlegen, sowie ein geeigneter Mechanismus, der durch periodische Energiezufuhr die Dämpfungsverluste der Schwingung ausgleicht und damit die Schwingungen überhaupt erst am Leben erhält. Ein Pulsationsveränderlicher ist nichts weiter als ein Stern, der radiale Schwingungen um einen mittleren Durchmesser durchführt. Ein Stern als Gaskugel ist grundsätzlich ein schwingungsfähiges Gebilde. Der Mechanismus der Schwingung und damit die periodische Energiezufuhr liegt in den oberflächennahen Ionisationszonen des Heliums. Wasserstoff und Helium, die Hauptbestandteile der Sterne, verlieren mit zunehmender Temperatur ihre Elektronen; sie werden ionisiert. Geht man in einem Stern von außen immer weiter nach innen, so stößt man zunächst auf die Wasserstoffionisationszone. Tiefer gelegen, bei sonnenähnlichen Sternen etwa bei 0,2 - 0,25 Sonnenradien (von außen gemessen), beginnt das Helium seine Elektronen zu verlieren. Dies ist die Ionisationszone Helium-II (mit dieser Schreibweise bezeichnen Astronomen einfach ionisiertes Helium, das nur noch über ein Elektron verfügt). Das Absorptions- und Emissionsverhalten von Materie in diesen

Ionisationszonen ist abhängig vom Ionisationsgrad, denn der von innen nach außen fließende Photonenstrom wird ja durch sehr viele Absorptions- und Emissionsprozesse weitergereicht. Für das Einsetzen und die Aufrechterhaltung von Schwingungen ist der Absorptionskoeffizient in dieser Helium-II-Zone maßgebend. Dichte und Temperatur bestimmen den Wert dieses Absorptionskoeffizienten. Im Laufe der Sternentwicklung werden nur zu bestimmten Entwicklungszeiten Absorptionskoeffizienten erreicht, die Schwingungen erlauben. Im Zustandsdiagramm der Sterne werden also bestimmte Bereiche als Instabilitätsstreifen beschreibbar sein. In diesen Bereichen sind die Kombinationen der stellaren Zustandsgrößen so eingestellt, dass Schwingungen auftreten. Der sich über die stellaren Zustandsgrößen einstellende Absorptionskoeffizient wird mit dem griechischen Buchstaben Kappa bezeichnet; der Instabilitätsmechanismus heißt deswegen Kappa-Mechanismus.

Beim Prozess der Ionisation des Heliums steigt mit wachsendem Druck und wachsender Temperatur der Absorptionskoeffizient an. Beim großen Kappa wird in dieser Zone viel Strahlung verschluckt. Das führt zu einem Temperatur-- und Druckanstieg, der zu einer Ausdehnung dieser Schicht und damit des gesamten Sternes führt. Infolge der Ausdehnung sinken Temperatur und Druck wieder und damit wird Kappa kleiner, sodass die Schicht für die von innen nach außen gerichtete Strahlung durchsichtiger wird. Damit gelangt mehr Energie nach außen und weniger Energie verbleibt in dieser Zone. Temperatur und Druck nehmen daher weiter ab, und die Schicht beginnt unter der Last der darüber lagernden Schichten des Sterns wieder zu kontrahieren. Infolge der Trägheit der sich nach innen bewegenden Massen wird sie über den Gleichgewichtspunkt hinaus komprimiert. Kappa steigt nun wieder steil an, und der beschriebene Vorgang beginnt von neuem. Der Stern beginnt zu schwingen.

Solche Vorgänge können sich nur in Schichten abspielen, die ausreichend stark ionisiert sind, also gewisse Mindestwerte von Druck und Temperatur aufweisen. Sie dürfen andererseits aber nur so heiß und dicht sein, dass eine Expansion ein spürbares Nachlassen der Absorptionsfähigkeit mit sich bringt. Weiterhin muss das Gewicht der darüber liegenden Schichten eine ausreichende Expansion zulassen. Aus all dem folgt: Nur solche Sterne können pulsieren, bei denen die Heliumionisationszone nicht zu tief im Stern liegt. Diese Bedingung ist erfüllt, wenn der Stern im Laufe seiner Entwicklung aus dem stabilen Bereich der Hauptreihe in den Bereich der Riesensterne abzuwandern beginnt.

Pulsationsveränderliche finden sich in einem mehr oder minder breiten Streifen im Zustandsdiagramm angeordnet. Die Theorie des Sternaufbaus zeigt, dass dies kein Zufall ist. Sterne mit dieser Lage im Zustandsdiagramm haben eine oberflächennahe Heliumionisationszone. Sie ist dann für Pulsationen maximal wirksam.

Pulsationen wirken sich auf das gesamte äußere Erscheinungsbild des Sterns aus. Bei der Kontraktion des Sterns verkleinert sich die strahlende Oberfläche, andererseits werden die äußeren Schichten zusammengedrückt, sodass ihre Temperatur ansteigt. Die Temperatur der Photosphäre des Sterns ist aber für seine beobachtbaren Eigenschaften, z.B. Gesamtstrahlungsstrom, Farbe und Spektraltyp zuständig. Es verändern sich durch die Pulsation nicht nur Helligkeit, Farbe und Spektraltyp, sondern auch Radius und Radialgeschwindigkeit, denn die Photosphäre bewegt sich ja bei der Pulsation zeitweise auf uns zu und zeitweise von uns weg.

Wie sich die einzelnen Sternparameter verändern, insbesondere wie die daraus resultierende Lichtkurve infolge der Pulsation aussieht, ist am Beispiel von Delta Cephei in Abb. 8.2 schematisiert dargestellt. Bemerkenswert ist dabei, dass der Stern im Helligkeitsmaximum und -minimum ungefähr die gleiche Größe hat. Im Maximum bewegt sich die Sternoberfläche mit der größten Geschwindigkeit auf den Beobachter zu und die Photosphärentemperatur erreicht ihren Höchstwert. Während des Minimums erreicht die Temperatur ihren Tiefststand und die Oberfläche bewegt sich mit der größten Radialgeschwindigkeit vom Beobachter weg.

8.1.1 Namen, Entfernungen, Sternbevölkerungen

Jedem veränderlichen Stern gebührt ein Name, denn ohne Namen hat er keinen Katalogplatz. Ohne Namen ist er unauffindbar. Die zum Teil aus dem Altertum überlieferte Himmelseinteilung in Sternbilder ist auch von der modernen Wissenschaft beibehalten worden. Zu Anfang des 17. Jahrhunderts benannte Johann Beyer (1572 - 1625) die hellen Sterne innerhalb eines jeden Sternbildes mit griechischen und - wo diese nicht ausreichten - mit lateinischen Buchstaben. Dazu kamen später für die schwächeren Sterne Num-

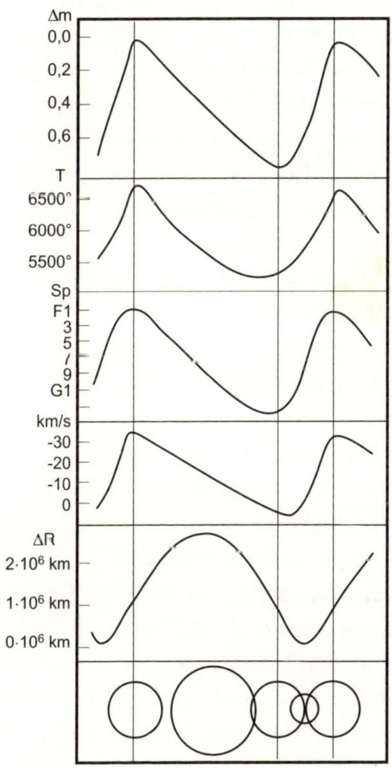

8.2 Lichtkurve und Änderung von Zustandsgrößen des Sterns δ-Cephei; von oben nach unten sind als Funktion der Phase die Änderungen von Helligkeit, Temperatur, Spektraltyp, Radialgeschwindigkeit, Radius und Fläche des Sterns dargestellt.

mern aus den Sternkatalogen, sodass man auf den heutigen Karten bei den helleren Sternen Bezeichnungen sehr verschiedener Herkunft nebeneinander findet. Die Kennzeichnung von veränderlichen Sternen geht heute ähnlich wie die von Autos, bei der die Abkürzung des Stadtnamens, eine Buchstabenkombination und eine laufende Nummer verwendet werden: Veränderliche werden nach dem Sternbild, in dem man sie findet, und mit einer laufenden Nummer benannt. So bedeutet z.B. V 1357 Aql: Veränderlicher Stern 1357 im Sternbild Aquila (Adler); einem entsprechenden Katalog kann man dann die Position und weitere Sterneigenschaften entnehmen. Die Möglichkeiten zusätzlicher Buchstabenkombinationen sind auf 334 begrenzt und konnte daher nur in den Anfängen der Veränderlichenentdeckungen ausgenützt werden. Die durchgehende Zählung ist also sinnvoller. Trotzdem lässt man die alten Bezeichnungen bestehen, denn mit ihnen sind feste Typenbegriffe verbunden: δ-Cep (δ-Cephei) oder RR Lyr (RR Lyrae) bezeichnen die Erstentdeckungen eines bestimmten Veränderlichentyps. Diese Namen werden dann für die gesamte Sternklasse gleichen Veränderlichkeitsverhaltens als Gattungsname verwendet.

Da die Veränderlichen besonders in den Wolken der Milchstraße sehr dicht stehen, war eine genaue Festlegung der Grenzen der Sternbilder erforderlich. Die internationale astronomische Union, eine Vereinigung von Berufsastronomen, beschloss daher eine Neufestlegung der Sternbildgrenzen. Eine Forderung hierbei war, die Grenzen durchwegs dem Koordinatensystem des Himmelsäquators folgen zu lassen, also keinen unregelmäßigen Verlauf zu erlauben. Der belgische Astronom Delporte, von der Sternwarte Uccel bei Brüssel, erarbeitete die neuen Karten: In den dreißiger Jahren des 20. Jahrhunderts wurden sie veröffentlicht und dabei auch die Zahl der Sternbilder auf 88 begrenzt. Seither ist eine eindeutige Zuordnung der Veränderlichen möglich und mehr als 30 000 Sterne wurden als veränderlich erkannt und katalogisiert. Die neuen elektronischen Kameras und Suchverfahren verhundertfachten diese Zahl.

Zu den klassischen Schwingern, den Pulsationsveränderlichen, zählt man die δ-Cephei-Sterne, die W Virgines-Sterne und die RR Lyrae-Sterne. Im Zustandsdiagramm der Sterne liegen alle drei Gruppen oberhalb der Hauptreihe in benachbarten Gebieten zwischen 1.0 (RR Lyr) und -6.0 (δ-Cep) absoluter Größe (siehe Abb. 8.3). Die leuchtkräftigsten unter den klassischen Pulsationsveränderlichen, die δ-Cephei-Sterne, weisen Perioden von etwa 1 bis 70 Tagen und Helligkeitsschwankungen bis etwa 2 Größenklassen auf. Da es sich um Überriesen handelt, können sie noch in sehr großen Entfernungen auch in anderen Sternsystemen nachgewiesen werden. Bei δ-Cephei beträgt z.B. die Periode 5,37 Tage und die Helligkeitsvariation 0,7 Größenklassen. Die Strahlungstemperatur schwankt zwischen 5 680 Kelvin und 4 990 Kelvin, das Spektrum zwischen F5 und G2, der mittlere Radius ist 23,3 Millionen Kilometer und der Radius schwankt etwa 11%.

1912 fand die amerikanische Astronomin Henrietta Leavitt an Cepheiden in der Kleinen Magellan'schen Wolke, einem Nachbarsternsystem der Milchstraße, eine Beziehung zwischen der beobachteten mittleren scheinbaren Helligkeit und der Periode dieser Sterne. Da die Cepheiden in der Kleinen Magellan'schen Wolke praktisch alle in der gleichen Entfernung stehen, musste auch ein Zusammenhang zwischen absoluter Helligkeit und Periode bestehen. Je leuchtkräftiger diese Sterne sind, desto langsamer pulsieren sie. Diese Perioden-Leuchtkraftbeziehung ist ein wesentliches Werkzeug für die Bestimmung der Entfernungen.

Da kein Cepheid in der Milchstraße so nahe steht, dass seine Entfernung trigonometrisch abgeleitet werden könnte, musste die Eichung auf indirekte Art vorgenommen werden. Dazu wurden insgesamt 13 Cepheiden herangezogen, deren Distanzen man aus ihrer Zugehörigkeit zu Sternhaufen oder aus ihrer Lage relativ zu Staubwolken bekannter Entfer-

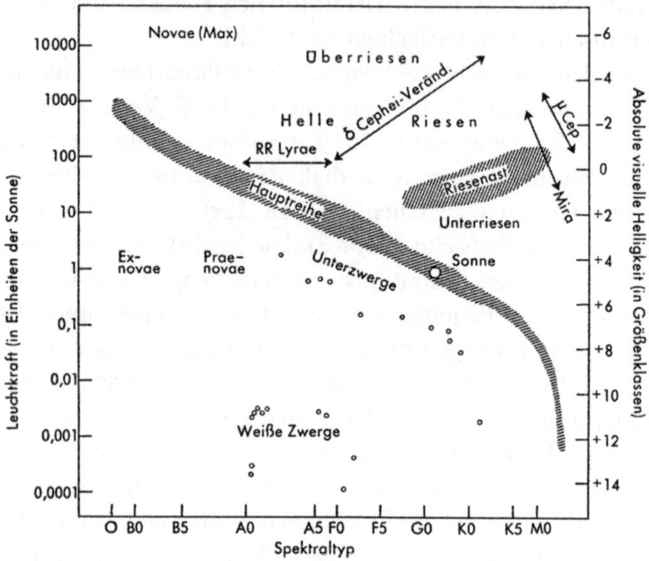

8.3 Zustandsdiagramm mit wichtigen Bereichen der Veränderlichenstadien

nung ermittelt hat. Aus ihren scheinbaren Helligkeiten konnten somit die absoluten Helligkeiten abgeleitet werden. Damit wurde eine Eichung der Periodenhelligkeitsbeziehung möglich. Aus der leicht beobachtbaren Periode ist die absolute Helligkeit zu errechnen. Aus der gemessenen mittleren scheinbaren Helligkeit und der Kenntnis der absoluten Helligkeit ist die Entfernung bestimmbar. Findet man in anderen Sternsystemen Cepheiden, so kann sogar die Entfernung dieser Sternsysteme angegeben werden. Das Prinzip dieses Vorgehens, das Verfahren von System und Anschluss, kann ebenso auf die anderen Gruppen von Schwingern, die W Virgines und RR Lyrae-Sterne, angewandt werden.

Das Erscheinungsbild der W Virgines-Sterne ist dem der δ-Cephei-Sterne sehr ähnlich; die Unterschiede liegen in der

Größe der absoluten Helligkeiten und im spektralen Verhalten. Es existiert auch für sie eine Perioden-Helligkeitsbeziehung. Zur gleichen Periode gehören bei ihnen absolute Helligkeiten, die bei den kurzen Perioden um etwa eine Größenklasse, bei den langen um etwa drei Größenklassen schwächer sind als die entsprechenden Werte der δ-Cephei-Sterne. Tatsächlich war der Unterschied zwischen δ-Cephei- und W Virginis-Sternen zunächst unbemerkt geblieben, sodass die Entfernungen zu den Pulsationsveränderlichen in der Andromedagalaxie anfangs unterschätzt wurden.

Die dritte Klasse der Pulsationsveränderlichen, die RR Lyrae-Sterne zeigt Perioden von wenigen Stunden bis knapp über einen Tag; die Amplituden erreichen etwa eine Größenklasse. Bei ihnen steigt die absolute Helligkeit nur wenig zu längeren Perioden hin an.

Die δ-Cephei Sterne einerseits und die RR Lyrae-Sterne und W Virginis-Sterne andererseits gehören verschiedenen Sternpopulationen an. δ-Cephei-Sterne haben einen hohen Anteil an schweren Elementen; man sagt auch, sie besitzen einen hohen Metallgehalt. Die anderen beiden Sterntypen haben einen geringen Metallgehalt. δ-Cephei-Sterne sind also sehr junge Sterne - sie gehören zur jüngsten Sterngeneration der Galaxis, zur extremen Population I. In ihren Sternkörpern haben sich schon die in vorangehenden Sterngenerationen gebildeten schweren Elemente angehäuft. δ-Cephei-Sterne trifft man nur in unmittelbarer Nähe der galaktischen Ebene an, vielfach als Mitglieder junger offener Sternhaufen.

Die W Virginis-Sterne gehören zur Leuchtkraftklasse II, also zu den hellen Riesensternen. Die bei gleichem Entwicklungsstadium geringere Leuchtkraft weist sie als massenärmere Sterne aus, die sich entsprechend langsamer entwickelt haben und daher älter sein müssen als die δ-Cephei-Sterne. Dies spiegelt sich in ihrer Verteilung innerhalb der Galaxis und in ihrer Zusammensetzung wider: W Virginis-Sterne sind auch abseits der galaktischen Ebene, im Bereich der

Milchstraßenscheibe, zu finden und verfügen als Population-II-Sterne über einen nur geringen Metallgehalt. Dies gilt auch für die RR Lyrae-Sterne: Solche mit Perioden über 6 Stunden sind unter den ältesten Sternen der Galaxies einzuordnen und gehören zur Halo-Population; die mit kürzeren Perioden werden der Scheibenpopulation zugeordnet. RR Lyrae-Sterne sind besonders häufig in den Kugelsternhaufen, den typischen Vertretern der Halopopulation. Sie sind Riesensterne von knapp einer Sonnenmasse. Sie werden etwa 8-mal so häufig beobachtet wie die beiden anderen Vertreter der klassischen Pulsationsveränderlichen.

8.2 Dreher und Gasspeier – die eruptiv veränderlichen Sterne

Auf dem Lehrpfad Milchstraße findet man besonders bei den eruptiv veränderlichen Sternen einen Zoo von Objekten, die erst in den letzten Jahren der Beobachtung voll zugänglich wurden. Neue Spektralbereiche öffneten den Astronomen die Augen für physikalische Sachverhalte, die bei optischen Wellenlängen nicht feststellbar waren. Eruptiv Veränderliche sind Sterne, bei denen der Lichtwechsel durch sehr schnelle, oft explosionsartige Vorgänge hervorgerufen oder zumindest mitbestimmt wird. Die Veränderlichkeit ist vielfach gekennzeichnet durch rasch verlaufende irreguläre Helligkeitsänderungen oder durch Helligkeitsausbrüche großer Amplitude. Je nachdem, ob die eruptiven oder explosionsartigen Vorgänge in einer den Stern umspannenden Gashülle oder Scheibe, in oberflächennahen Schichten oder im Sterninneren stattfinden, ob sie in einem Einzelstern oder in einem Doppelsternsystem unter Mitwirkung von Magnetfeldern erfolgen, kann man verschiedene Gruppen von eruptiven Veränderlichen in sehr unterschiedlichen Entwicklungsstadien unterscheiden:

Die Spanne reicht von extrem jungen, gerade entstehenden oder entstandenen Sternen, wie etwa den T-Tauri--Sternen, bis hin zu ganz alten Sternen, den Supernovae und ihren übrig gebliebenen Explosionsresten, den Neutronensternen, die wir bei günstigem Blickwinkel als Pulsare beobachten können. Anfang und Ende eines Sternenlebens machen sich offenbar durch eruptive Prozesse bemerkbar.

Der größere Teil der eruptiven Veränderlichen hat sich als auffällige Doppelsternsysteme erwiesen. Ist bei einem engen Doppelsternpaar der Abstand zwischen den beiden Komponenten klein, etwa nur so groß wie der Durchmesser des größeren der beiden Sterne, so sind infolge der gegenseitigen Gravitationswechselwirkung die Gezeitenkräfte sehr stark, außerdem entstehen starke Fliehkräfte wegen der großen Umlaufgeschwindigkeit. Wenn die Stabilitätsgrenze für den größeren der beiden Sterne erreicht ist, so strömt Materie von dieser größeren, weniger dichten Sekundärkomponente fort. Die abströmende Materie sammelt sich in einer Gasscheibe um die dichte Primärkomponente (siehe Abb. 8.4). Abströmverhalten vom Sekundärstern, Materiespeicherung in der Gasscheibe, Aufströmverhalten auf die Gasscheibe und Abströmverhalten aus der Gasscheibe auf die Primärkomponte bestimmen das Helligkeitsverhalten. Je nachdem, ob die Primärkomponente ein Hauptreihenstern, ein Weißer Zwerg, ein Neutronenstern oder gar ein Schwarzes Loch ist, ergeben sich die unterschiedlichsten Verhaltensmuster für Veränderlichkeit. Die Veränderlichkeit wird nachdrücklich von der Sekundärkomponente gesteuert, welche ebenfalls ein Hauptreihenstern, ein Riesenstern, ein Weißer Zwerg oder ein Neutronenstern sein kann.

Auch die Veränderlichen-Typen, die sich hinter den Namen „kataklysmische Veränderliche“ verbergen, sind Doppelsternsysteme, deren Veränderlichkeit durch Massenaustausch bestimmt wird. Der Name gilt als Sammelbegriff für Objekte, die manchmal nur einmal oder in unregelmäßigen Abständen von einer Flut von Energie und Masse über-

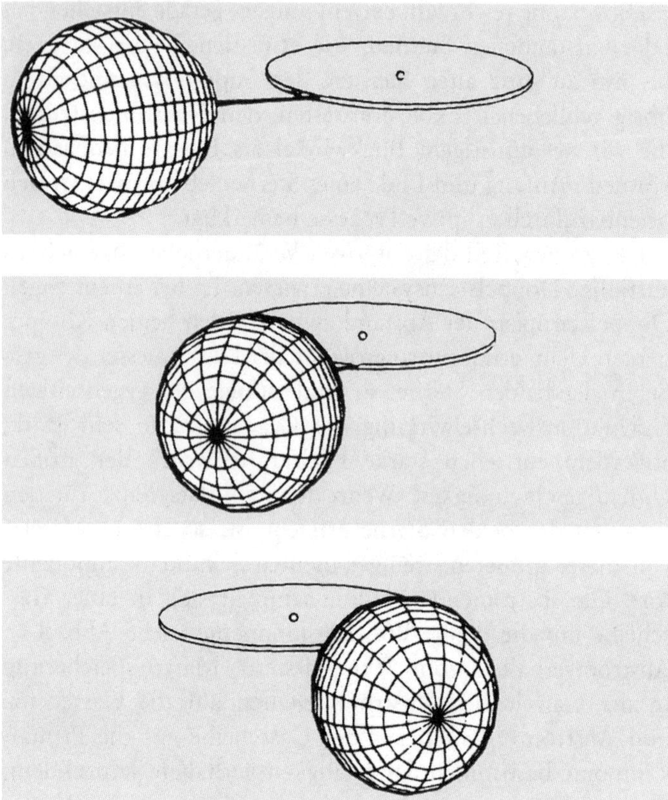

8.4 Eruptives Doppelsternsystem mit Aufsammlungsscheibe

schwemmt werden; denn Kataklysma, aus dem griechischen stammend, bedeutet so viel wie „Überschwemmung, Sintflut". Genauso verhält es sich mit den symbiotischen Sternen; es sind ebenfalls Doppelsterne, oft von einer gemeinsamen Gashülle umgeben. Die eine Komponente des Doppelsterns hat sich zu einem Riesenstern entwickelt, während die zweite bereits ein Weißer Zwerg, manchmal noch ein Hauptreihenstern ist. Die symbiotischen Sterne repräsentieren kein spezielles Entwicklungsstadium von Doppelsternen, sondern spiegeln die Entwicklungsstadien der beiden Einzelsterne in neuen Erscheinungsformen wider. Enge Doppelsterne durchlaufen daher einen viel komplizierteren Entwicklungsweg als isolierte Einzelsterne. Dieser Entwicklungsweg wird nicht nur durch die Massen der Sternpartner, sondern ganz wesentlich auch vom Massenverhältnis der beiden Komponenten und von ihrem Abstand beeinflusst.

Die Ursache für die eruptiven Lichtausbrüche liegt in einer Instabilität der Aufsammlungsscheibe. Die Massenüberlaufrate und die Speicherkapazität der Aufsammlungsscheibe bilden eine Art rückgekoppeltes System, das je nach Füllung überlaufen kann und halbregelmäßige Veränderlichkeit verursacht. Die dabei auftretende Veränderlichkeit kann so groß sein, dass früher von neuen Sternen gesprochen wurde.

8.2.1 Neue Sterne

Als Nova oder neuen Stern bezeichnen die Astronomen das plötzliche, unerwartete Aufleuchten eines Sterns an einer Stelle, wo vordem, meist auch im Fernrohr, kein Stern sichtbar war. Der Zustand großer oder sehr großer Helligkeit währt einige Tage und nach wenigen Wochen verschwindet der Stern wieder für das bloße Auge. Der Sternenhimmel ist also nicht unveränderlich: Ein sonnenähnlicher Körper kann plötzlich erscheinen und wieder verschwinden. Der Begriff wurde von dem dänischen Astronomen Tycho Brahe geprägt, der 1572 einen *neuen Stern* im Sternbild Kassiopeia beobachtete. Zwischen 1900 und 1980 sind drei wirklich auffällige Erscheinungen beobachtet worden: 1902 Nova Persei (maximale scheinbare Helligkeit + 0,2 mag), 1918 Nova Aquila (- 1,1 mag), 1942 Nova Pupis (0,5 mag). Die Nova Aquila war nur wenig schwächer als Sirius, die beiden anderen erreichten beinahe die Helligkeit von Wega.

Von der wissenschaftlichen Seite her sieht das Phänomen selbstverständlich anders aus. An der Stelle am Himmel, an dem die Nova aufleuchtete, findet man auf langbelichteten fotografischen Aufnahmen, die vor dem Lichtausbruch gefertigt wurden, einen schwachen blauen heißen Stern, es ist die Praenova. Der scheinbar neue Stern existierte also schon!

Zu einem wirklichen Verständnis eines Nova-Ausbruchs kam man erst, als es gelang, dessen zeitliche Entwicklung nicht nur im optischen Spektralbereich, sondern auch im Infraroten- und im Radiowellenbereich und von Satelliten aus im Ultraviolett- und Röntgenbereich zu beobachten. Novae sind Doppelsterne. Auslöser einer Novaexplosion ist der Materietransport von der roten Sternkomponente über die Aufsammlungsscheibe zum Weißen Zwerg. Der Massenaustausch liegt in der Größenordnung von etwa 10^{19}g pro Sekunde. Infolge des Massenaustauschprozesses strömt Wasserstoff von der kühlen Sternkomponente über die Scheibe auf den Weißen Zwerg und bildet auf dessen Oberfläche eine Schicht. Mit fortschreitendem Zustrom wird der Boden der Schicht allmählich komprimiert und erhitzt, bis schließlich die kritische Temperatur für die Auslösung thermonuklearer Reaktionen erreicht ist und durch Selbstaufschaukelung dieses Prozesses eine Explosion ausgelöst wird. Die Materie der Oberflächenschicht und die Aufsammlungsscheibe werden dabei weggeblasen, natürlich nicht sphärischsymmetrisch, sondern ungleichförmig. Der ferne Beobachter sieht diesen Explosionslichtblitz und stellt sich einen neuen Stern vor. Der Massenverlust des Systems liegt pro Ausbruch bei weniger als einem tausendstel Prozent der Gesamtmasse; 10^{45} erg an Energie werden dabei abgestrahlt. Je nach Schnelligkeit der Explosion liegt die mittlere absolute Helligkeit im Maximum bei langsamen Abläufen bei -6,4, bei schnellen Abläufen bei -9,4 Größenklassen. Lässt sich bei einem Novaausbruch die maximale Helligkeit messen, so kann über diese Eichwerte und die erhaltene scheinbare Helligkeit und den Lichtkurvenverlauf die Entfernung bestimmt werden. Die Novae, kosmische Gasspeier, sind als Leuchttürme für die Entfernungseichung in unserer Milchstraße und bei anderen Sternsystemen verwendbar.

Noch gewaltigere kosmische Leuchttürme sind die Übersteigerungen der Novae, die Supernovae. Sie erreichen Helligkeiten, die im Mittel mehr als das 10 000fache der Helligkeit einer normalen Nova betragen. Während Novaeausbrüche als Ursache bestimmte Entwicklungsphasen in einem Doppelsternsystem haben, sind Supernovae das Endresultat einer Einzelsternentwicklung. Auch hier ist kein neuer Stern aufgetaucht, sondern ein sehr schwacher Stern erstrahlte übermäßig hell. Die ersten einschlägigen Beobachtungen von Veränderlichen waren Supernovabeobachtungen in den Jahren 1054, 1572 und 1604. Diese Sterne wurde damals nicht als Veränderliche angesehen, sondern bekamen eine Sonderstellung unter den himmlischen Erscheinungen zugewiesen; daran änderte sich zunächst wenig, als im 19. Jahrhundert eine systematische Veränderlichenforschung einsetzte.

In unserer eigenen Milchstraße kennen wir fünf historisch gesicherte und vier ungesicherte Supernovae-Erscheinungen. Die Liste der zweifelsfreien Supernovae beginnt vor weniger als tausend Jahren:

1006 wird in den Aufzeichnungen chinesischer, japanischer, arabischer und südeuropäischer Astronomen von dem Aufflammen eines neuen Sterns im Sternbild Lupus berichtet. Er erreichte nahezu die Helligkeit des Halbmondes und war über 2 Jahre zu sehen. Heute finden wir um diese Stelle konzentrisch angeordnet filamentartige Nebelfetzen. Die Radioastronomen wiesen eine Ringstruktur nach und ein Röntgensatellit lokalisierte Röntgenstrahlung aus diesem Himmelsbereich.

1054 muss Europa im Tiefschlaf des Mittelalters gelegen haben, denn in keiner einzigen Chronik wird hierzulande von dieser Erscheinung berichtet, obwohl in Europa dieser Lichtausbruch sehr deutlich zu sehen gewesen sein muss. Chinesische und japanische Quellen schreiben ausführlich darüber. Im Sternbild Stier erschien diese Supernova, ihre

Reste lassen sich mit einem Feldstecher als Crab-Nebel erkennen. Der Gasnebel dehnt sich noch heute aus; die Ausdehnungsgeschwindigkeit erlaubt die Berechnung eines Alters von rund 930 Jahren. Im Zentrum des Nebels fand man einen Reststern, der 1960 als Neutronenstern und Pulsar bekannt wurde. Der Pulsar, der Reststern von 10–20 km Durchmesser, rotiert in 0,033 Sekunden. Röntgen- und Radiostrahlung sind vom Reststern und dem Explosionsnebel nachgewiesen.

1572 traute der dänische Astronom Tycho Brahe seinen Augen nicht. Bei einem Zechgelage ins Freie tretend, um sein Wasser abzuschlagen, durchmusterte er bei diesem Vorgang den Himmel über sich und entdeckte den sehr hellen neuen Stern im Sternbild Cassiopeia. Es ist die erste Supernova, von der eine Lichtkurve konstruiert werden konnte. Für das bloße Auge war der Stern im Frühjahr 1574 wieder verschwunden. An seinem Ort fanden die Radioastronomen eine ringförmige Radioquelle; außerdem konnten optisch sichtbare Gasreste und auch eine Röntgenquelle nachgewiesen werden.

1604 wird sein Schüler und Assistent, Johannes Kepler, der Entdecker. Im Sternbild Ophiuchus erschien der neue Stern und wie die übrigen hatte er eine Helligkeitsamplitude von mehr als 20 Größenklassen. Auch an dessen Stelle leuchtet heute ein Gasnebel.

Um 1710 muss im Sternbild Cassiopeia eine Supernova aufgeleuchtet sein; doch niemand sah sie. Sollte die starke Absorption von interstellaren Staubwolken in dieser Himmelsgegend das Licht verschluckt haben? So viel ist jedenfalls sicher: Die dort gefundene starke Radioquelle muss aufgrund ihrer morphologischen und spektralen Eigenschaften als Sternrest angesehen werden. Der Durchmesser des an dieser Stelle gefundenen Nebels beträgt 4 pc und seine Ausdehnungsgeschwindigkeit 7400 km pro Sekunde. Rechnet man zurück, kommt man auf das Jahr 1710.

Es gibt auch noch Hinweise auf Supernovae in den Jahren 185, 386, 393 und 1181; doch all diese Fälle sind nicht gesichert. Die im Jahre 1987 in der Großen Magellan'schen Wolke, einem unserer Nachbarsternsysteme aufleuchtende Supernova brachte die Forschung einen gewaltigen Schritt voran.

Die bei einer Supernova als Strahlung freigesetzte Energie liegt bei 10^{50} bis 10^{51} erg (so viel schafft die Sonne bei ihrer Strahlungsleistung in 10 Milliarden Jahren). Ein gleicher Betrag kommt noch als Bewegungsenergie der Hülle hinzu, die entgegen der Schwerkraft des Reststerns mit hoher Geschwindigkeit expandiert.

Wir haben uns schon früher klar gemacht, dass die Stabilität normaler Sterne durch das Gleichgewicht zwischen nach außen gerichtetem Gas- und nach innen gerichtetem Schweredruck gewährleistet wird. Versiegen die Energiequellen im Stern, etwa indem Wasserstoff und Helium weitgehend aufgebraucht ist, so kann der Gasdruck die Schwerkraft nicht mehr aufwiegen, das Innere des Sterns stürzt zusammen. Dabei erhitzt es sich, bis ein neuer Kernbrennstoff angezapft wird, z.B. Sauerstoff, Kohlenstoff oder Stickstoff. Diese Aufheizung hängt natürlich von der Sternmasse ab. Ist die Masse kleiner als etwa 1,5 Sonnenmassen, so können diese Energieerzeugungsmechanismen wegen zu geringer Temperaturen nicht effektiv anlaufen. Der Stern stabilisiert sich dann als Weißer Zwerg; hierbei kann das immer dichter werdende Elektronengas der Schwerkraft gerade noch das Gleichgewicht halten. Weiße Zwergsterne etwa von Erdgröße bilden also die Endstadien der Sternentwicklung von massearmen Sterne.

Anders sieht die Entwicklung massereicherer Sterne aus. Oberhalb von 1,5 Sonnenmassen ist nach Aufzehren aller Kernenergievorräte der Druck des Sterngases außerstande den Zusammenbruch der Gaskugel durch die eigene Anziehungskraft aufzuhalten. Ein Gravitationskollaps setzt ein, der als Sternimplosion Temperaturen von mehr als 5 Milliarden Kelvin erzeugt und ein katastrophenartiges Ausmaß annimmt. Der Stern stürzt innerhalb weniger Sekunden auf 10–30 km Durchmesser zusammen und erreicht eine Dichte von 10^{12} bis 10^{15} g/cm^3; hier stabilisiert er sich wieder. Die Elektronen werden in die Protonen hineingedrückt, es bilden sich Neutronen und das dichte Neutronengas kann dem Gravitationsdruck standhalten; ein Neutronenstern ist entstanden. Bei der Implosion werden gewaltige Mengen an Energie freigesetzt, die zum Teil als Stoßwelle zunächst auf den Sternkern zuläuft, dann reflektiert wird und auf dem Weg nach draußen die äußeren Schichten des Sternes wegreißt. Die gasförmige, rasch expandierende Sternhülle entspricht etwa dem, was wir tatsächlich als Supernova beobachten. Der Explosionsprozess mit seinen hohen Temperaturen erzeugt Strahlung auf allen Wellenlänge des elektromagnetischen Spektrums; kein Wunder also, wenn die Astronomen bei jeder Wellenlänge fündig wurden und jeder Wellenlängenbereich mit besonderen Informationen über diesen Vorgang ein Baustein für das Gesamtbild des Sterntodes wird.

Wenn schließlich die Masse des sterbenden Sterns größer als 3 Sonnenmassen ist, kann bei der Supernovaexplosion auch das Neutronengas der alles zermalmenden Schwerkraft das Gleichgewicht nicht mehr halten. Der Neutronenstern stürzt weiter in sich zusammen, verdichtet sich immer mehr und wird schließlich zu einem Schwarzen Loch. Schwarze Löcher sind die Schwerkraftfallen für jegliche elektromagnetische Strahlung. Kein Lichtteilchen kann sich ihrer Anziehung entziehen, wir können sie nicht direkt beobachten. Indirekt machen sich Schwarze Löcher aber dennoch bemerkbar. Bei den Röntgendoppelsternen werden wir davon hören.

Impuls oder Drehimpuls ist eine Erhaltungsgröße. Hat ein System eine bestimmte Menge davon, so bleibt sie erhalten, egal wie sich das System verändert. Das bekannteste Beispiel hierfür ist die eine Pirouette drehende Eisläuferin. Mit beiden ausgesteckten Armen beginnt die Drehung langsam. Zieht die Eisläuferin die Arme an, so beschleunigt sich die Drehbewegung zu einem Wirbel. Neuerliches Ausstrecken der Arme verlangsamt wieder die Bewegung. Auf einem Drehschemel kann dies jeder nachmachen. Jeder normale Stern besitzt Eigenrotation. Findet ein stellarer Kollaps am Ende eines Sternenlebens statt, verkleinert der Stern seinen Radius und erhöht seine Drehgeschwindigkeit beträchtlich. Natürlich wird ein Teil des Drehimpulses beim Massenabstoßen weg befördert, dennoch, der größere Teil wird bei der Kontraktion mitgenommen. Die Folge ist eine gewaltige Drehgeschwindigkeit des Restkörpers; Neutronensterne von 20 km Durchmesser drehen sich in Sekundenbruchteilen um sich selbst.

Nicht nur der Drehimpuls ist eine Erhaltungsgröße, sondern auch die Magnetfeldstärke. Zunächst über einen riesigen Sternkörper verteilt, wird beim Kollaps das Magnetfeld komprimiert und erreicht Werte von 10^{12} Gauss. Das schwache magnetische Dipolfeld eines Sterns wird dann zu einem mehr als starken Feld, in dem Elektronen und Protonen bis in den Lichtgeschwindigkeitsbereich beschleunigt werden. Beschleunigte Ladungen senden elektromagnetische Strahlung aus. Zwei Strahlungskegel entlang den Dipolachsen entstehen. Die Dipolachse fällt oft nicht mit der Rotationsachse des Neutronensterns zusammen. Die Strahlungskegel rotieren dann, wie das Drehlicht eines Polizeiwagens. Überstreicht dieser Strahlungskegel zufällig die direkte Sichtlinie zur Erde, dann können wir Strahlungsimpulse beobachten.

Erstmals im Sommer und Herbst des Jahres 1967 haben in Cambrigde zwei englische Astronomen, Frau Jocelyn Bell und A. Hewish, solch ein Objekt im Radiowellenlängenbereich beobachtet; sie nannten es Pulsar. Heute kennen wir mehr als 500 Pulsare mit Perioden von einigen Sekunden bis hinab in den Millisekundenbereich. Die Scheinwerferstrahlen solcher schiefer Rotatoren - Drehachse und Strahlachse fallen ja nicht zusammen - wurde in allen

Bereichen des elektromagnetischen Spektrums nachgewiesen: gepulste Röntgenstrahlung, genauso wie Strahlung im infraroten oder sichtbaren Spektralbereich.

Die genaue Ausmessung der Pulsationsperioden führte zur Entdeckung von Sternbeben. Die rasche Umdrehung kann nur bei einem Himmelskörper mit sehr hoher Schwerebeschleunigung an der Sternoberfläche erwartet werden, denn sonst würde der Körper wegen der starken Zentrifugalkräfte zerrissen werden. Weiße Zwergsterne von Erdgröße würden solchen Drehgeschwindigkeiten nicht standhalten. Solch kleine Rotationsperioden oder solch große Umdrehungsgeschwindigkeiten kann nur ein Stern mit Dichten um 10^{15} g/cm^3 überstehen; diese Dichten halten sowohl den Zentrifugalkräften sowie der weiter nach innen zerrenden Gravitationskraft teilweise stand; die Dichten entsprechen der Neutronensternmaterie.

Die genaue Ausmessung von Pulsationsperioden führte zur Entdeckung von Sternbeben. Die Neutronenmateriekruste des Sterns kann einbrechen, denn die Gravitationskraft zerrt stetig und der Körper kühlt ab. Bricht die Kruste ein (hier handelt es sich um Einbrüche von Millimeterbruchteilen), findet ein Sternbeben statt; der Stern wird kleiner, also muss er schneller werden. Die Rotationsperiode des Sterns zeigt einen Sprung. Solche Sprünge verraten uns die Sternbeben. Durch ein Sternbeben kann auf die Festigkeit der Sternoberfläche geschlossen werden.

Im Lauf der Jahre und Jahrzehnte und Jahrhunderte nimmt die Rotationsgeschwindigkeit ab, die Neutronensterne werden abgebremst. Die Rotationsenergie wird verbraucht, da das Magnetfeld des Neutronensterns an den Gaswolken der Sternumgebung reibt. Diese Abbremsung zeigt sich in einer Verlangsamung der Pulsarperiode. Nach einigen wenigen Millionen Jahren ist dann alles zur letzten ewigen Sternenruhe gekommen.

8.2.2 Sanfte Sterntode

Sterne ändern ihre Zustandsgrößen. Sie werden zu schnellen Drehern, zu phantastischen Gasspeiern, zu kosmischen Leuchttürmen. Sterne gehen mit ihren Energievorräten umso verschwenderischer um, je mehr Masse sie besitzen; am Ende ihres Lebens verpuffen sie sich fast gänzlich. Die stellaren Friedhöfe sind bevölkert von langsam auskühlenden Weißen Zwergsternen, von Neutronensternen und Schwarzen Löchern. Die von den Sternen weggeschleuderte Materie, angereichert mit den in ihrem Inneren entstandenen schweren Elementen, dient der nächsten Sterngeneration als Baustoff. Nicht alle Sterne aber enden so spektakulär - es gibt auch sanfte Sterntode. Unsere Sonne wird solch einen sanften Tod erleiden, und mit ihr alle Sterne mit weniger als 1,5 Sonnenmassen.

In etwa 5 Milliarden Jahren wird die Sonne die verwertbaren Anteile ihres Brennstoffes aufgezehrt haben. Ihre Größe wird auf das mehr als hundertfache anwachsen und sie wird zu einem roten Riesenstern. Danach wird sie schnell ihre äußeren Schichten aufgrund einer allgemeinen Instabilität abstoßen, zu einem Weißen Zwerg schrumpfen und dann stetig weiter abkühlen; dabei geht auch die Helligkeit immer weiter zurück, bis der ausgekühlte Sternrest ganz verloschen sein wird.

Wie verläuft die Umwandlung von roten Riesensternen zu Weißen Zwergsternen? 1986/1987 beobachteten Astronomen der Europäischen Südsternwarte zum ersten Mal mit vier verschiedenen Teleskopen ein Objekt an diesem entscheidenden Übergangspunkt. Es war der schwache Stern OH231,8+4,2 im Sternbild Puppis (Hinterdeck des Schiffes), genau im Milchstraßenband gelegen. Der Stern ist rund 4000 Lichtjahre von uns entfernt. Dieser schwache Stern war in den Durchmusterungskatalogen des Infrarotsatelliten IRAS aufgefallen und auch die Radioastronomen hatten von diesem Objekt starke Strahlung empfangen, die von dem OH-Molekül (Hydroxyl) ausgesandt wurde. Der dänische Astronom Bo Reipurth benützte das 1,5m-Teleskop der Südsternwarte und fertigte mit Hilfe einer sehr empfindlichen elektronischen Kamera Aufnahmen dieses Objektes. Er benützte verschiedene Filter, sodass er OH231,8+4,2 in der Strahlung der drei Elemente Wasserstoff, Stickstoff und Schwefel portraitieren konnte. Mit Unterstützung von Beobachtungen von 3,6m-, 2,2m- und 1m-Teleskop, spektroskopisch und im nahen Infrarot, wurde eine höchst komplizierte Struktur mit entsprechenden Bewegungsverhalten entdeckt; in der Tat, hier wandelte sich rasch ein roter Riesenstern um (vergleiche Abb. 8.5 links und rechts). Der Stern selbst ist nicht zu sehen, er ist eingebettet und verhüllt durch dichte Gaswolken. Der wie ein Stundenglas geformte Blasennebel besteht aus Materie, die der Stern abgestoßen hat. Das dunkle Band in der Taille dieses Gebildes ist der Schatten einer extrem dichten Staubscheibe, die um den zentralen Stern rotiert. Die Nebelgasmaterie wurde senkrecht zur Scheibe ausgestoßen. Teile des Staubes sind als Sternenruß in der Atmosphäre des Riesensterns entstanden. Licht in dem innersten Teil des Nebels ist reflektiertes Sternenlicht, Licht aus den äußeren Teilen der Blase wird von dem heißen Gas abgestrahlt. Die Aufheizung geschieht beim Zusammenprall der sich schnell nach außen bewegenden Sternmaterie mit der interstellaren Materie der Umgebung.

Der Stern verliert schnell Materie. Da die Größe des südlichen Nebelteils rund 0,8 Lichtjahre beträgt und die nach außen gerichtete Geschwindigkeit zu 140 km/sec gemessen wurde, muss der Massenauswurf, astronomisch betrachtet, in jüngster Vergangenheit begonnen haben. Mit den entsprechenden Daten der Nordhälfte des Nebels kann man ein Alter von 1400 Jahren abschätzen. Vor diesem Zeitraum muss der Auswurfprozess für die Nebelmaterie angelaufen sein. Am Ende des schnellen, kurzlebigen Ereignisses wird sich der einst sonnenähnliche Stern in einen kleinen, kompakten und dichten Körper umgewandelt haben. Den Großteil seiner Masse hat er abgeblasen.

Da normale Sterne Milliarden Jahre leben und die Lebensphase des Masseverlustes nur wenige tausend Jahre währt, ist die Chance für uns, einen sterbenden Stern zu beobachten, sehr gering; dies macht es sofort einsichtig, weshalb die Astronomen nicht schon früher solche Beobachtungen durchführen konnten. Diese Beobachtung hat daher große Bedeutung für unser Verständnis der letzten Entwicklungsphasen eines Sternenlebens; sie bildete eines der fehlenden Glieder der Milliarden Jahre währenden Lebenskette.

Wenn OH231,8+4,2 innerhalb der nächsten 2000-3000 Jahre den Großteil seiner Masse abgestoßen haben wird, wird der umgebende Nebel stetig durch weitere Ausdehnung an Dichte abnehmen. Dann dauert es nicht mehr lange, bis der verbleibende Reststern als Weißer Zwerg sichtbar wird. Das gesamte Objekt erscheint uns dann als neuer Planetarischer Nebel; einige Hundert Objekte dieser Art kennen wir in unseren und den Nachbarsternsystemen.

Diese sphärisch kugelförmig aufgebauten Nebel haben eigentlich einen falschen Namen bekommen, denn mit einem Planetensystem oder der Vorstufe eines Planetensystems haben sie nichts zu tun. Die ersten Beobachter solcher Nebel brachten sie in Unkenntnis ihrer Entstehung wegen ihres ringförmig sphärischen Aussehens mit Planetensystemen in Zusammenhang. Die Gasnebel werden von der Ultraviolettstrahlung des im Zentrum stehenden Weißen Zwergsternes zum Leuchten angeregt. Wiederum Jahrtausende später, wenn sich die umgebende Gaswolke weiter ausgedehnt und schließlich in den interstellaren Raum verflüchtigt hat, bleibt nur der Weiße Zwerg übrig. Er ist für uns das Denkmal auf dem Grabe eines einst gleißend hellen normalen Sternes.

Sterne ändern ihre Zustandsgrößen, Veränderliche tauchen auf oder gar eine neue Klasse kosmischer Objekte: die Planetarischen Nebel. Dabei sind sie nichts anderes als Entwicklungsstufen im Entstehen und Vergehen der Sterne. Ein typischer Planetarischer Nebel hat etwa 1/5 Sonnenmasse und

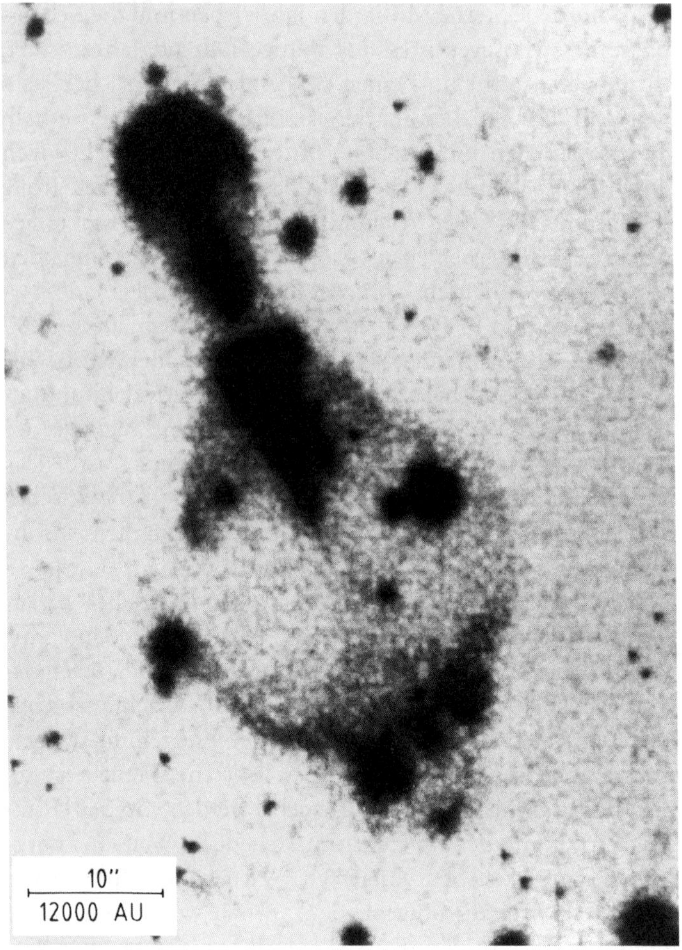

dehnt sich mit rund 50 km/sec in alle Richtungen aus. Die Gasdichte in den Nebelhüllen liegt zwischen 10000 und 100 Teilchen pro Kubikzentimeter.

Aus dem Strahlungsverhalten der Nebelhülle lässt sich die Temperatur der Zentralsterne errechnen; man fand 100000 Kelvin und mehr. Die hohe Sterntemperatur macht verständ-

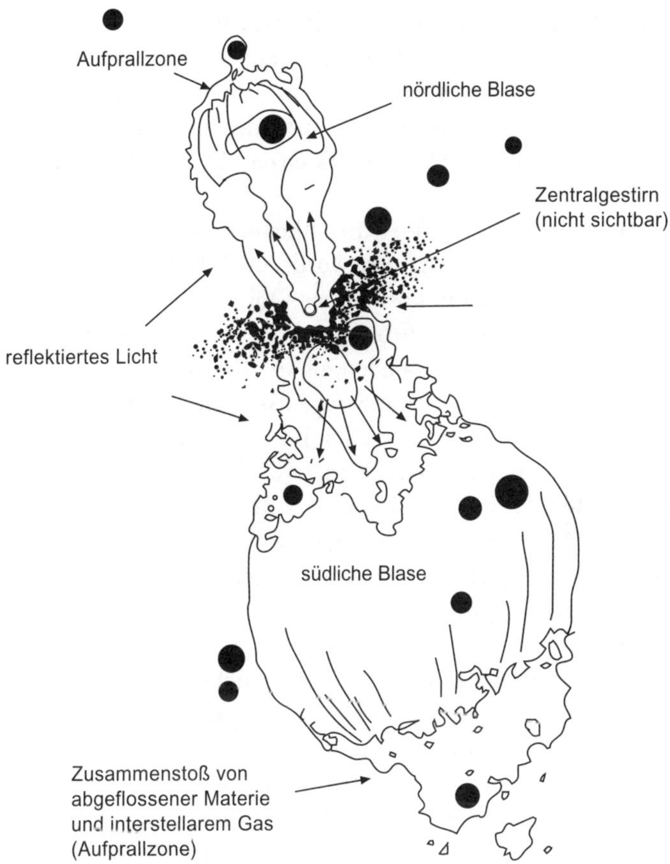

8.5 (links, rechts) Ein Stern stirbt. Ein alter roter Riesenstern bläst einen Teil seiner Gashülle weg und wird zu einem planetarischen Nebel mit zentralem Weißen Zwerg (Foto: Europäische Südsternwarte, Bo Reipurth).

lich, weshalb die weißen Zwergsterne trotz ihrer nur kleinen strahlenden Oberfläche noch beobachtbar sind.

8.2.3 Das Ticken einer Röntgenuhr

1936 entdeckte Kuno Hoffmeister von der Sonnenberger Sternwarte in Thüringen einen veränderlichen Stern im

Sternbild Herkules: HZ-Herculis wurde er benannt und noch 1969 wurde der Stern im Zentralverzeichnis der Veränderlichen Sterne lediglich als Is geführt; mehr war über ihn nicht bekannt. Is bedeutet: irregulär, rasch veränderlich, mit Helligkeitsvariationen in den Grenzen 13 bis 14,5 Größenklassen.

Mit der fortschreitenden Erschließung des gesamten elektromagnetischen Spektrums wurde über Erdsatelliten auch die Röntgenstrahlung kosmischer Objekte der Beobachtung zugänglich. Es wurden Objekte entdeckt, die im Röntgenbereich mehr Energie aussenden als in allen anderen Spektralbereichen; man sprach von Röntgensternen. Die Entdeckung von Röntgensternen riss den Veränderlichen HZ-Herculis aus seinem verschlafenen Katalogdasein, denn 1972 konnte W. Liller aufgrund von Messungen des Röntgensatelliten Uhuru die von diesem Satelliten aufgefundene starke Röntgenquelle Her-X1 mit HZ-Herculis identifizieren. Ein optisch veränderlicher Stern wurde zu einem stark veränderlichen Röntgenstern.

Eingehende photometrische Untersuchungen in den verschiedensten Spektralbereichen und spektroskopische Forschungen haben ergeben, dass es sich beim größten Teil der Röntgensterne um Doppelsterne handelt. Der grundlegende physikalische Prozess für die Erzeugung der Röntgenstrahlung und des optischen Lichtwechsels ist bei all diesen Objekten die Aufsammlung von Materie durch einen kompakten Begleiter über die Zwischenstufe einer Aufsammlungsscheibe. Je kleiner und massiver der kompakte Körper ist, umso intensiver und kurzwelliger ist die ausgesandte Röntgenstrahlung.

Warum kann ein Stern Masse verlieren, da doch seine Anziehungskraft alles zurückhalten sollte? Für einen Einzelstern ist sicher richtig: Ohne explosives Ereignis bleibt die Masse an den Stern gebunden, sehen wir von den vernachlässigbaren Massenverlusten durch Sternwinde ab. Bei einem engen Doppelstern verhält es sich etwas anders. Beide Sterne liegen ja in ihren gegenseitigen Anziehungsfeldern, die sich überlagern. Wenn wir uns das Anziehungsfeld eines Einzelsterns als trichterförmiges Trogtal vorstellen, an dessen tiefsten Punkt der Stern sitzt, so muss alle Materie, die den Stern (das Tal) verlassen will, die hohe Trogwand überwinden. Liegen zwei Sterne nahe beieinander, dann überlagern sich die Anziehungsfelder und schwächen sich in Richtung ihrer kürzesten Verbindungslinie gegenseitig ab. Das eine Anziehungsfeld zerrt nach links das andere nach rechts, die gemeinsame Trogwand wird niedriger und es bildet sich eine gravitative Überfließtülle.

Die gemeinsame, sich um den Stern spannende Grenzfläche, die Trogwand der Anziehungskräfte, von der aus Masse von dem einen zum anderen Stern überfließen kann, wird heute nach ihrem ersten Berechner Roche, die Roche-Grenzfläche genannt (Abb. 8.6). Als Fläche gleichen Gravitationspotentials ist sie eine Stabilitätsgrenze. Materie, die an dieser Grenzfläche aus dem einen Anziehungstal ankommt, stürzt in das andere Tal hinüber, sobald die Grenzlinie überschritten wird. Im Laufe der Sternentwicklung, wenn die Hauptreihensterne sich zu Riesen- oder Überriesensternen ausdehnen, beginnen sie als Mitglied eines Doppelsterns immer mehr ihr Anziehungstal auszufüllen, ähnlich einem aufquellenden Pudding in einer Schale. Die Schale mit tiefer werdendem Rand und Tülle zum Nachbarstern hin - wir bleiben in unserem Bild - erlaubt dem aufquellenden Puddingstern auf das Nachbarsystem hinüber zu tropfen oder je nach Entwicklungsstand stetig abzufließen. Im Doppelsternsystem beginnt Materie auf die anderen Sternkomponenten überzufließen, wenn die Sternentwicklung den Stern bis zur Roch'schen-Stabilitätsgrenze aufgebläht hat.

Die Röntgenblitze, die der UHURU-Satellit von HZ-Herculis oder Her-X1 registrierte, folgen so regelmäßig wie das Ticken einer Uhr alle 1,24 Sekunden aufeinander. Die hohe Regelmäßigkeit legte die Vermutung nahe, dass die Erscheinung mit einem rasch rotierenden Neutronenstern

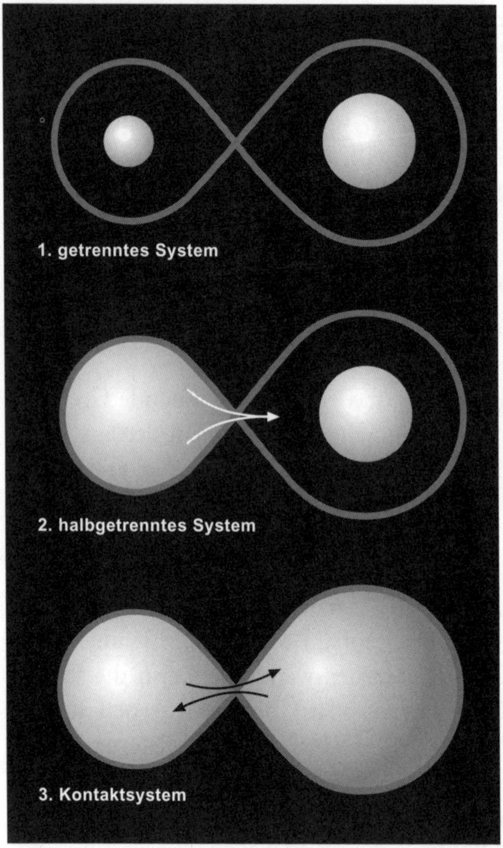

8.6 Die Anziehungsbereiche um Doppelsterne. Die gezeigte Linie entspricht gleicher Anziehungskraft; der Schnittpunkt ist der Sattel- oder Balancepunkt, hier kann Materie überströmen. Je nachdem, wie die Sterne ihr Anziehungstal (Trogtal) ausfüllen, spricht man von getrennten, halbgetrennten oder Kontaktsystemen.

verbunden sein müsse; man prägte für das Objekt auch den Namen Röntgenpulsar. Die Pulsperiode verschob sich allerdings leicht sinusförmig mit einer Periode von 1,70017 Tagen. Diese Periode ist als Umlaufperiode eines Röntgenobjektes in einem Doppelsternsystem zu deuten. Die periodische Annäherung und Entfernung der Röntgenquelle relativ zur Erde bewirkt infolge des Dopplereffektes eine periodische Zu- und Abnahme der 1,24 Sekundenfrequenz der Röntgenblitze. Die Umlaufgeschwindigkeit liegt bei 140 km/sec auf einem Bahnradius von 8 Sonnenradien. Die Identifikation der 1,7 Tagesperiode als Umlaufsfrequenz der Röntgenquelle wird gestützt durch ein 5-stündiges Aussetzen des Tickens der Röntgenuhr. 5 Stunden lang wird nämlich die Röntgenquelle sehr geringer Ausdehnung durch den normalen Stern des Systems total verfinstert. Die Lichtkurve HZ-Herculis variiert mit genau der gleichen Periode von 1,70017 Tagen. HZ-Herculis ist der optische Begleiter des Neutronensterns Her-X1. Das aus diesen Beobachtungen abgeleitete astrophysikalische Modell des Röntgenpulsars sieht folgendermaßen aus (Abb. 8.7).

Ein FO-Stern (HZ-Herculis), der schon von der Hauptreihe abgewandert ist, hat begonnen seine Roch'sche-Grenzfläche auszufüllen. Er wird von einem Neutronenstern, Herculis X1, begleitet; beide Sterne umlaufen sich mit einer Periode von 1,7 Tagen. Die Massenüberlaufrate beträgt zur Zeit 10^{-9} Sonnenmassen pro Jahr. Die überlaufende Materie tropft in den ungeheuer tiefen Anziehungstrog des Neutronensterns hinein. Dabei werden 10^{37} erg/sec (etwa 2 500 Sonnenleuchtkräfte) freigesetzt und eine Temperatur von 10 Millionen Kelvin erzeugt, wenn die Materie die Aufsammlungsscheibe und die Neutronensternoberfläche erreicht. Der Neutronenstern hat ein starkes Dipol-Magnetfeld von rund 10^{12} - 10^{13} Gauss. Die über- und aufströmende ionisierte Materie wird entlang der Magnetfeldlinien auf die magnetischen Pole des Neutronensterns gelenkt. Der Neutronenstern rotiert mit 1,24 Sekunden; da Rotationsachse und Magnetfeldachse nicht zusammen fallen, kann ein Beobachter außerhalb des Systems die von den heißen Magnetpolen entweichende Röntgenstrahlung mit der gleichen Rotationsperiode beobachten. Teile dieses umlaufenden Röntgenstrahls treffen auf die Sekundärkomponente HZ-Herculis. Da die

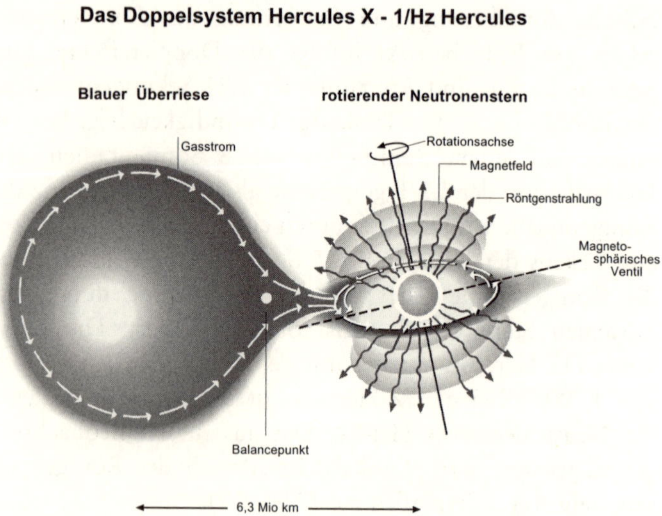

8.7 Das Doppelsternsystem HZ-Herculis, ein halbgetrenntes System. Über den Balancepunkt strömt Materie in die Aufsammlungsscheibe und von dort, teilweise vom Magnetfeld geführt, auf den Neutronenstern. Entlang der magnetischen Achse - über ein so genanntes magnetosphärisches Ventil - können Teilchen nach innen und außen beschleunigt werden (mit freundlicher Genehmigung von R. Breuer, MPI Extraterrestrik, München).

auftreffende Röntgenstrahlung weit mehr Strahlungsleistung hat als die wahre Sternleuchtkraft, wird die der Röntgenquelle zugewandte Sternhälfte stark aufgeheizt; sie ist plötzlich heller und heißer als die andere Seite des Sterns. Das von ihm auf der Erde empfangene Licht im optischen Spektralbereich wird deshalb mit der Bahnperiode der Röntgenquelle variieren, denn alle 1,7 Tage zeigt uns HZ-Herculis seine aufgeheizte, hellere Seite.

Ist die Ausgangsmasse in der Sternentwicklung für die Primärkomponente größer als 3 - 4 Sonnenmassen, können wir als entwickelte Primärkomponente auch ein Schwarzes Loch erwarten. Die Röntgenquelle Cygnus X1, ebenfalls ein enger

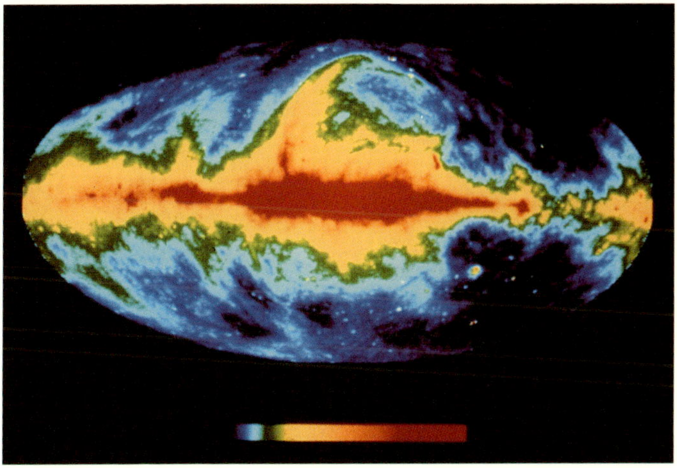

[5.7] Die Milchstraße bei einer Wellenlänge von 73,5 cm (W. Haslam, MPI Radioastronomie, Bonn).

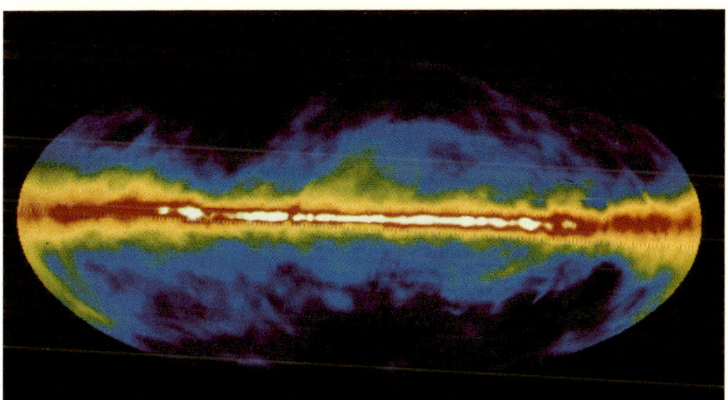

[5.8] Die Milchstraße bei einer Wellenlänge von 21 cm; Strahlung des atomaren Wasserstoffs (C. Jones, C. Stern, W. Forman, California Institute of Technology; erstellt nach Messungen von Stark und anderen).

[5.9] Die diffuse Infrarotstrahlung zwischen 12 μm und 100 μm, wie sie der Infrarot-Satellit IRAS gemessen hat (Foto IPL/IPAC).

[5.10] Das Bild der Milchstraße bei Wellenlängen zwischen 1,2 μm und 3,4 μm, gemessen vom Astronomie-Satelliten COBE (Foto: NASA).

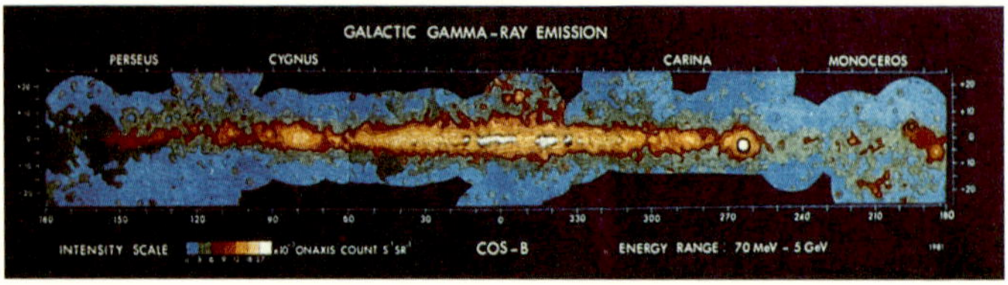

[5.11] Der Gamma-Himmel vom COS-B-Satelliten gemessen (Foto: MPI Extraterrestrische Physik, München).

[6.1] Gas und Staubwolken des Rosetten-Nebels: Heißes (HII) und kaltes Gas/Staub (dunkel) sind in diesem Sternentstehungsgebiet auf engstem Raum vereint (mit freundlicher Genehmigung von D.L. Block, C. Madsen und NATURE, Nr. 6292, 1990).

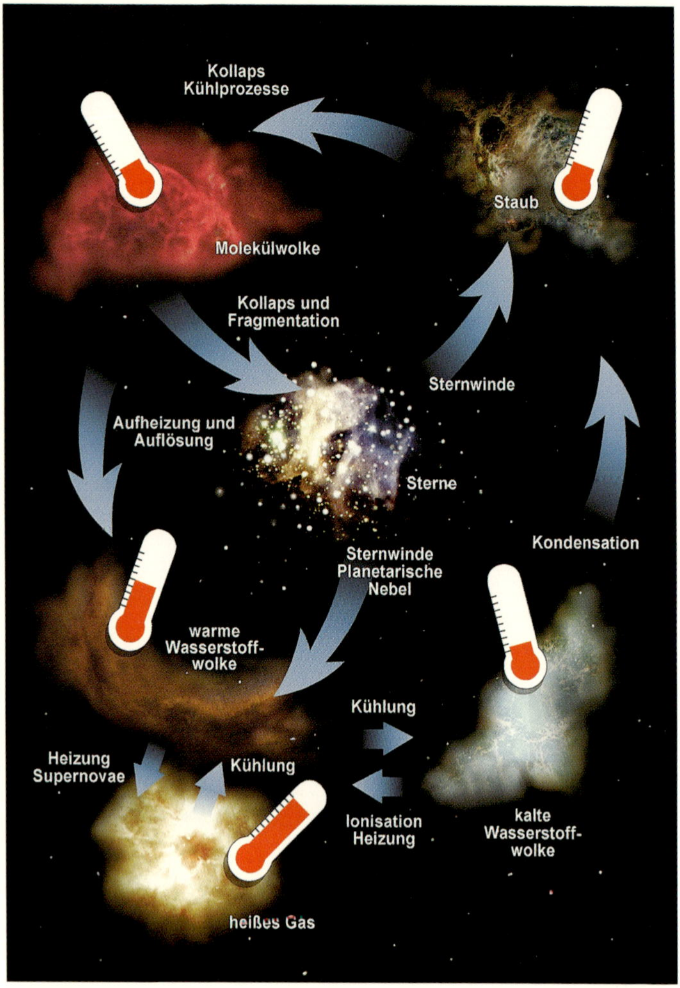

[6.2] Kreislaufschema der Sternentstehung und der Molekülwolkenbildung.

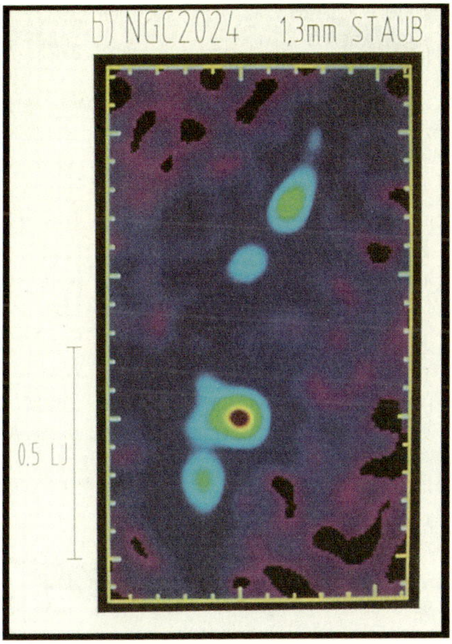

[8.9] Das Sternentstehungsgebiet NGC 2024 im Orionnebel. Die Falschfarbendarstellung der Staubstrahlung zeigt vier kompakte Objekte als Kandidaten für Protosterne; Messungen bei 1 mm Wellenlänge (MPI Radioastronomie, Bonn).

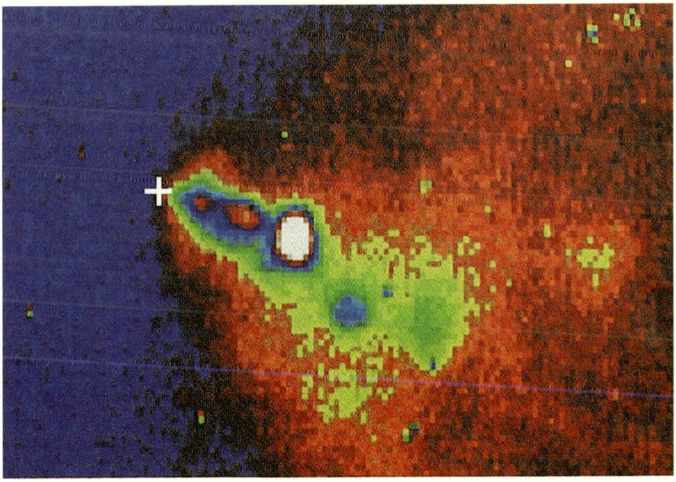

[8.10] Der von einem Protostern ausgehende Gasstrahl nach einer CCD-Aufnahme am 2,2 m-Teleskop des MPI Astronomie, Heidelberg. Der Gasstrahl schießt mit hoher Geschwindigkeit in eine Molekülwolke hinein.

[13.1] Blick in Richtung des galaktischen Zentrums bei den Wellenlängen 74,2 cm, im Licht der Gammastrahlung und bei 1,2 - 3,4 μm. Die fast rechteckige Struktur des Zentralkörpers, der den Balken enthält, ist im Infraroten sehr ausgeprägt.

[13.2] Ein gewaltiger Gasstrom zeigt sich im galaktischen Zentralbereich im Licht der kontinuierlichen Radiostrahlung bei 2,7 cm Wellenlänge. Er erstreckt sich rund 140 pc über die Grundebene; der Kern liegt mittig außerhalb des Bildes rund 70 pc tiefer (nach Messungen von Y. Sofue und T. Handa, Nature, 1984).

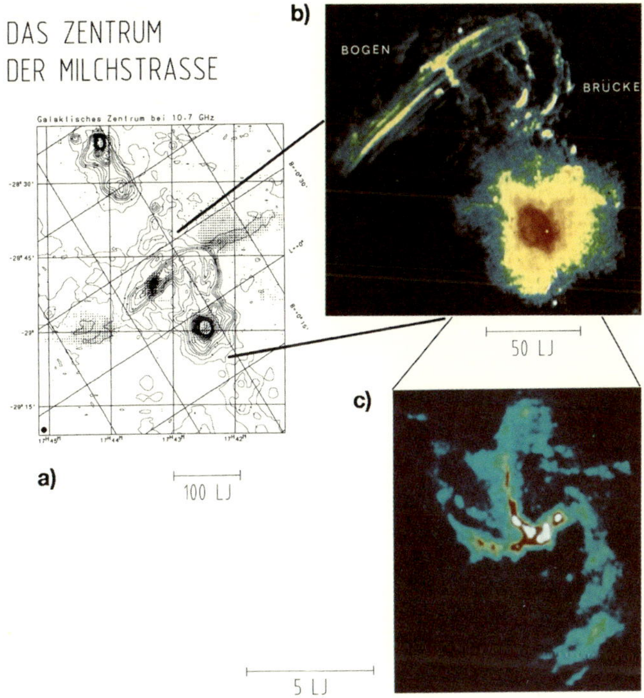

[13.3] Das Zentrum der Milchstraße.
a) Radiostrahlung bei 2,8 cm Wellenlänge in einer Höhenliniendarstellung. Die kurzen Striche zeigen die Richtung und Stärke des Magnetfeldes an; Messungen mit dem Radioteleskop, Effelsberg, MPI Radioastronomie, Bonn.
b) 7-mal bessere Auflösung bei 20 cm mit einem Radiointerferometer (VLA-Neu Mexiko) in Falschfarbendarstellung. Deutlich sichtbar ist die Filamentstruktur des Bogens und der Brücke. Das weiße Pünktchen in der Mitte des Rotbereiches ist Sgr A*.
c) 200fach höhere Auflösung als Bild a, die Radioquelle Srg A* sitzt in der Mitte (weiß) der spiraligen Gasfilamente (MPI Radioastronomie, P. G. Mezger, Bonn).

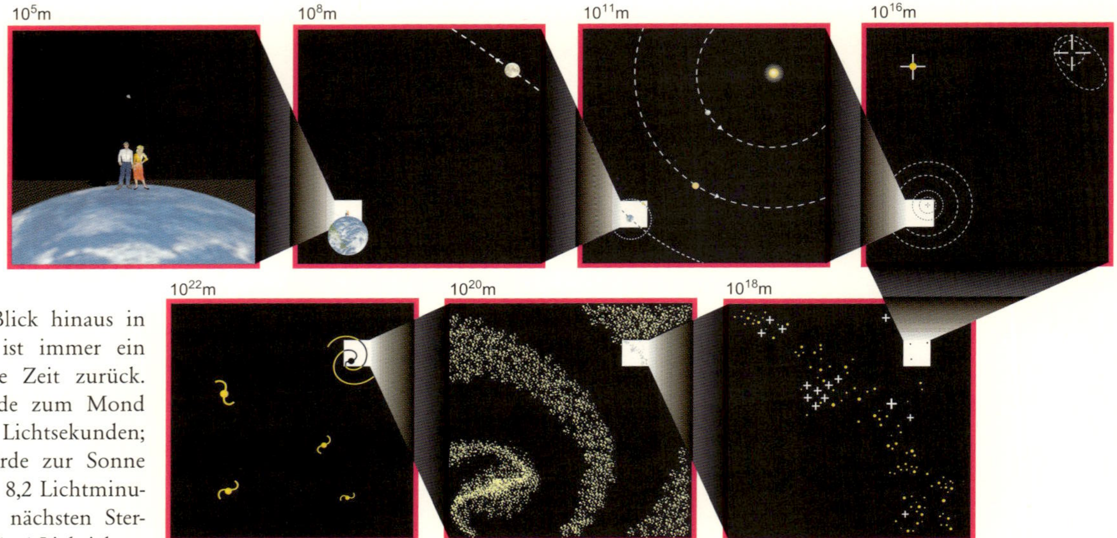

[14.1] Der Blick hinaus in den Raum ist immer ein Blick in die Zeit zurück. Von der Erde zum Mond sind es 1,3 Lichtsekunden; von der Erde zur Sonne sind es rund 8,2 Lichtminuten; zu den nächsten Sternen sind es 4–6 Lichtjahre. Für den Sprung in die Umgebung der benachbarten Spiralarme benötigen wir einige hundert Lichtjahre. Zum Zentrum der Milchstraße ist es rund 26 000 Lichtjahre, zu den nächsten Galaxien sind es 2 Millionen Lichtjahre, zu den nächsten Galaxienhaufen 50 Millionen und Milliarden Lichtjahre, und erst danach kommen wir in Entfernungen und zu einem Weltalter, wo Galaxienentstehung beobachtbar wird.

Doppelstern, beherbergt ein Schwarzes Loch von 6 Sonnenmassen. Schwarze Löcher können sich in Doppelsternsystemen mit Materieaustausch über solch energiereiche Strahlungsprozesse in ihrer unmittelbaren Umgebung bemerkbar machen. Aus der Energiefreisetzung und der Umlaufszeit kann die Masse der Primärkomponente, auch des Schwarzen Loches, abgeschätzt werden. So lassen sich Schwarze Löcher erkennen.

Der Materieaustausch in Doppelsternsystemen verhindert auch, dass der Doppelstern sich auflöst, wenn eine Komponente über eine Supernovaexplosion zum Neutronenstern oder Schwarzen Loch wird. Der massenreichere Stern entwickelt sich immer schneller als der massenärmere Stern. Bevor er jedoch durch einen Kollaps zur Supernova werden kann, hat er genügend Masse zum Doppelsternpartner überströmen lassen; dieser ist nun die massenreichere Komponente geworden. Die Supernovaexplosion der massenärmer gewordenen Komponente lässt jetzt das Doppelsternsystem intakt, denn der massenreichere Stern hält durch seine Anziehungskräfte das System zusammen.

Die Geschichte eines Doppelsternsystems ist keine unendliche Geschichte. Auch der massenreichere noch unentwickelte Stern, wird allmählich zum Riesenstern werden und Masse an das kompakte Objekt verlieren. Je nach Massenverhältnis kann dies so heftig passieren, dass der Sekundärstern völlig ausgezehrt wird; eine Art Sternenkannibalismus setzt ihm ein Ende. Übrig bleibt ein Schwarzes Loch, ein Neutronenstern oder ein Weißer Zwerg mit den Resten einer Aufsammlungsscheibe. Wird die Sekundärkomponente nicht völlig ausgezehrt, können natürlich ebenfalls die schon genannten drei Restprodukte übrigbleiben – ein Beispiel eines Doppelpulsars ist bereits beobachtet worden. Die verbleibenden zwei kompakten Objekte werden dann langsam aufeinander zu spiralen und zu einem einzigen kompakten Objekt verschmelzen. Das Endprodukt ist wie bei der Einzelsternentwicklung eine langsam abkühlende überdichte Sternenleiche (Neutronenstern und Weißer Zwergstern) oder ein Schwarzes Loch. Die Sternenleben enden in Kälte und Dunkelheit.

8.2.4 Das Aufflammen frisch entstandener Sterne

Das beobachtete Flackern frisch entstehender und entstandener Sterne führte die Wissenschaft zu einem ersten tieferen physikalischen Verständnis der Sternbildung. Den zu erwartenden logischen Ablauf haben wir uns schon klar gemacht. Jetzt ergänzen wir diese Geburtsabläufe durch weitere Beobachtungstatsachen.

Sternleben beginnen mit beobachtbaren Helligkeitsschwankungen. Der unregelmäßige Lichtwechsel der T-Tauri Sterne (auch diese Sternklasse ist nach ihrem Prototyp dem Stern T im Sternbild Stier (Taurus) benannt), führte auf ihre Spur. Man erkannte sie bald als Objekte in extrem frühem, d.h. jungen Entwicklungszustand. Es sind Sterne, die noch nicht die Hauptreihe im Zustandsdiagramm, also die stabilste Entwicklungsphase erreicht haben. Als typische Vertreter der unregelmäßigen Vor-Hauptreihen-Veränderlichen ist ein großer Prozentsatz von ihnen in Wolken interstellarer Materie eingebettet.

Ihr photometrisches Kennzeichen ist ein unregelmäßiger Lichtwechsel. Wir können langsame Helligkeitsschwankungen zwischen 100 und 1 000 Tagen feststellen, Helligkeitsausbrüche um bis zu einer Größenklasse innerhalb von 0,01 bis 0,1 Tagen oder zyklische Helligkeitsänderungen innerhalb von 10 Tagen. Das Spektrum dieser Sterne zeigt Emissionslinien, und diese sind auch innerhalb von 0,1 bis 1 Tag variabel. Die Sterne besitzen Gashüllen in denen Aus- und Einströmvorgänge stattfinden; intensive Sternwinde verrieten sich durch ihre Strahlung im ultravioletten Spektralbereich. Die zirkumstellaren Hüllen sind oft stark vom Staub durchsetzt. Alle diese Eigenschaften machten T-Tauri Sterne und ihre Umgebung zu Objekten, auf die sich in den letzten Jahren sowohl die Röntgen-, Radio- und optischen Astronomen stürzten. Besonders Forschergruppen der beiden Max-Planck-Institute in Bonn (Radioastronomie) und Heidelberg (optische Astronomie) begannen sich für diese Objekte zu interessieren und entdeckten eine Fülle neuer interessanter Vorgänge bei Sterngeburten. Überraschend war zum Beispiel die Entdeckung stark gerichteter Materiestrahlen mit doppelkonischer Geometrie, wo man isotrope, in alle Richtungen gleichförmig abströmende Sternwinde erwartet hatte. Sterne lassen Dampf ab, wenn sie geboren werden.

Wie in einem Menschenleben sind auch im Leben eines Sternes Geburt und Tod entscheidende Phasen. Sterne entstehen im Inneren dunkler und kalter Wolken aus interstellarem Gas und Staub. Sie sind die Endprodukte lokaler Verdichtungsprozesse, bei denen Teile der Gaswolken unter der Last ihrer eigenen Masse in sich zusammenfallen. Wenn in einem Gebiet aktiver Sternentstehung massereiche und damit besonders heiße und leuchtkräftige Sterne entstanden sind, wird das verbleibende interstellare Gas aufgeheizt, ionisiert und es leuchten die weithin sichtbaren H-II-Regionen auf. Zuvor verläuft die Sternbildung im Verborgenen, im Inneren dunkler Wolken, dic den neuen Stern umhüllen und sein Licht im sichtbaren Spektralbereich oft solange verschlucken, bis er sich aus eigener Kraft von ihnen befreit hat. Radio- und Infrarotwellen können die Dunkelwolken durchdringen und die Sternembryonen sichtbar werden lassen. Im Infraroten werden hierzu Bildwandler und elektronische Kameras eingesetzt, im Radiobereich nutzt man hierbei Wellenlängen bis 1 mm aus.

Wie man sich den Prozess der Sternwerdung vorzustellen hat ist in der Abbildung 8.8 skizziert. Als Kreißsäle der Sterngeburten dienen riesige Molekülwolken in unserer Milchstraße mit vielen tausend Sonnenmassen molekularen Wasserstoffs, deren mittlere Dichte hundert Moleküle pro Kubikzentimeter betragen. Der beigemischte interstellare Staub bewirkt, dass sie für sichtbares Licht undurchdringlich sind. Diese Gebiete waren uns schon als Dunkelwolken beim Betrachten

Die Entwicklungsstufen der Sternentstehung

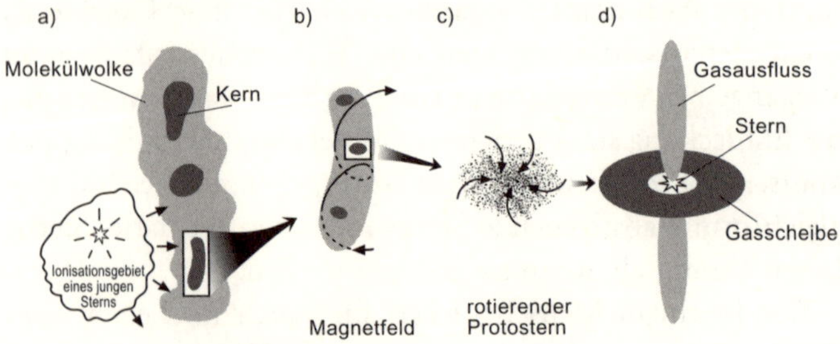

Stadium	Bildung von Dichtekondensationen unter dem Einfluss junger Sterne	Drehimpuls wird abgeführt durch Magnetfelder und Fragmentation	Gravitationskollaps	junger Stern
Dichte (Teilchen/CCM)	10^4 - 10^6	10^7 - 10^8	> 10^9	10^{23}
Masse (Sonnenmassen)	1000 - 10 000	50 - 500	1/10 - 100	
Typische Temperatur (Kelvin)	10 - 50			3000 - 50 000

8.8 Die Entstehung von Sternen in einer Molekülwolke a) Fragmentation und Magnetfelder führen Drehimpuls ab, b) es entstehen Protosterne, c) in denen die Kernfusion zünden kann, d) Material wird dabei in Form von Gas-Ausströmungen abgeblasen (MPI Radioastronomie, Bonn).

des zerrissenen Milchstraßenbandes aufgefallen. Molekülwolken sind nicht gleichförmig mit Gas gefüllt, sondern bestehen aus einer Vielzahl von Klumpen und Filamenten, nicht unähnlich einem Schwamm. Unter ihrer eigenen Schwerkraft und dem Druck von außen, der von den Sternwinden bereits neu entstandener Sterne stammt, verdichten sie sich zu so genannten Wolkenkernen mit mittleren Dichten von einigen hunderttausend Molekülen pro Kubikzentimeter. Dabei ist immer eine gewisse turbulente, chaotische Bewegung des Gases vorhanden, denn nahegelegene Sterne und die Anziehungsfelder anderer Molekülwolken und der Masse der Milchstraße rühren das Wolkengas um. Wenn diese Turbulenzen abklingen, so bleibt als Nettoeffekt eine Rotation der gesamten Wolke übrig. Wie so oft bei der Strukturbildung kosmischer Gestalten steuert das physikalische Gesetz der Erhaltung des Drehimpulses die weitere Entwicklung.

Die Drehimpulserhaltung verlangt, dass sich jede noch so langsame Rotationsbewegung, die eine Molekülwolke am Anfang hatte, bei ihrer Kontraktion immer weiter beschleunigt, bis schließlich die Fliehkräfte so groß werden, dass sie ein weiteres Zusammenstürzen verhindern. Die Natur verfügt über zwei Arten von Bremsen, um die Rotation eines Protosterns herunterzufahren: Magnetbremsen und Fragmentationsbremsen.

Der Drehimpuls, ein Produkt aus Rotationsgeschwindigkeit und Massenverteilung, kann über die Magnetfelder an das umliegende interstellare Medium abgegeben werden. Zwar wirken die Magnetfelder nur auf die wenig elektrisch geladenen Atome und Moleküle einer Molekülwolke direkt ein, weil aber das neutrale Gas mit den Ionen zusammenstößt, überträgt sich die Bremsung der Ionen auf die gesamte rotierende Gaswolke.

Magnetfelder spielen eine wichtige Rolle in der Physik der interstellaren Materie und der Sternentstehung. Die Magnetfeldstärke in den dichtesten Molekülwolken beträgt rund 1/10 des irdischen Magnetfeldes. Magnetfelder lassen sich aus der Linienstärke einer von Wasserdampfmolekülen der Wolke abgestrahlten Radioemissionslinie ableiten.

Eine andere Möglichkeit, Drehimpuls abzuführen, bietet das Zerbrechen einer rotierenden Wolke in viele Bruchstücke oder in einen Kern und eine äußere Scheibe. Da der Drehimpuls dabei hauptsächlich in die Bahnbewegung der Fragmente oder der Scheibe verwandelt wird, können die einzelnen Bruchstücke in ihrer Eigenrotation abgebremst werden. Ein Beispiel hierfür ist unser Sonnensystem. Obwohl die Sonne rund 740-mal mehr Masse hat wie alle Planeten zusammen, ist doch der Löwenanteil des Drehimpulses in der Bewegung der Planeten um die Sonne konzentriert.

Wenn die Dichte in einzelnen Bereichen in einer Molekülwolke von hunderttausend auf eine Million Moleküle pro Kubikzentimeter angewachsen ist, beginnt die eigentliche Entwicklung eines einzelnen Protosterns. Die Materie stürzt unter ihrer eigenen Schwerkraft zusammen. Dabei wird ein Teil der Energie als Infrarotstrahlung freigesetzt; diese Strahlung können wir beobachten. Wenn die Dichte innerhalb eines Protosterns auf mehrere 100 Milliarden Teilchen pro Kubikzentimeter angestiegen ist, schreitet der Kollaps nun schnell fort, und die Dichte nimmt zum Wolkenkern hin stark zu. Dabei wird Schwereenergie in Wärmestrahlung umgewandelt, die aber, wenigstens zu Anfang, leicht von den Oberflächen des interstellaren Staubes im Infrarot- oder Radiowellenbereich abgestrahlt werden kann. Trotz der hohen Energien, die beim Wolkenkollaps freiwerden, bleibt daher die Temperatur der protostellaren Wolke zunächst konstant. Bei einem weiteren Kollaps wird der Staub so dicht, dass ein Wärmestau entsteht, weil die Strahlung immer wieder von den Staubkörnern verschluckt wird. Temperatur und Dichte steigen nun innerhalb kürzester Zeit so stark an, dass atomare Kernverschmelzungprozesse gezündet werden: Ein Stern ist geboren.

Die schnelle Drehbewegung der Protosterne macht deren Entwicklung kompliziert. Das Gas fällt nicht auf direktem Weg auf den stellaren Kern, sondern bildet eine Scheibe aus Gas und Staub. Aus dieser Scheibe sammelt der Stern zunächst weitere Materie auf. Schon in früheren Entwicklungsstadien wird ein Teil der Protosternhülle in meist zweistrahligen Gasströmen weggeblasen.

Sowohl der Radio- wie auch Infrarotastronomie gelang es, Protosterne zu entdecken; die besten Ort hierfür sind Molekülwolkenkerne, denn nahe diesen Kernen fand man weniger als 1 Million Jahre alte, d.h. junge Sterne. Wenn man solch eine Wolke in der Spektrallinie eines Moleküls, etwa CO, Punkt für Punkt kartiert, so findet man keine gleichförmige Struktur, sondern eine filamentartige Gestalt mit

Verdichtungen. Die filamentartige Morphologie mag durch Magnetfelder hervorgerufen sein; die Verdichtungen sind oft Gebiete, wo bereits ein Stern entstanden ist, der das ihn umgebende Gas erwärmt. Solche Sterne stecken noch tief in der Wolke, aus der sie geboren werden. Die gesamte abgestrahlte Energie des Sternes wird durch Wolkenstaubteilchen in Infrarotstrahlung umgewandelt; somit ist die Strahlungsleistung des neuen Sterns berechenbar.

In einigen Fällen ist der Staub solcher Verdichtungen kalt, und es gibt keinen Hinweis auf einen eingebetteten Stern. Diese Kondensationen sind Kandidaten für Protosterne. In dem Sternentstehungsgebiet NGC 2024 wurden solche Gas/Staub-Objekte gefunden (siehe Abb. 8.9) Sie haben typische Massen von zehn Sonnenmassen. Die Dichten liegen bei einigen 100 Millionen Teilchen pro Kubikzentimeter, doch die Temperaturen sind niedrig; es sind genau die Eigenschaf-

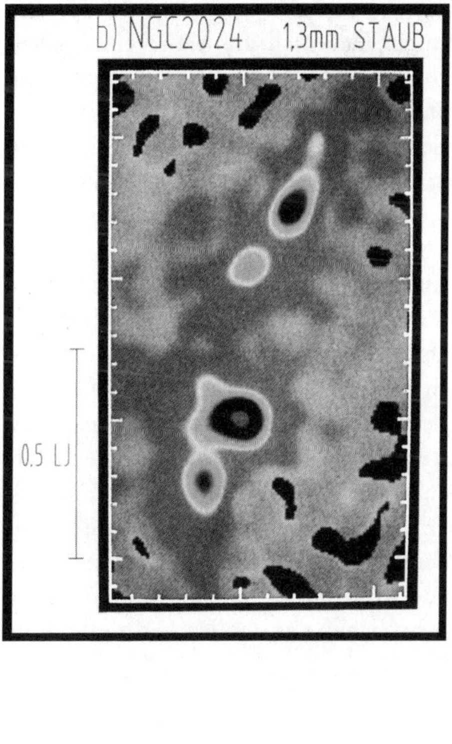

8.9 Das Sternentstehungsgebiet NGC 2024 im Orionnebel. Die Falschfarbendarstellung der Staubstrahlung zeigt vier kompakte Objekte als Kandidaten für Protosterne; Messungen bei 1 mm Wellenlänge (MPI Radioastronomie, Bonn). Siehe Farbtafel V

ten, die man bei einem Protostern erwartet.

Die entscheidende Phase der protostellaren Entwicklung ist das Aufsammeln des umgebenden interstellaren Gases. Dieses Aufsammeln schlägt dann bald um in eine Expansion der zirkumstellaren Hülle. Ein solcher Sternausfluss verrät sich durch eine starke Linienverbreiterung, etwa der charakteristischen Radiolinie des CO-Moleküls bei 115 GHz. Durch den Dopplereffekt wird das in unsere Richtung fließende Gas etwas zu höheren Frequenzen verschoben, das von uns wegfließende Gas hingegen zu niedrigen Frequenzen. Die Auswertung solcher Messungen zeigt, dass das überschüssige Gas nicht mehr nach allen Seiten hin gleichförmig abfließt, sondern eine bipolare Struktur entwickelt. Zwei mehr oder minder scharf gebündelte molekulare Gasströme verlassen die Sternenhülle in diametraler Richtung.

Für Sternausflüsse gibt es inzwischen zahlreiche Belege. Jeder Stern in seiner Jugend durchläuft solch eine Sturm-und-Drang-Zeit, die seine Entwicklung entscheidend beeinflusst. Es ist zu vermuten, dass sich die Masse eines Sterns aus dem Gleichgewicht zwischen Materieaufsammlung und Materieausfluss ergibt. Sterne mit Massen größer als einige hundert Sonnenmassen können nicht entstehen, weil ein Protostern mit höherer Masse einen zu hohen Innendruck aufbaut. Der Druck öffnet schließlich die zirkumstellare Gashülle dort, wo sie am dünnsten ist, nämlich an den Polen der Aufsammlungsscheibe. Der Überdruck entweicht als Gasstrahl – die Sterne lassen Dampf ab (Abb. 8.10).

Gasausflüsse durchmischen das interstellare Gas und heizen es auf; dadurch wird weitere Sternbildung je nach den Dichteverhältnissen der Umgebung erschwert oder gefördert. So stellen Gasausflüsse nicht nur eine wichtige Phase bei der Geburt eines Sternes dar, sondern können auch die Entwicklung eines ganzen Sternentstehungsgebietes beeinflussen. Die unregelmäßig veränderlichen T-Tauri Sterne führten uns in die Geburts- und Kinderstuben der Sterne. In ihrer Veränderlichkeit kurz vor dem Erreichen des stabilen Lebensabschnit-

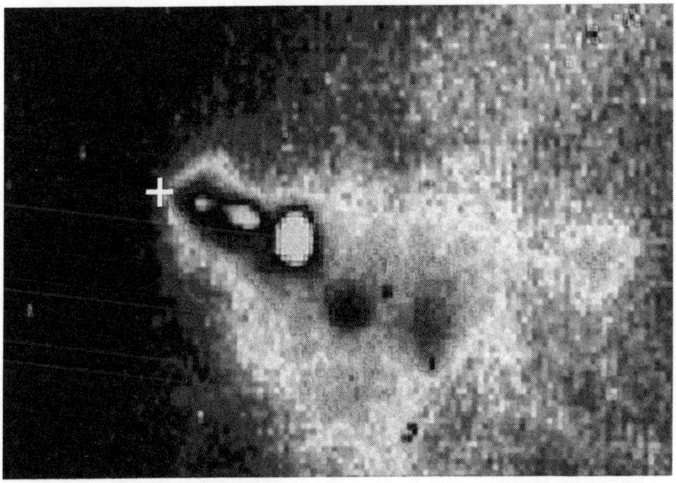

8.10 Der von einem Protostern ausgehende Gasstrahl nach einer CCD-Aufnahme am 2,2 m-Teleskop des MPI Astronomie, Heidelberg. Der Gasstrahl schießt mit hoher Geschwindigkeit in eine Molekülwolke hinein. Siehe Farbtafel V

tes als Hauptreihenstern, können wir das letzte Zucken der stürmischen Anfangsentwicklung erkennen: Sterne schaufeln sich mit Hilfe ihrer eigenen Strahlung aus ihren Geburtshüllen heraus.

Bei der Sternentstehung bilden sich in der Regel auch Planetensysteme. Zur Zeit sind über 100 Systeme mit einem bis drei Planeten bekannt. Die Voraussetzung für die Bildung von Planeten sind die kalten dichten Staubscheiben, die um 50% aller jungen Sterne beobachtet werden. Der Nachweis von Planeten, also nicht selbst strahlenden Körpern, die nur im reflektierten Sternenlicht leuchten, ist auf zweierlei Art möglich.

Planet und Stern kreisen um den gemeinsamen Schwerpunkt. Der Stern wird sich also leicht als Folge der planetaren Anziehung hin und her verschieben. Zum Beispiel beträgt diese Verschiebung von der Sonne unter der Wirkung der Anziehungskraft von Jupiter 12 m pro Sekunde. Solch kleine Geschwindigkeiten können bei anderen Sternen spektroskopisch gemessen werden. Der erste so entdeckte Planet lässt den Stern 51 Pegasus mit 56 m pro Sekunde in 4,2 Tagen hin und her schwanken. Eine andere Nachweismethode benützt die Helligkeitsänderung, die ein Stern erfährt, wenn sich in die Sichtlinie zu uns ein dunkler Körper schiebt.

Die so entdeckten Planeten sind nach Masse und Abstand vom Zentralgestirn nicht erdähnlich, sondern massenreich wie Jupiter. Das verwundert nicht, denn die Wirkung einer Erdmasse auf einen Stern ist noch zu gering, um mit heutiger Messtechnik erfasst werden zu können.

Die Bildung von Planetensystemen fügt sich nahtlos in unsere Vorstellungen über Sternentstehung. Die Konsequenz für das irdische Weltbild jedoch ist dramatisch. Es gibt plötzlich nicht nur ein Planetensystem, in dem wir selbst beheimatet sind, sondern zahllose Systeme in jeglicher Ausführung. Wiederum hat sich unsere scheinbare bevorzugte Stellung im Kosmos in nichts aufgelöst. Die Wahrscheinlichkeit für Leben im All - in welcher Form auch immer - hat beträchtlich zugenommen.

8.3 Die Bedeckungssterne

Die meisten Bedeckungssterne zeigen in der Regel keinen rein geometrisch bedingten Lichtwechsel. Selbst in vielen getrennten Systemen beeinflussen sich die beiden Komponenten durch die Wirkung von Gravitation, elektromagnetischer Strahlung und Magnetfeldern gegenseitig. Die Folge sind Deformationen der Sternkörper, Reflexion von Strahlung, gemeinsame Gas- und Staubhüllen sowie Materieausbrüche. Beispiele hierfür wurden schon vorgeführt. Die Vorgänge, die teilweise spektroskopisch verfolgt werden können, bewirken in den Lichtkurven der sich geometrisch abdeckenden Sterne periodische oder unperiodische Unregelmäßigkeiten, Helligkeitsausbrüche und Periodenänderungen. Es ist daher eigentlich nicht möglich, eine klare Trennlinie zu ziehen zwischen den nichteruptiven Doppelsternen und den engen, eruptiven Systemen. Pragmatisch werden heute als Bedeckungssysteme diejenigen definiert, bei denen der geometrisch bedingte Lichtwechsel über den physisch bedingten dominiert.

In der Regel sind die Bedeckungsveränderlichen fast immer spektroskopische Doppelsterne. Im Spektrum sind dann beide Komponenten sichtbar und die Umlaufbewegung ist durch den Dopplereffekt an den Spektrallinien erkennbar. Bei solchen Bedeckungsveränderlichen lässt sich die Sternmasse als wichtige Sternzustandsgröße berechnen. Selbstverständlich ist nicht bei jedem derartigen System eine Bedeckung zu beobachten, sondern nur dann, wenn die Gesichtslinie vom Beobachter zum Stern nicht zu stark gegen die Bahnebene geneigt ist.

Von ebenso großem Einfluss auf die beobachtbaren Erscheinungen ist die relative Größe der Komponenten. Man unterscheidet hierbei drei Klassen nach dem Kriterium, wie die gravitative Stabilitätsgrenzen des Systems, die Roch'sche Grenzfläche, von Sternmaterie ausgefüllt ist. Füllen beide Sterne ihre Stabilitätsgrenze vollständig aus, ist also die Sternoberfläche die Stabilitätsgrenze, spricht man von Kontaktsystemen. Oft haben dann die beiden Sterne eine gemeinsame Hülle und tauschen durch Gasströme Masse aus. Die Sterne berühren sich und sind durch ihre Anziehungskräfte stark ellipsoidisch deformiert. Liegt die Oberfläche eines Sterns weit innerhalb der kritischen Grenzfläche und nur der andere Stern füllt die Grenzfläche aus, spricht man von halbgetrennten Systemen; ein Stern ist dann deutlich kleiner. Liegen beide Sterne weit innerhalb ihrer Grenzfläche, handelt es sich um ein getrenntes System.

Schauen wir uns einmal den Stern Algol genauer an, der ja wesentlich die Anfänge der Doppelsternforschung befruchtete und auch heute noch zu Diskussionen Anlass gibt.

Aus seiner mittleren Lichtkurve (Abb. 8.11) ist eindeutig auf einen Bedeckungsveränderlichen zu schließen; die Periode beträgt 2,8673 Tage. Da die Minima spitz zulaufen, findet nur eine Teilbedeckung statt. Die ungleichen Tiefen der Minima zeigen eine unterschiedliche Flächenhelligkeit der Komponenten an. Dieser Effekt, ein Reflexionseffekt, hat als Ursache das Anstrahlen der dunkleren (größeren) durch die hellere (kleinere) Komponente. Befindet sich der hellere Stern vor dem dunkleren, so beobachten wir zusätzliches, von diesem reflektiertes Licht. Ein geringes Ansteigen der Lichtkurve von beiden Seiten her zum Nebenminimum hin ist die Folge. Algol ist allerdings kein gewöhnliches Doppelsternsystem. Schon in der zweiten Hälfte des 18. Jahrhunderts mehrten sich die Anzeichen dafür, dass das Algol-System aus mehr als zwei Sternen bestehen müsse, denn anders konnte man sich den verwickelten Sachverhalt der Periodenänderung nicht erklären; die Helligkeitsminima verschoben sich.

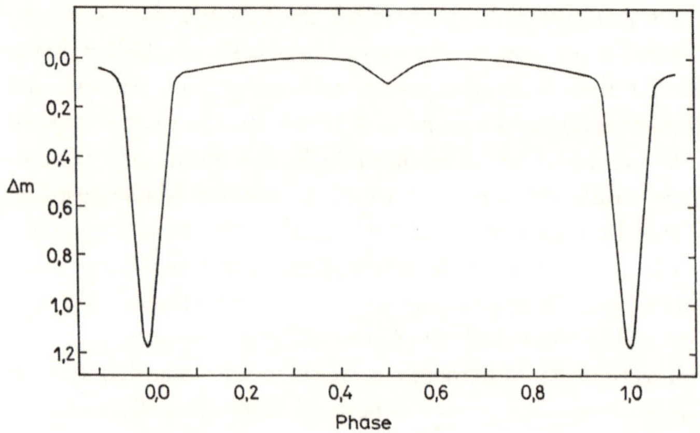

8.11 Die Lichtkurve des Bedeckungsveränderlichen Algol. Die Helligkeitsänderung ist als Funktion der Phase der Bedeckung zwischen Algol A und B aufgetragen.

Das Gesamtverhalten der Lichtkurve von Algol lässt sich durch ein halbgetrenntes System A+B, welches von einem 3. Stern C umlaufen wird, erklären. Der massenreichste und auch leuchtkräftigste Stern im Algol-System, Algol A, hat den Spektraltyp B8 und die Leuchtkraftklasse V; er enthält 3,6 Sonnenmassen und sein Radius ist 2,89 Sonnenradien. Er bildet zusammen mit Algol B ein Doppelsternpaar, mit einer Bahnperiode von 2,8673 Tagen, dessen Bedeckungslichtwechsel wir beobachten. Algol B ist ein Riesenstern vom Spektraltyp G oder K, der sich gerade von der Hauptreihe weg entwickelt hat. Seine Masse ist 0,79 Sonnenmassen, sein Radius 3,53 Sonnenradien; damit füllt er das von der Roch'schen Grenzfläche eingeschlossene Volumen vollständig aus.

A+B bilden das halbgetrennte System, das als Paar seinerseits von Algol C, einem Am-Stern mit einer Bahnperiode von 679,6 Tagen umkreist wird. Algol C hat die Masse 1,6 und den Radius 1,5 in Sonneneinheiten. Die Bahnen liegen nahezu in einer Ebene. Die Tatsache der Periodenänderung ist ein indirekter Hinweis auf einen Materieaustausch innerhalb des Bedeckungssystems Algol AB und auf Störungen durch die Komponente C. Dies führt auch zum Auftauchen von Scheinperioden, die bei einer früheren Analyse des Systems auf die Wirkung von sechs verschiedenen Komponenten zurückgeführt wurden. Die Erforschung von Algol geht jetzt ins dritte Jahrhundert; doch immer noch ist es ein interessanter Stern, der für Überraschungen gut ist; mittlerweile ist auch Radio- und Röntgenstrahlung von ihm nachgewiesen.

9. Vom flachen Milchstraßenband in die Tiefen des Raumes

Alle Sterne sind so weit entfernt, dass an der Schale der Himmelssphäre nur Lichtpunkte zu kleben scheinen. Mit unbewaffnetem Auge sind keine Entfernungsunterschiede feststellbar. Doch gerade dies muss die Menschen und Astronomen immer gereizt haben zu ergründen, wie weit denn nun eigentlich die Sterne entfernt sind. Die Vermessung der Milchstraße, ihre Entfaltung in die Tiefe, von dem platten Lichtband an der Himmelskugel zur tief gestaffelten Sternscheibe, das bringt unser Unterwegs auf der Milchstraße plötzlich in den Raum hinaus.

Der erste Schritt ähnelt der Arbeit eines Landvermessers: Winkel und Entfernungen werden gemessen. Die Basislinie bildet die Entfernung Erde - Sonne, die von den Astronomen als *astronomische Einheit* bezeichnet wird. Sie misst 149 565 800 km. Mit halbjährigem Abstand werden von der fahrenden Messplattform Erde aus nun die Winkel zu helleren Sternen gemessen. Bezugspunkt sind Sterne mit geringen Helligkeiten, weil von ihnen so große Entfernungen angenommen werden können, dass keine Winkelabweichungen mehr auftreten. Bei den näheren Sternen müssen sich jedoch in Bezug zu den entfernteren Sternen Winkelverschiebungen ergeben. Aus den gemessenen Winkeln und der Kenntnis der Länge der Basis ist dann die Entfernung der Sterne berechenbar (vergleiche hierzu die Abb. 7.1).

Was hier beschrieben wurde, nennen die Astronomen Messung der Parallaxe eines Sterns. Das Wort Parallaxe stammt aus dem Griechischen und bedeutet so viel wie Verschiebung. Wohl jeder hat in seinem Leben bei irgendeiner Gelegenheit den Begriff der Parallaxe kennen gelernt. Man macht sich durch eine ganz einfache Beobachtung mit diesem Begriff vertraut. Betrachten wir im Zimmer die Spitze irgendeines auf einem Tisch stehenden Gegenstandes aus einiger Entfernung und sehen zu, an welcher Stelle der gegenüberliegenden Wand diese erscheint. Bewegt man den Kopf ein klein wenig hin und her, so bemerkt man, das der in Wirklichkeit auf dem Tisch feststehende Gegenstand an der gegenüberliegenden Wand scheinbar hin und her rückt; und zwar allemal entgegengesetzt zur Richtung, in der sich der Kopf bewegt hat. Das gleiche gilt für einen nahen Stern, den man von der sich um die Sonne bewegenden Erde aus betrachtet. Er wird vor dem Hintergrund der schwächeren und ganz weit entfernten Sterne hin und her zu wandern beginnen. Also beschreibt der nahe Stern infolge der Bewegung der Erde um die Sonne am Himmel ganz entsprechend wie die Erde eine kleine Ellipse vor der fernen Sternkulisse. Die Ellipse fällt umso kleiner aus, je größer die Entfernung des Sterns von der Erde ist. Befindet sich der Stern senkrecht über der Ebene der Erdbahn, wird diese kleine Parallaxenellipse getreues Abbild der Erdbahn sein.

Sterne in den Tiefen des Raumes bleiben am Himmel nicht still stehen; sie können gar nicht ruhen, sie müssen sich bewegen. Als man anfing, den Ort der Fixsterne durch genaue Ortsbestimmungen festzulegen, fand man, dass einige von ihnen ihren Ort am Himmelszelt langsam verändern. Die Grundlagen für diese Wahrnehmung lieferten Sternverzeichnisse, von denen das älteste das des Hipparchos ist, der im Jahre 134 v. Chr. die Örter von rund 1 080 Fixsternen bestimmte. Das Sternverzeichnis ist im Almagest enthalten, den Ptolemäus um 150 n. Chr. verfasste. Dieses Verzeichnis enthielt natürlich nur solche Sterne, die dem unbewaffneten Auge sichtbar waren.

Halley und Cassini waren um 1670 die ersten, die Wahrnehmungen über die Eigenbewegung der Fixsterne machten. Bald wurden die Beobachtungen darüber so zahlreich, dass man jeden Stern als beweglich ansehen musste. Um nun über diese Eigenbewegungen genaue Angaben machen zu können, fing man an, große Sternverzeichnisse anzulegen.

In diesen Sternkatalogen waren die Stellungen der Sterne genau angegeben, sodass man durch Vergleich der Sternörter, die man zu verschiedenen Zeitpunkten erhalten hatte, die Bewegung feststellen konnte.

Die Bestimmung von Sternentfernung und Sternbewegung hängen zusammen. Voraussetzung hierfür ist immer eine genaue Sternposition. Verbesserte Sternpositionen erlauben, die Eigenbewegung der Sterne und die Entfernung der Sterne ebenfalls zu verbessern. Die größte Eigenbewegung besitzt ein Stern 10. Größe (Barnards Pfeilstern im Schlagenträger), der sich jedes Jahr um 10,3 Bogensekunden weiterbewegt und rund 6,1 Lichtjahre entfernt ist. Nach ihm kommt ein Stern 9. Größe im Sternbild des Malers am südlichen Sternenhimmel, der sich jedes Jahr um 8,7 Sekunden weiterbewegt. In 7 Jahren legt der Stern die Strecke einer Bogenminute zurück; in etwa 220 Jahren eine Vollmondbreite.

9.1 Der Sternenhimmel in Vergangenheit und Gegenwart

Wenn sich Sterne bewegen, dann muss der Sternenhimmel Veränderungen zeigen - Veränderungen des Unveränderlichen? Vor 75 000 Jahren wurden Teile der Erde von einem stark muskulösen, etwa 1,20 m großen Wesen bevölkert. Dieses menschenähnliche Wesen, genannt Neandertaler, ist heute durch zahlreiche Knochenfunde bekannt. Man weiß, dass er am Saum des Mittelmeeres lebte und auch in der Nähe von Düsseldorf, im Neandertal. Er benutzte das Feuer, erfand eine Anzahl von Werkzeugen und jagte den Urbär. Der Neandertaler gilt als einer der Vorläufer des heutigen Menschen. Entwicklungsmäßig stellt er eine Nebenlinie dar; er konnte sich nicht gänzlich durchsetzen. Die Neandertaler waren aber sicher auch die ersten unserer Vorfahren, welche die Intelligenz und auch die Zeit hatten, um zum nächtlichen Himmel zu blicken. Sahen sie den Wintersternenhimmel genauso wie wir ihn heute sehen? Sicher nicht genauso, denn in gewisser Weise war der Sternenhimmel gänzlich verschieden von dem Himmel, wie wir ihn heute kennen: Die von der Erde aus gesehenen Sternpositionen verschieben sich ja im Laufe der Jahrtausende. Das hat seinen Grund darin, dass sich die Sterne im Raum bewegen.

Unsere Milchstraße - ein abgeflachter Sternendiskus aus etwa 200 Milliarden Sternen, Gas und Staubwolken - dreht sich; dabei laufen die inneren Teile schneller, die äußeren langsamer. In diese differentielle Umdrehung sind alle Sterne eingebettet: Sterne, weiter innen, zum Zentrum hin, bewegen sich schneller, Sterne, weiter außen im Sternendiskus, bewegen sich langsamer. Positionen und Entfernungen der Sterne untereinander ändern sich also. Der Stern Sonne gehört dazu. Wir müssen daher erwarten, dass sich im Laufe der Jahrtausende die Positionen der Sterne verschieben.

Die Astronomen besitzen heute Messinstrumente, die es erlauben, auch kleinste Verschiebungen der Sternpositionen nachzumessen. Berechnet man die Positionen der 300 hellsten Sterne, wie sie zur Zeit des Neandertalers am Himmel erschienen wären, so zeigt sich, dass Teile des Himmels der Neandertaler für heutige Beobachter nicht wiederzuerkennen wären. Andere Teile des Neandertalerhimmels erschienen uns zwar verschieden, aber immer noch durch Vergleich mit den heutigen Sternbildern erkennbar. Gegenüber heute hat sich am stärksten das Himmelsgebiet um den Nordpolarstern verändert. Das berühmte „W“ oder „M“ des Sternbildes Cassiopeia existierte vor 75 000 Jahren noch nicht. Die Sterne des Sternbildes Cassiopeia erreichten die Form des „W's“ vor etwa 25 000 Jahren (Abb. 9.1). Der Große Bär war vor 75 000 Jahren als solcher schon erkennbar. Aber er war nicht so geformt, wie wir ihn heute sehen.

Zwei der heutigen hellen Jahreszeitsterne, Kapella und Arktur, waren am Neandertalerhimmel Ganzjahressterne. Es waren Sterne, die damals von unseren Breiten das ganze Jahr sichtbar waren. Der helle Stern Kapella im Sternbild Fuhr-

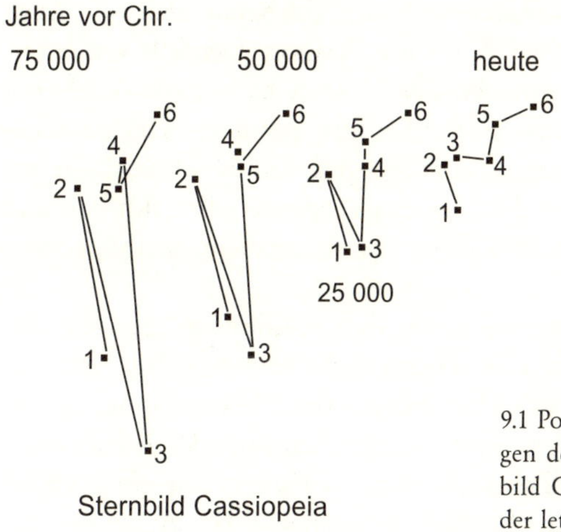

9.1 Positionsverschiebungen der Sterne im Sternbild Cassiopeia während der letzten 75 000 Jahre

mann ist jetzt ein Winterstern. Er ist gleichzeitig der vierthellste Stern, der von mittleren nördlichen Breiten gesehen werden sehen kann. 75 000 Jahre früher war er ein Ganzjahresstern und der dritthellste Stern, den man von der Erde aus erblicken konnte.

Der helle Frühlingsstern Arktur im Sternbild Bärenhüter ist der zweithellste Stern, den wir von mittleren nördlichen Breiten beobachten können. Die Neandertaler sahen ihn im Sternbild Drachen als siebthellsten Stern das ganze Jahr über. (Die Helligkeit einiger Sterne änderte sich, weil sich ihre Entfernung in den letzten 75 000 Jahren verändert hat.)

Der Wintersternenhimmel in südlichen Breiten hat sich ebenfalls verändert. Zu den Zeiten der Neandertaler sah das Sternbild Orion etwa so aus wie heute. Einige andere Sterne jedoch standen an gänzlich verschiedenen Orten. Sirius, der hellste Stern am nächtlichen Himmel, damals und jetzt, wurde viel höher am Himmel beobachtet. Das gleiche gilt für den Stern Prokyon, dem hellsten Stern im Sternbild Kleiner Hund. Prokyon anstelle von Pollux wäre der Zwillingsstern im heutigen Sternbild Zwilling gewesen. Pollux selbst stand viel weiter westlich. Aldebaran, das rote Auge des Sternbildes Stier, hat seine Position ebenfalls verändert. Anstelle im Sternhaufen der Hyaden hätte man Aldebaran weiter nördlich dieses Sternhaufens gefunden. Das Anwachsen der Entfernung von Aldebaran von 54 Lichtjahren auf 68 Lichtjahre, von der Sonne aus gemessen, ließ ihn in seiner Helligkeit vom fünfthellsten Stern zum neunthellsten Stern abrutschen.

Unsere Kenntnisse über die Positionsänderungen der Sterne entstammen Forschungen der letzten Jahre. Heute ist es uns möglich, mit Hilfe raffinierter Messinstrumente, großen Rechenanlagen und mit der Kenntnis der Rotationsgesetze unserer Milchstraße (und natürlich mit einer gewaltigen Menge an Beobachtungsdaten) das Aussehen des Sternenhimmels in ferner Vergangenheit zu berechnen. Eine neue Messplattform, die den Astronomen dabei wesentlich half, ist der Erdsatellit mit dem Namen Hipparcos.

9.1.1 Der Astrometriesatellit Hipparcos

Im Sommer 1989 wurde dieser Satellit in eine Erdumlaufbahn gebracht. Seine ideale Bahn erreichte er zwar nicht ganz, trotzdem begann er mit seinen Messungen. Durch das Luftmeer der Erdatmosphäre hindurch ist es den Astronomen möglich gewesen, die Sternpositionen auf 7 bis 8/100 Bogensekunden genau zu messen und so die Bewegung einiger hundert Sterne zu bestimmen. Der Forschungssatellit Hipparcos maß die Positionen jedoch auf 3/1000 Bogensekunden genau (Abb. 9.2). Diese Genauigkeit übersteigt schon fast unser Vorstellungsvermögen. Denken wir uns von Deutschland eine Messstrecke nach Amerika hinüber abgesteckt, dann würde uns der höchste Wolkenkratzer in New York etwa unter einem Winkel von 20 Bogensekunden erscheinen; ein Tennisball auf seiner Spitze hätte dann 3/1 000 Bogensekunden Durchmesser. Mit dieser Messgenauigkeit ist es den Astronomen möglich, die Veränderungen des Unveränderlichen, nämlich die Positionen und ihre Verschiebung von über 100 000 Sternen zu vermessen und die Eigenbewegung der Sterne am Himmel abzuleiten und natürlich auch genaue Entfernungen von vielen Sternen zu bekommen.

Die historische Entwicklung der astronomischen Messgenauigkeit lässt sich mit Namen großer Wissenschaftler verbinden (Abb. 9.2). Deren Verbesserungen in der Messtechnik schob die Genauigkeit zu immer kleineren Werten. Das Ausmaß des Problems lässt sich durch folgendes Beispiel veranschaulichen. Wenn sich ein zwei Meter langes Teleskop um 1/1000 mm verbiegt, führt dies bereits zu einem Messfehler von 0,1 Bogensekunden. Durch Messungen aus dem Weltraum sind die Messfehler, die der Standort auf der Erde hervorbringt, beseitigt. Der Satellit Hipparcos rotierte in etwa zwei Stunden einmal um seine Längsachse, sodass das Messteleskop in dieser Zeit einen Vollkreis von 360° am Himmel überstrich. Durch häufig kleine Verlagerungen der Richtung dieser Längsachse veränderte der so abgetastete

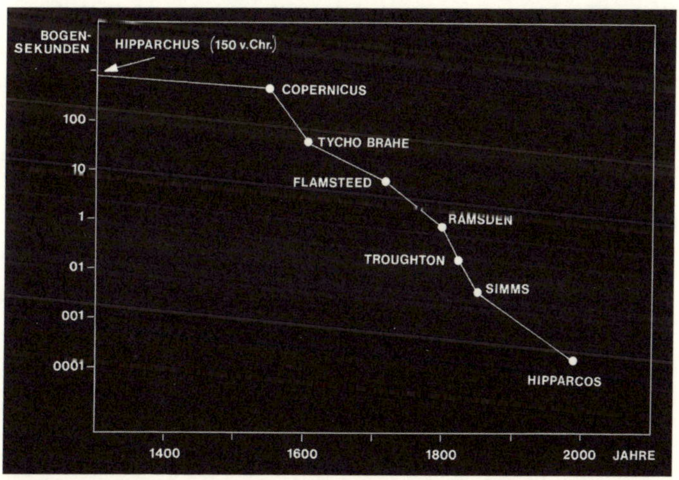

9.2 Verbesserung der astronomischen Winkelmessgenauigkeit im Laufe der Jahrhunderte

Kreis allmählich seine Lage am Himmel. Auf diese Weise wurde nach und nach die gesamte Himmelskugel erfasst. Das Teleskop war ein abgewandelter Schmidt-Reflektor, der gleichzeitig zwei 58° voneinander entfernte Gesichtsfelder am Himmel beobachten konnte. Das Herzstück der Optik ist ein spezieller zweiteiliger Spiegel, der das Licht von den beiden Gesichtsfeldern am Himmel aufnahm und parallel auf den sphärischen Hauptspiegel warf. Dadurch wurden die beiden Gesichtsfelder in der Brennebene des Teleskops so überlagert, dass sie wie ein einziges erscheinen. Das eigentliche Messinstrument des Hipparcos war eine Platte mit einem Muster aus durchlässigen Spalten in der gemeinsamen Brennebene. Das Licht der durch das Gesichtsfeld wandernden Sterne wurde durch das Spaltsystem periodisch moduliert. Ein elektronisch steuerbares Messfenster fuhr jeden einzelnen Stern im Gesichtsfeld an und verfolgte ihn kurze Zeit bei seiner Wanderung über die Spalten. Die Winkelabstände der Sterne wurden aus den Verschiebungen der durch die Spalte erzeugten Helligkeitsmaxima bestimmt. Der wesentliche Punkt liegt nun darin, dass die aus den Helligkeitsvariationen abgeleiteten Winkelmessungen sowohl innerhalb der einzelnen Gesichtsfelder als auch zwischen Sternen aus den beiden verschiedenen Feldern stattfanden und zwar gleichzeitig und mit gleicher Genauigkeit. Auf diese Art wurden mehr als 100 000 Sterne in Position, Eigenbewegung und Parallaxe erfasst. Die Genauigkeit lag bei 0,002 Bogensekunden.

Die wissenschaftliche Ernte dieses Messprogramms hat Einfluss auf die Astronomie des 21. Jahrhunderts. Der Nutzen solcher astronomischer Messungen ist zunächst ein indirekter. Nur durch die Verknüpfung von Bewegung und Entfernung eines Sterns mit anderen astrophysikalischen Daten entsteht ein weiterführender Erkenntniswert. Andererseits beruht die gesamte kosmische Entfernungsskala auf astrometrischen Messungen. Über genauere Entfernungen können die absoluten Helligkeiten, die Durchmesser und die Massen der Sterne mit kleineren Fehlern festgelegt werden. Die Verbesserung der kosmischen Entfernungsskala eröffnet z.B. eine Verschärfung der Aussagen der theoretischen Modelle über Sternaufbau, Sternentwicklung und Weltalter.

Der Messsatellit Hipparcos ersetzt nicht die erdgebundene Astrometrie. Er ergänzte sie, er führte sie weiter, verbesserte sie. Übrigens ist der Name des Satelliten Hipparcos die Abkürzung von **Hi**gh **P**recission **PAR**allax **Co**llecting **S**atellite und so gewählt, um den griechischen Astronomen Hipparchos zu ehren, der um 150 v. Chr. den ersten Sternkatalog zusammenstellte.

9.2 Entfernungsbestimmung im Kosmos

Bereits Herschel hat 1785 auf die Messung absoluter Parallaxen verzichtet und versucht, relative Parallaxen sehr naher Stern in Bezug auf von uns weiter entfernte Sterne zu messen; er scheiterte. Bessel war dann 1839 erfolgreich. Seine Überlegung war es, nahe Sterne, also aussichtsreiche Kandidaten für eine Messung, aufgrund hoher scheinbarer Eigenbewegung auszuwählen. Bessel hatte durch die sorgfältige Bearbeitung alter Sternkataloge hinsichtlich aller nur möglicher Messfehler erstmals zuverlässige Eigenbewegungen von Fixsternen erhalten. So kam er auf den Stern mit einer der größten von ihm gefundenen Eigenbewegung, den Doppelstern 61 Cygni. Bei diesem Doppelstern konnte er den Mittelpunkt der beiden Komponenten genauer messen als bei einem einzelnen Stern und er benutzte dabei ein neues von Fraunhofer und Utzschneider gebautes Teleskop. Er erhielt für die Parallaxenwinkel 0,314 Bogensekunden (heute ist der Parallaxenwinkel für diesen Stern 0",292) und er konnte daraus eine Entfernung von rund 10 Lichtjahren ableiten. Mit Hilfe der Astrometriesatellitendaten liegt heute die Grenze, ab der die zufälligen Messfehler eine Parallaxenmessung unbrauchbar machen, bei etwa 0",002 oder einer Entfernung von rund 1 600 Lichtjahren.

Das System der trigonometrischen Sternparallaxen bildet die Grundlage für astronomische Entfernungsbestimmung. An dieses System können dann andere Verfahren angeschlossen werden. Wir begegnen hier dem in der Astronomie häufig benützten Verfahren, dass zuerst durch eine begrenzte Anzahl von Objekten ein System von Helligkeiten, Temperaturen oder anderen Sternzustandsgrößen mit möglichst hoher Genauigkeit durch die Entfernungsmessungen festgelegt wird und dann die entsprechenden Eigenschaften für die übrigen Sterne durch Vergleich mit diesen Standard- oder Systemsternen ermittelt werden. Die Systemsterne stellen dabei gewissermaßen die Teilstriche eines an den Himmel versetzten Maßstabes der betreffenden Größe dar.

Das trigonometrische Entfernungsbestimmungsverfahren benützt nur die Richtung des Lichts der Sterne, um Entfernungen zu bestimmen, nicht jedoch seine Qualität und Quantität. Die physikalisch messbaren Eigenschaften der Sterne, ihre Zustandsgrößen können jedoch ebenfalls zur Entfernungsbestimmung benützt werden. Bei der Untersuchung der Spektren von Sternen mit bekannten trigonometrischen Parallaxen hat sich gezeigt, dass die Stärke bestimmter Spektrallinien von der Absoluthelligkeit der Sterne, ihrer Leuchtkraft, abhängt. Es handelt sich dabei vorwiegend um solche Spektrallinien, die besonders empfindlich auf Druck und Temperatur der Sternatmosphären reagieren. Die Bedeutung dieser Leuchtkraftkriterien liegt darin, dass sie auf die Spektren von Sternen übertragen werden können, die für die trigonometrische Parallaxenbestimmung zu weit entfernt sind. Sofern die Sterne nur genügend hell sind, sodass sich ihre Spektren fotografieren lassen, können dann aus den beobachteten Linienstärken ihre absoluten Helligkeiten bestimmt werden. Diese Methode der Leuchtkraftklassifikation (Abb. 9.3) ist vor allem deshalb wichtig, weil sie nun umgekehrt dazu verwendet werden kann, aus der bekannten absoluten und scheinbaren Helligkeit eines Sterns seine Entfernung abzuleiten. Mit ihr wird heute besonders die räumliche Verteilung von Objekten bestimmter Leuchtkraftklassen bis in große Distanzen untersucht, und sie ist dadurch zu einer der wichtigsten Methoden der Erforschung des Milchstraßensystems geworden.

Ein anderes Verfahren benutzt den Zusammenhang zwischen Leuchtkraft, d. h. absoluter Helligkeit, und Veränderlichkeitsperiode bei Sternen. Das bekannteste Beispiel ist die Periodenleuchtkraftbeziehung der Delta Cephei Sterne. Das Eichdiagramm (vergleiche Abb. 9.4) stellt den Zusammenhang her zwischen der absoluten Helligkeit dieses Ster-

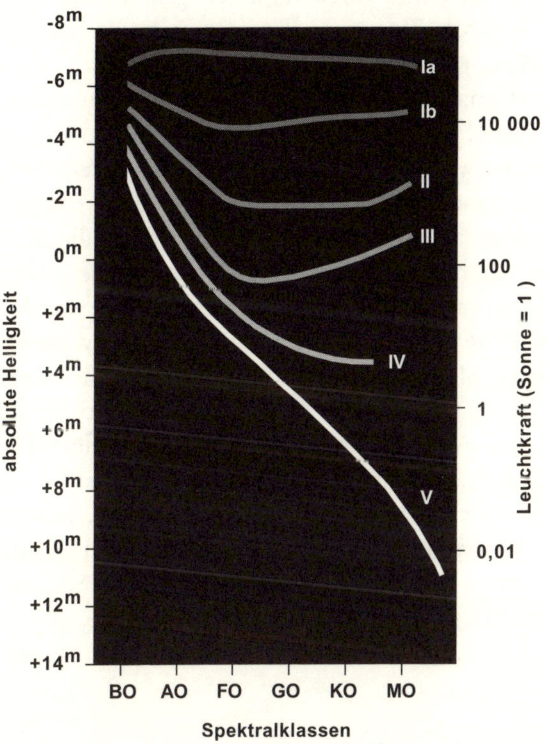

9.3 Zusammenhang zwischen Spektraltyp, absoluter Helligkeit und Leuchtkraftklasse (Ia, ...V) der Sterne

nentyps und ihrer Schwingungsperiode. Die Schwingungsperiode, d. h. der Helligkeitswechsel, kann leicht von der Erde aus gemessen werden. Das Eichdiagramm erlaubt dann die absolute Helligkeit festzulegen. Der Vergleich mit der scheinbaren Helligkeit dieser Sterne ergibt dann die Entfernung. Dieses Verfahren reicht weit über unser eigenes Milchstraßensystem hinaus und stellt einen wichtigen Verbindungsschritt zu den Entfernungen anderer Sternsysteme dar. Jede dieser Entfernungsbestimmungsmethoden funktioniert nur unter bestimmten physikalischen Bedingungen bei bestimmten Objekten und in bestimmten Entfernungsbereichen. Die Zahl der Methoden und ihrer Varianten geht in die Dutzende. Um dennoch Entfernungsbestimmungen in Tausenden, Millionen, ja Milliarden Lichtjahren mit der wünschenswerten Genauigkeit und Homogenität durchzuführen, kann nicht irgend ein einzelnes Verfahren ausgesondert und vervollkommnet werden. Vielmehr wird für jedes Verfahren ein System hergestellt, das auf den präzisesten Messungen von Standardobjekten beruht. Daran werden dann die übrigen Objekte durch relative Messungen angeschlossen. Und all diese Teilsysteme zur Entfernungsbestimmung werden vielfach mit Hilfe der Ergebnisse aus anderen Teilsystemen, die auf anderen Methoden beruhen, gegenseitig kontrolliert und miteinander verknüpft. Auf diese Art und Weise tasten sich die Astronomen in den Raum hinaus. Die Enthüllung der Struktur unserer Milchstraße ist dabei auch eine Geschichte der Entfernungsbestimmung. Bessere Entfernungsbestimmungen reichen weiter in den Raum hinaus und lassen so die Struktur unseres eigenen Sternensystems hervortreten.

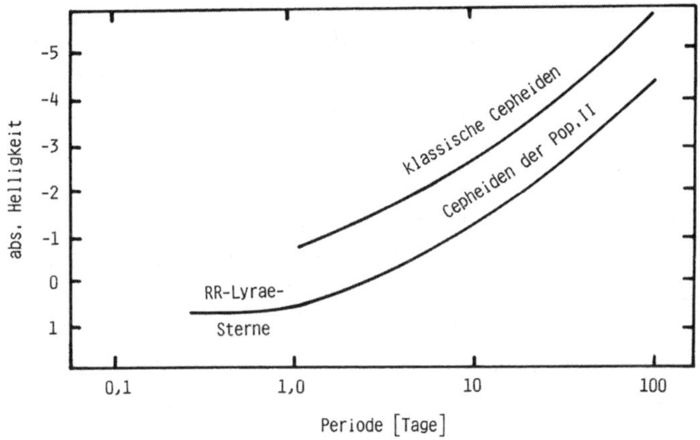

9.4 Perioden-Helligkeits-Diagramm (Eichdiagramm) für Cepheidensterne. Die klassischen Cepheiden der Population I unterscheiden sich von den älteren Cepheiden der Population II.

9.3 Radialgeschwindigkeiten von Sternen und Gaswolken

Sterne und andere kosmische Objekte bewegen sich nicht nur an der Himmelssphäre entlang (was sich als Eigenbewegung zu erkennen gibt), sondern auch direkt auf die Erde zu oder von ihr weg. Solche Radialgeschwindigkeiten lassen sich nur aus den Spektren mit Hilfe des Doppler'schen Prinzips bestimmen. Lichtquellen, die auf uns zulaufen, zeigen eine Linienverschiebung zu kürzeren Wellenlängen, sind also blauverschoben. Lichtquellen, die von uns weglaufen, zeigen eine Rotverschiebung, also eine Verschiebung der Spektrallinien zu längeren Wellenlängen. Wir können dies im Alltagsleben auch bei Schallwellen erleben. Das Martinshorn eines auf uns zu fahrenden Kranken- oder Feuerwehrautos hat einen höheren Ton und ändert die Tonhöhe, wenn es bei uns vorbeifährt.

Die Raumgeschwindigkeiten der Sterne setzen sich aus der Radialgeschwindigkeit und der Eigenbewegung zusammen. Die Eigenbewegung - wir haben dies schon kennen gelernt - ist die Positionsverschiebung an der Himmelssphäre, die Radialgeschwindigkeit die Versetzung in Sichtlinie. Wir können aus Eigenbewegung und Radialbewegung ein Geschwindigkeitsparallelogramm zusammensetzen. Eigenbewegung und Radialbewegung stehen aufeinander senkrecht. Die Diagonale zwischen diesen beiden Richtungen und Geschwindigkeiten gibt die Raumbewegung an. Während die Eigenbewegungen der Sterne nur von nahen Objekten gemessen werden können, ist wegen des spektroskopischen Verfahrens die Radialgeschwindigkeit auch von weit entfernten Sternen und Gaswolken bestimmbar.

Um die Orientierung in unserem eigenen Milchstraßensystem nicht zu verlieren, führten wir ein Koordinatensystem ein, dessen Mittelpunkt die Sonne war. Wir nannten dieses Koordinatensystem galaktisches Koordinatensystem. Die galaktische Länge $l = 0°$ laufe in Richtung zum Zentrum der Milchstraße, die galaktische Länge $l = 180°$ markiert die Gegenrichtung, von der Sonne aus betrachtet. Die galaktische Breite, gemessen zur Hauptebene unseres Sternensystems, bezeichneten wir mit b, den galaktischen Polen entsprechen $+90°$ und $-90°$. Mit Hilfe dieser beiden Koordinaten und einer Entfernung können wir dann jeden Punkt in unserem Milchstraßensystem benennen (Abb. 5.3b). Unsere Beobachtungen in verschiedenen galaktischen Längen sollten uns verschiedene Geschwindigkeiten für die Sterne und für das Gas enthüllen, da sich ja die Milchstraße dreht.

Scheibenförmige Sternsysteme sind langzeitlich stabile kosmische Gestalten. Um diese Stabilität zu erhalten, müssen sie um ihr Zentrum rotieren. Nur so kann aufgrund der allgemeinen Anziehungskraft aller Sterne durch die Bewegung und die dadurch entstehenden Zentrifugalkräfte das Gleichgewicht gehalten werden. Die Rotationsgeschwindigkeiten müssen sich natürlich mit sich änderndem Zentrumsabstand ebenfalls ändern. Wir erwarten also Geschwindigkeiten, die in Abhängigkeit vom radialen Abstand vom Zentrum immer kleiner werden. Ähnlich wie unser Planetensystem rotieren die Innenteile schnell, die Außenteile der Sternsysteme langsam. Abgesehen davon, dass jeder Stern eine individuelle Raumgeschwindigkeit besitzt, müssen natürlich, statistisch betrachtet, Sterne in gleichen galaktischen Längen und gleichem Abstand gleiche Raumbewegungen zeigen. Für die Eigenbewegungen der nahen Sterne bedeutet dies, dass Sterne, die in Richtung des galaktischen Zentrums stehen, schneller rotieren und auf uns, d. h. auf die Sonne bezogen, vorauseilende Sterne sind. Sterne, die in Gegenrichtung, also zum Antizentrum, stehen, bewegen sich langsamer und bleiben, in Bezug auf die Sonne, zurück. Bei den Radialgeschwindigkeiten gibt es ähnliche Effekte zu beobachten. Allerdings um 45° versetzt.

Wie unsere Milchstraßenscheibe rotiert, wurde um 1920 von dem schwedischen Astronomen Bertil Lindblad und dem Niederländer Jean Hendrick Oort und später von Alfred Joy vom Mount Wilson Observatorium entdeckt und bestimmt. Die Aufgabe war nicht leicht zu bewältigen, kannte man doch für die meisten Sterne nur die Radialgeschwindigkeiten mit ausreichender Genauigkeit. Außerdem verschluckte die Absorption des interstellaren Staubes das Licht weiter entfernter Sterne, sodass nur im lokalen Sonnenbereich Sterne untersucht werden konnten. Nichts desto trotz gelang es schließlich, 1939 die Rotation unseres Sternsystems eindeutig festzulegen (Abb. 9.5). Die Abbildung zeigt die relative Geschwindigkeit von Sternen auf uns zu oder von uns weg. Aufgetragen ist die Geschwindigkeit in unserem galaktischen Koordinatensystem. Geschwindigkeiten mit positivem Vorzeichen laufen auf den Beobachter zu, solche Geschwindigkeiten mit negativem Vorzeichen sind von ihm weg gerichtet. Sterne, die genau in Richtung oder Gegenrichtung zum galaktischen Zentrum stehen (l= 0° und 180°), zeigen keine Bewegung auf uns zu oder von uns weg, denn ihre Rotationsgeschwindigkeit läuft parallel zur Sonnengeschwindigkeit. Die Geschwindigkeiten der Sterne rechts und links von 0° und 180° zeigen gegenläufiges Verhalten. Dieses gegenläufige Verhalten bestätigt die Rotation unseres Sternensystems.

Natürlich wandert die Sonne ebenso um das Zentrum unserer Milchstraße wie die übrigen Sterne; schließlich ist sie einer unter den vielen Milliarden Fixsternen unseres Sternsystems. Da sich alle Sterne bewegen, brauchen wir uns nicht mehr wundern, dass wir der Sonne - und mit ihr dem ganzen Sonnensystem, zu dem alle Planeten gehören - auch eine eigene Bewegung durch den Weltraum zuerkennen müssen. Tatsächlich ist eine solche Bewegung auch vorhanden. Sie führt das ganze Sonnensystem, mit ihm natürlich auch unsere Erde, auf einen Punkt des Himmels zu, den man den Apex (lateinisch Apex = die äußerste Spitze) des Sonnensystems nennt. Wie kann dieser Apex bestimmt werden? Wenn wir rasch auf einer Landstraße dahin fahren, können wir den Eindruck gewinnen, dass die Bäume in Vorwärtsrichtung scheinbar auseinander weichen, dass sich dagegen die Bäume hinter uns scheinbar wieder zusammenschließen. Genau dasselbe muss auch von den Fixsternen gelten (Abb. 9.6.): Die Sterne in Richtung des Apex müssen schein-

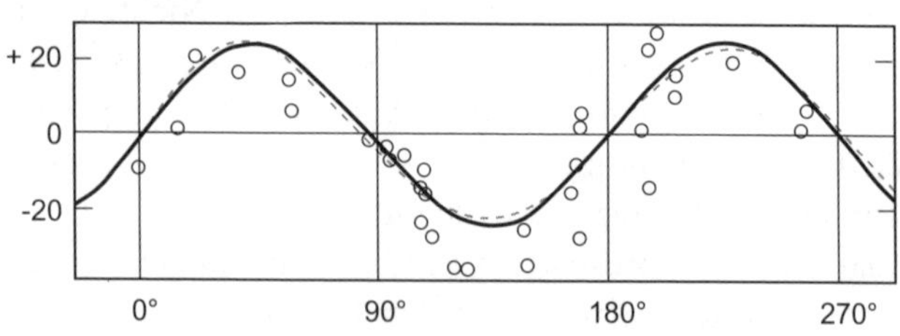

9.5 Änderung der Sterngeschwindigkeiten je nach Blickrichtung von der Sonne aus in galaktischen Koordinaten; + : auf uns zu, - : von uns weg; nach Messungen von A. Joy, 1939.

bar auseinander driften, diejenigen in Gegenrichtung dagegen zusammen rücken.

Nach dieser Methode haben viele Astronomen unabhängig voneinander den Punkt zu bestimmen versucht, auf den sich das ganze Sonnensystem zu bewegt. Sie alle kommen zu dem Ergebnis, dass dieser Punkt im Sternbild des Herkules zu suchen ist. Die Abweichungen der einzelnen berechneten Orte sind geringfügig. Der Apex des Sonnensystems liegt bei den Sternen Alpha und Theta im Sternbild Herkules; er ist nicht allzu weit von dem hellen Stern Wega entfernt. Von diesem Punkt aus scheinen alle Fixsterne auseinander zu weichen. Ihm liegt der Antapex (Gegenapex) gegenüber, nach dem hin sich alle Sterne wieder zusammenzuschließen scheinen. Dieser liegt im Sternbild Taube am südlichen Sternenhimmel. Das ganze Sonnensystem bewegt sich in jeder Sekunde rund 20 km relativ zu den umgebenden Sternen auf den erwähnten Apex hin. Um absolute Rotationsgeschwindigkeiten unseres Milchstraßensystems zu erhalten,

9.6 Apex und Antapex für einen Autofahrer

muss also die Rotationsgeschwindigkeit unserer Beobachtungsplattform, des Sonnensystems, stets abgezogen werden.

9.3.1 Die differentielle Rotation der Milchstraße

Die Sterne und das Gas in der galaktischen Scheibe bewegen sich auf nahezu kreisförmigen Bahnen um das galaktische Zentrum. Die Zufallsbewegungen, die dieser großräumig gerichteten Strömung überlagert sind, sind viel kleiner und spielen für das Rotationsverhalten unseres Sternsystems und auch bei anderen Sternsystemen keine Rolle. Die Rotation der Sterne und der Gaswolken um das galaktische Zentrum

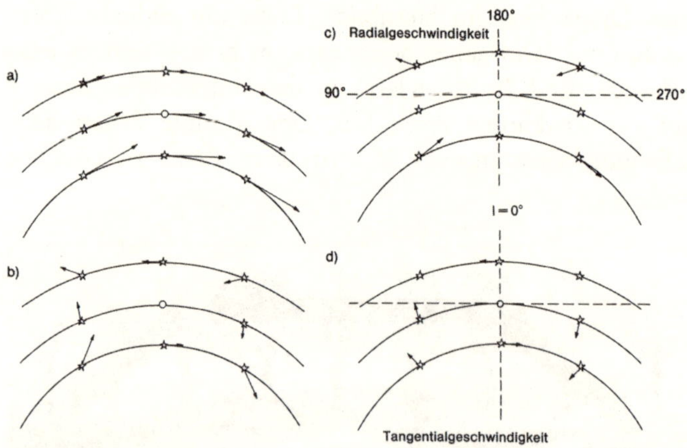

9.7 Effekt der differentiellen Rotation auf die Eigenbewegung und Radialgeschwindigkeit der Sterne.

a) Die Bahngeschwindigkeiten nehmen von der Sonne (O) aus nach außen ab.

b) Die Relativgeschwindigkeit in Bezug auf die Sonne wird durch Subtraktion der Sonnengeschwindigkeit von der Geschwindigkeit in a erhalten.

c) Die radiale Geschwindigkeitskomponente in Bezug auf die Sonne. Sie macht die Messungen von Joy verständlich: Änderung des Geschwindigkeitsvorzeichens als Funktion der galaktischen Länge (vergl. Abb. 9.5).

d) Die tangentialen Geschwindigkeitskomponenten.

erfolgt nicht gleichförmig wie bei einem starren Rad, sondern die Rotation ist differentiell, d. h. die inneren Teile benötigen weniger Zeit als die äußeren Teile für einen Umlauf. Der innere Teil läuft schneller, der äußere Teil langsamer (Abb. 9.7).

Es mag zunächst ein wenig überraschen, dass solch eine grundlegende Eigenschaft wie die differentielle Rotation erst vor 60 Jahren entdeckt wurde. Die Abflachung des Milchstraßenbandes war natürlich ein wichtiger Hinweis darauf, dass Rotation ein Sternsystem strukturiert, aber diese Schlussweise ist indirekt. Hauptschwierigkeit, die Rotation der Sterne und der Gasscheibe zu messen, war, dass die Sonne ein Scheibenstern ist und an dieser Rotation teilnimmt. Die Apexbewegung zeigt uns, dass die Sonne mit der mittleren Geschwindigkeit der Scheibensterne und der Gaswolken in Sonnenumgebung mit rotiert. Die nahen Objekte haben also zur Sonne relativ geringe Geschwindigkeiten. Die Astronomie definiert dieses Bezugssystem als das lokale Bezugssystem und versucht, hierfür eine mittlere Geschwindigkeit festzulegen. Dabei muss die Individualgeschwindigkeit der Sonne natürlich berücksichtigt werden. Wenn die Geschwindigkeit des lokalen Bezugssystems festgelegt ist, können relativ dazu wiederum Rotationsgeschwindigkeiten von weiter entfernten Gegenden des Milchstraßensystems eingemessen werden. Um die großräumige Geschwindigkeitsstruktur unseres Sternsystems zu erforschen, benötigen wir die Rotationsgeschwindigkeiten an vielen Orten in der Milchstraße. Mit optischen Messungen allein ist dies nicht zu schaffen, weil die interstellare Extinktion das Licht weit entfernter Objekte abschwächt. Für große Entfernungen müssen die Astronomen daher auf Radiobeobachtungen zurück greifen. Es war wiederum Jean Hendrik Oort, der zwischen 1940 und 1950 als erster die großen Möglichkeiten der Radioastronomie für die Erforschung der galaktischen Struktur erkannte.

Der interstellare Wasserstoff produziert bei 21 cm eine Emissionslinie, die radioastronomisch nachgewiesen werden kann. Diese Emissionslinie unterliegt natürlich dem Dopplereffekt und verrät uns die entsprechende Radialgeschwindigkeit der Gaswolke, aus der sie stammt. Die Linienverschiebung gibt uns also Aufschluss über die Geschwindigkeit weit entfernter Gaswolken. In Abbildung 9.8 sehen wir Beispiele für die Linienverschiebung der 21-cm-Wasserstoff-Linie in unterschiedlichen galaktischen Längen. Aus diesen Linienverschiebungen kann die Rotationsgeschwindigkeit abgeleitet werden. Die einzelnen Maxima in den Linienprofilen können verschiedenen Orten, d. h. Entfernungen in unserem Sternsystem bei vorgegebener Richtung, zugeordnet werden. Einfache, geometrische Überlegungen führen dazu, dass die Messung der größten Radialgeschwindigkeit in einem 21 cm Linienprofil bei vorgegebener galaktischer Länge die Rotationsgeschwindigkeit v in einer Entfernung R vom galaktischen Zentrum festlegt. In diese Überlegung geht als Unbekannte nur noch die Entfernung der Sonne vom galaktischen Zentrum ein. Aus einer Sammlung von Geschwindigkeitsprofilen kann so die Rotationsgeschwindigkeit v als Funktion der radialen Entfernung vom galaktischen Zentrum aufgestellt werden. Den Zusammenhang zwischen Rotationsgeschwindigkeit und Abstand vom galaktischen Zentrum nennen die Astronomen die Rotationskurve (Abb. 9.9). Ist erst einmal die Rotationskurve aufgestellt, kann diese verwendet werden, kinematische Entfernungen festzulegen. Die Bestimmung galaktischer Entfernungen ist ein verzwicktes Problem, wenn optische Methoden nicht greifbar sind, und das ist für den Großteil der galaktischen Scheibe aufgrund der Extinktion durch den Staub der Fall. Wir können optisch nur 10 bis 15% unserer galaktischen Scheibe überblicken. Die Radioastronomie liefert über die Messung von Radialgeschwindigkeiten ein Verfahren, aus der Rotationskurve Entfernungen abzuleiten. Jede radioastronomische Messung beinhaltet Information über die Richtung, aus der die Strahlung kommt, also die galaktische Länge und Breite, die Rotationskurve erlaubt die gemessene Radialgeschwindigkeit in eine Entfernung umzurechnen. Aus Entfernung und galaktischen Koordinaten kann der Ort, an dem die Strahlung emittiert wird, festgelegt werden - so

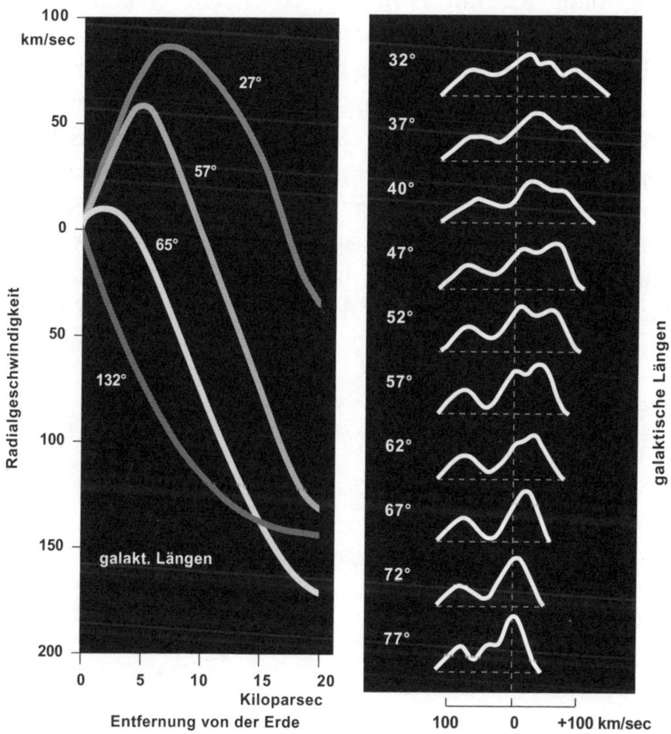

9.8 Rechts: Linienprofile der 21-cm-Linie des interstellaren Wasserstoffes. Jedes Profil setzt sich aus mehreren Komponenten zusammen (verschiedene Maxima), die verschiedenen Geschwindigkeitsbereichen entsprechen; diese Geschwindigkeiten können über die Rotationskurven in Entfernungen umgerechnet werden.
Links: Verlauf der Radialgeschwindigkeiten von der Sonne aus für verschiedene Richtungen in unserem Sternsystem. Hier wird deutlich: Den Geschwindigkeiten entsprechen verschiedene Entfernungen.

erhält man die kinematischen Entfernungen, wobei durch Zusatzannahmen Doppeldeutigkeiten ausgeschlossen werden müssen.

Sterne und Gas sind in der Milchstraßenebene nicht gleichförmig verteilt. Besonders das Gas ist geklumpt und teilweise bevorzugt in Spiralarmen zu finden. Die Radioastronomie hat mit Hilfe des skizzierten Verfahrens die erste großräumige Karte unseres Milchstraßensystems erstellt (Abb. 9.10). Natürlich herrscht auch heute noch keine einheitliche Meinung, wie einzelne Spiralarme verlaufen und wie viele Spiralarme unser Sternsystem besitzt. Trotzdem beginnen sich die Vielzahl von erstellten Milchstraßenkarten immer ähnlicher zu werden. In unserer Milchstraßenkarte sind die Kammlinien von Spiralarmen eingezeichnet. Die Sonne, als Punkt markiert, liegt wie definiert auf der Verbindungslinie zwischen galaktischem Zentrum (l=0°) und dem Antizentrum (l=180°). Die Reichweite trigonometri-

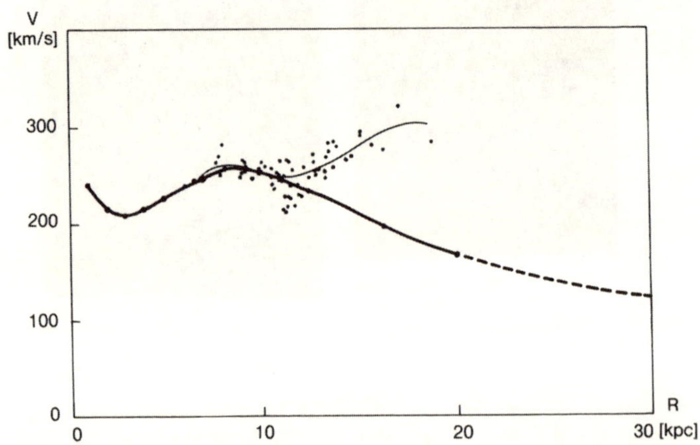

9.9 Die Rotationskurve der Milchstraße. Die stark ausgezogene Linie entspricht einem alten Massenmodell und zeigt den so genannten falschen Keplerabfall. Neue Messungen liefern einen Anstieg und ein Abflachen der Rotationskurve bis 30 kpc als Folge der Dunkelmaterie.

scher Entfernungsbestimmungen ist durch den kleinen Kreis um die Sonne markiert. Die Benennung der einzelnen Spiralarme orientiert sich an den Sternbildern, in denen die Spiralarme besonders markant nachzuweisen sind. Die Sonne steht in einem Zwischenarm, dem so genannten Orionarm. Der Abstand zwischen Sonne und galaktischem Zentrum beträgt rund 8,5 kpc oder rund 28 000 Lichtjahre. Im inneren Bereich wird unsere Milchstraße von einem zweiarmigen Spiralmuster geprägt. Dieses zweiarmige Muster geht im äußeren Bereich in ein vierarmiges über. Viele kürzere Zwi-

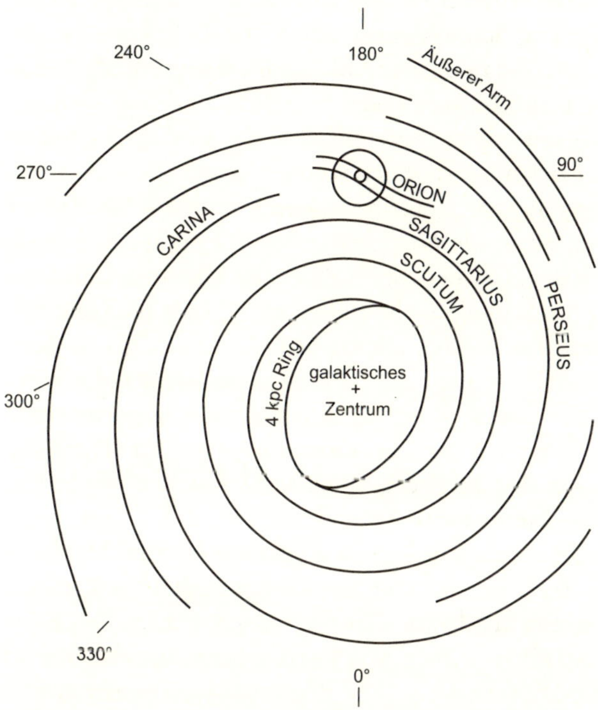

9.10 Großräumige Karte des Milchstraßensystems als Kammlinien des interstellaren Wasserstoffs. Die Entfernung Sonne (O) – galaktisches Zentrum beträgt rund 8,5 kpc. Der größere Kreis um die Sonne hat einen Radius von 1 kpc (nach Messungen und einer Zusammenstellung von Simenson, 1976).

schenarme scheinen die äußeren Teile unseres Sternsystems zu bevölkern.

In einem Gewaltmarsch haben wir uns in die Tiefen der Milchstraße hineingestürzt. Von den trigonometrischen Entfernungsbestimmungen sind wir über die kinematischen Entfernungen gleich zur Struktur unseres Sternsystems vorgestoßen. Wir haben somit ein erstes grobes Gerüst aufgeschlagen, in das wir zusätzliche Informationen über den Aufbau unserer Milchstraße einbauen können. Indirekt benutzten wir das, was Astronomen schon immer taten; wir blickten über den Rand unseres eigenen Sternenhauses hinaus und orientierten uns ein wenig an anderen fernen Sterneninseln. Spiralgalaxien geben uns Anhaltspunkte zur räumlichen Gestalt unserer Milchstraße. Diese Spiralgalaxien sind im Fernrohr von außen zu sehen, und ihre Struktur lässt sich mit einem Blick erfassen. Die Vielfalt der individuellen Erscheinungsformen von Sternsystemen erweist sich dabei zwar als sehr groß, aber zugleich wird sichtbar, dass sie sich, abgesehen von Sonderfällen, auf Grundtypen zurückführen lassen. Geleitet vom Anblick des Milchstraßenbandes ist die Entscheidung nicht schwer, ob wir uns in einem Spiralsystem oder in einer elliptischen Galaxie aufhalten. Man braucht sich ja nur in die Lage eines Beobachters im Inneren der Systeme zu versetzen und sich zu vergegenwärtigen, wie die Projektion der Sternsysteme an die eigene Himmelssphäre, wie also die eigene Milchstraße aussehen würde. Das elliptische Sternsystem ist ausgezeichnet durch eine völlig regelmäßige räumliche Verteilung der Sterne. Vom Maximalwert im Zentrum sinkt die Sterndichte nach allen Richtungen monoton ab, derart, dass die äußeren Umrisse als Ellipsoide erscheinen. Unser Milchstraßenband am Himmel ist aber weit davon entfernt, diese Regelmäßigkeit zu zeigen. Das flach an die Himmelssphäre geklebte Sternenband deutet auf die Scheibenstruktur hin. Der Schritt in die Tiefe mit Hilfe radioastronomischer Methoden enthüllt die Spiralstruktur. Die Milchstraße ist eine Spiralgalaxie.

9.4 Sternhaufen

Sterne lieben die Geselligkeit. Wo ein Stern ist, sind häufig zwei, drei, vier - kurz: Sterne findet man auch in Sternhaufen beieinander. Sternhaufen sind mehr oder weniger stark konzentrierte Anhäufungen von vielleicht fünfzig, hundert oder fünfhundert Sternen. Den Gegenbegriff bilden die Kugelsternhaufen, bei denen etwa 10^6 - 10^7 Sterne in sehr hoher Konzentration in einem kleinen Raumelement symmetrisch angeordnet sind. Jedem Beobachter sind offene Sternhaufen wohl vertraute Himmelsobjekte. Die Plejaden, die Hyaden, die Präsepe und der Doppelhaufen h und χ Persei sind die bekanntesten, mit freiem Auge oder einem Feldstecher leicht zu finden.

Sternhaufen stellen eine wichtige Sprosse in der Entfernungsleiter dar. Daher sind Sternhaufen auch wichtig zur Festlegung der Struktur unseres Milchstraßensystems. Die Strukturforschungen sind ja deshalb besonders schwierig, weil Sonne und Erde sich gerade in der Mittelebene unseres Milchstraßensystems befinden. Dadurch haben wir keine Möglichkeit, uns gleichsam aus der Vogelperspektive eine direkte Vorstellung von der Anordnung der übrigen Objekte unseres Sternensystems in dieser Mittelebene zu verschaffen. Wir stehen im Sternenwald und sehen nicht die Ausdehnung dieses Sternenwaldes. Für die Astronomie im optischen Wellenlängenbereich zeigte sich überhaupt erst ein Weg, als sich vor etwa 50 Jahren herausstellte, dass die Spiralarme der uns benachbarten großen Sternsysteme durch ganz bestimmte Typen von kosmischer Materie besetzt sind, nämlich von Gas und Sternen mit besonders hoher Oberflächentemperatur. Diese Erkenntnisse wurden als Arbeitshypothese auf die Erforschung unseres eigenen Sternsystems übertragen und führten dann um 1950 zu den ersten Resultaten: Aus der räumlichen Anordnung von Wasserstoffwolken und Gruppen heißer Sterne wurden erste Andeutungen einer Spiralstruktur des Milchstraßensystems herausgelesen. Die

Radioastronomie war dabei auf großräumigen Skalen erfolgreich. Die optische Astronomie, begrenzt auf die nähere Sonnenumgebung, konnte nur bescheidenere Ergebnisse vorweisen. Das Verfahren, das im optischen Spektralbereich zur Strukturforschung erprobt wurde, benutzt heiße Sterne der Spektralklassen O und B. Diese Sterne sind leuchtkräftig, und wenn sie sich in Sternhaufen aufhalten, wird die Entfernungsbestimmung und damit das Verfahren der Strukturfestlegung um gut eine Größenordnung sicherer.

Die Entfernungen von Fixsternen können nur in einem relativ nahen Bereich der Sonnenumgebung durch ein direktes trigonometrisches Verfahren von der Erde oder aus dem Weltraum bestimmt werden. Bis zu einem Abstand zwischen 400 und 500 pc (ungefähr 1 600 Lichtjahre) können trigonometrische Verfahren eingesetzt werden. Alle größeren Entfernungen müssen durch Verfahren eingemessen werden, welche die Bestimmung der Helligkeiten der Sterne zu Hilfe nehmen. Eine der größten Schwierigkeiten dieser Methoden besteht darin, dass die sich ergebenden Entfernungen mit Hilfe von Sternen, deren Entfernungen nur begrenzt genau bekannt sind, geeicht werden müssen. Glücklicherweise ist dies wenigstens bei der Parallaxenbestimmung aus Sternspektren durch direkten Anschluss an die trigonometrisch gemessenen Entfernungen der nahen Sterne möglich; dadurch können Messfehler klein gehalten werden.

Bei den offenen Sternhaufen ist die Lage noch etwas komplizierter als bei einzelnen Sternen: Es gibt nämlich nur wenige Sternhaufen die so nahe sind, dass sich ihre Entfernung durch Messung von trigonometrischen Parallaxen der Haufensterne ermitteln lässt. Der nächste offene Sternhaufen, die Hyaden im Sternbild Stier, ist von uns 40 pc entfernt, also innerhalb der Reichweite der Parallaxenbestimmung aus dem Weltraum. Die Hyaden sind für eine sichere trigonometrische Parallaxenmessung geeignet, zusätzlich kann man ihren Abstand mit einem anderen geometrischen Verfahren ermitteln, nämlich durch die Berechnung der Sternstromparallaxe. Bei vielen in größeren Entfernungen gelegenen Sternhaufen kann man dann ähnlich zu dem Weg, der eben für die Entfernungsbestimmung der Einzelsterne angedeutet wurde, vorgehen. Es lässt sich ein speziell auf die Sternhaufen zugeschnittenes fotometrisches Verfahren zur Berechnung der Abstände finden, welches an der geometrisch bestimmten Sternstrom-Parallaxe des Hyadenhaufens geeicht werden kann. Die Messergebnisse des Astrometriesatelliten Hipparcos haben zu dieser Problemlösung wesentlich beigetragen.

Die Sternstromparallaxe nutzt aus, dass die Raumgeschwindigkeiten aller Haufensterne nahezu parallel und von gleicher Größenordnung sind. Die große Übereinstimmung der Raumgeschwindigkeiten der Hyadensterne lässt nicht nur eine Entscheidung über die Haufenzugehörigkeit der einzelnen Objekte zu, sondern ermöglicht auch die Bestimmung der Entfernung dieses Sternhaufens. Von allen Sternen des Hyadenhaufens sind Eigenbewegungen gemessen. Von etwa 200 Sternen sind auch die Radialgeschwindigkeiten bekannt. Die gemeinsame Strombewegung aller Hyadensterne äußert sich in diesen beiden Geschwindigkeitskomponenten. Die gemeinsame Strombewegung der Hyadensterne hat aber auch zur Folge, dass die Eigenbewegungen in ihren Beträgen nahezu gleich sind und wieder nach einem gemeinsamen Schnittpunkt an der Himmelssphäre ausgerichtet sind. Dieser Konvergenzpunkt der Eigenbewegungen liegt an der Himmelskugel etwa 26 Grad östlich vom Zentrum der Hyaden.

Für den Sternhaufen der Hyaden haben wir also aus der Beobachtung folgende Größen bestimmt: Die radiale Geschwindigkeit, die Tangentialkomponente der Geschwindigkeit, die Eigenbewegung und aus der Richtung des Konvergenzpunktes den Winkel zwischen Radialgeschwindigkeit und Raumgeschwindigkeit. Damit können wir zunächst die Raumgeschwindigkeit in linearem Maß, nämlich km/sec berechnen. Weiter erhält man aus der Raumgeschwindigkeit die Tangentialgeschwindigkeit, ebenfalls im linearen Maß. Damit sind wir schon am entscheidenden Punkt. Wir haben soeben die Tangentialgeschwindigkeit (Eigenbewegung in linearem Maß) erhalten. Wir kennen aber bereits aus der Beobachtung die Projektion der Eigenbewegung an die Himmelssphäre als Winkel. Dies ist nämlich die in Bogensekunden pro Jahr gemessene Eigenbewegung. Der Vergleich dieser beiden Größen, nämlich der Tangentialgeschwindigkeit in km/sec und der Eigenbewegung in Bogensekunden, gibt unmittelbar die Parallaxe und somit die Entfernung des Sternhaufens an. Die Methode der Sternstromparallaxen beruht also darauf, dass man die gleiche Größe sowohl in linearem Maß als in Winkelmaß kennt und aus dem Vergleich beider Werte die Entfernung der Sterne errechnet.

Sobald die Entfernung der Hyaden festgelegt ist, kann man die scheinbaren Helligkeiten der in den Hyaden vorkommenden Sterne in absolute Helligkeiten umrechnen. Diese Werte lassen sich dann auf andere Sternhaufen, natürlich unter Berücksichtigung der interstellaren Absorption, übertragen. Somit erschließen sich uns die Entfernungen der übrigen Sternhaufen durch Vergleich von fotometrischen Daten mit Hyadensternen; auch andere Sternhaufen sind hierfür geeignet.

Sternhaufen als Ansammlung von Hunderten von Sternen sind natürlich im Sternfeld viel auffälliger und somit leichter aufzufinden als irgendwelche Einzelsterne mit besonderen Eigenschaften. Schließen wir also möglichst viele Sternhaufen an dieses fotometrische Helligkeitssystem der Hyaden an, so haben wir auf der Entfernungsleiter eine neue Sprosse erklommen, die uns Strukturuntersuchungen innerhalb unseres Sternsystems Milchstraße erlaubt.

Die Tatsache der starken Konzentration offener Sternhaufen in Richtung zur Milchstraßenebene ist lange bekannt. Die Bezeichnung galaktischer Sternhaufen geht auf diesen Sachverhalt zurück. Heute sind uns insgesamt 1 145 offene Sternhaufen zugänglich. Ihre Verteilung ist symmetrisch zum galaktischen Äquator auf ± 15° begrenzt, wobei mehr als 73% in einer galaktischen Breite von nur ± 4° liegen; dies deutet schon an, dass sie originäre Milchstraßenobjekte sein müssen. Je jünger ein galaktischer Sternhaufen ist, umso stärker ist er zur galaktischen Ebene hin konzentriert. Die älteren Objekte zeigen größere Abstände von der galaktischen Ebene. Das Ansteigen in der Verteilung zur galaktischen Ebene von jüngeren zu den älteren Sternaggregaten ist das Ergebnis eines Auflösungsprozesses nahe der galaktischen Ebene. Je jünger Sternhaufen sind, umso mehr konzentrieren sie sich in den Spiralarmen. Dies kann man ausnützen, um Spiralstruktur festzulegen. Wiederum weisen andere Sternensysteme, bei denen wir von außen die Verteilung der Sternhaufen beobachten können, den Weg, den wir in unserem eigenen Milchstraßensystem einschlagen müssen. Dem für Strukturuntersuchungen so geeigneten Werkzeug der Sternhaufen werden wir in den nächsten Kapiteln noch öfter begegnen.

9.5 Noch einen Schritt weiter: Nachbarsternsysteme

Unsere Beobachtungsplattform ist der Planet Erde, angekettet durch die Anziehungskraft an den Stern Sonne. Der Stern Sonne ist Mitglied des Sternsystems Milchstraße. Der Hauptstrom der Milchstraße, platt an den Himmel gepinselt, verläuft in einem den Himmel umspannenden unregelmäßigen Gürtel von etwa 20 Grad Breite; er zeigt uns eine verwirrende Fülle von Einzelformen, die sich als helle Sternwolken und damit kontrastierenden dunklen Feldern und Kanälen, verursacht durch die Abschirmung des Sternenlichts in interstellaren Staubwolken, teilweise schon dem bloßen Auge darbieten. Die mächtigste Konzentration von Sternen liegt im Bereich der Sternbilder Skorpion und Schütze, und hier wurde schon vor bald 60 Jahren, als die Dimensionen und

Umrisse unseres galaktischen Systems allmählich Gestalt annahmen, das Zentrum und der Schwerpunkt vermutet. Nach dem heutigen Stand der Forschung ist die Sonne etwa 8,5 kpc von der Zentralregion entfernt, während in der entgegengesetzten Richtung schon in der halben Entfernung die Grenze des Systems erreicht zu sein scheint. Der Durchmesser des Systems ist also zwischen 28 und 32 kpc zu suchen. Die Dicke der Scheibe beträgt 1/20 dieser Strecke. Die Sonne steht nahe der Mittelebene, weit vom Zentrum entfernt.

Nach Abzählungen von Sternstichproben pro Flächeneinheit umfasst das System rund 200 Milliarden Sterne. Die starke Abplattung lässt darauf schließen, dass das System um seine kleine Achse rotiert. Wenn die Hauptmasse, wofür manche Anzeichen sprechen, in einem zentralen Kerngebiet vereinigt ist, sollte dies so vor sich gehen, dass die einzelnen Sterne nach den Kepler'schen Gesetzen in kreisähnlichen Bahnen um das Massenzentrum laufen, wie die Planeten um die Sonne, also umso langsamer je weiter sie von dem beherrschenden Gravitationszentrum entfernt sind. Die radioastronomischen Beobachtungen bestätigen dies. Vom Standpunkt der Sonne bedeutet das, je weiter draußen Sterne beobachtet werden, umso mehr müssen sie hinter uns zurückbleiben. Die dem Zentrum näheren Sterne müssen uns überholen. Die Verschiebungen der Sterne am Himmel gegeneinander beweisen die Richtigkeit dieser Vorstellung. Die Sonne umkreist in diesem Modell mit einer Geschwindigkeit von 220 km/sec das Zentrum und benötigt für einen vollen Umlauf rund 240 Millionen Jahre. Wenn man bedenkt, dass die Umlaufgeschwindigkeit unserer nächsten Nachbarsterne nur um 25 km/sec größer oder kleiner ist als die der Sonne, so sieht man, welche hohe Anforderung hier an die astronomische Messtechnik und die Auswertung des Beobachtungsmaterials gestellt werden.

Entfernungen in der Milchstraße festlegen, bedeutet die Struktur der Milchstraße erforschen. Wie sind die Sterne in der Scheibe angeordnet? Es liegt zwar der Gedanke nahe, dass das Milchstraßensystem, ähnlich wie viele andere Sternsysteme, die uns ihre Grundfläche bequem überschaubar zukehren, spiralförmig gebaut sein könnte. Aber es schien von unserem Standort im Inneren des Systems aus fast hoffnungslos, das komplizierte Gefüge der Milchstraße zu entwirren. Die Radioastronomie hat hier den Durchbruch geschafft.

Nun wissen wir aus dem Anblick anderer Sternsysteme, dass dort die interstellare Materie deutlich auf die Spiralarme konzentriert ist. Wenn dies im galaktischen System auch so ist, müsste sich die Spiralstruktur in der so ermittelten Anordnung der Wasserstoffwolken abzeichnen. Welch ein Triumph der Beobachtung als sich herausstellte: es ist so. Die Milchstraße ist ein Spiralnebel. Die Spiralarme sind hauptsächlich von interstellarem Gas und heißen lichtstarken Sternen gebildet, die nach den heutigen Vorstellungen über die Sternentwicklung durch mehrere ineinander greifende physikalische Prozesse immer wieder neu aus dem Gas entstehen. Die Spiralarme sind also der Ort der Sternentstehung, und der Raum zwischen ihnen ist nicht etwa leer, sondern ziemlich gleichmäßig von einer Vielzahl älterer und lichtschwächerer Sterne erfüllt. Zu diesen gehört auch unsere Sonne. Sie steht am inneren Rande eines kleinen Zwischenspiralarmes.

Das Bild unseres galaktischen Sternsystems enthält alle Züge, die wir auch bei anderen Sternsystemen wiederfinden. Insbesondere ist der große Andromedanebel mit einer mehrmals revidierten Entfernung und von nun rund 2,2 Millionen Lichtjahren eines unserer nächsten Nachbarsysteme ein fast genaues Gegenstück des Milchstraßensystems. Unsere größeren Spiegelteleskope machen auf fotografischen Aufnahmen einige Milliarden Galaxien der Beobachtung zugänglich; die meisten davon erscheinen wegen ihrer großen Entfernung so klein, dass nur ein geübtes Auge sie auf der Fotoplatte von den Vordergrundsternen unserer Milchstraße zu unterscheiden vermag. Soweit man eine innere Struktur erkennen kann, sind die Hälfte der Systeme spiralförmig gebaut mit mannigfachen Variationen im einzelnen, je nachdem, ob der zentrale Kern, von dem die Spiralarme ausgehen, mehr oder weniger ausgeprägt, ob die Spirale kompakt oder weit geöffnet ist oder Balkenform hat. Die nichtspiralförmigen Galaxien sind meist strukturlos ellipsoidisch mit unterschiedlichem Grad der Abplattung und enthalten, wie wir heute wissen, nur sehr wenig interstellares Gas oder Staubwolken. Daneben gibt es noch unregelmäßige Systeme fast ohne erkennbare Gesetzmäßigkeit im Aufbau. Zu diesen gehören die uns besonders nahestehenden und in allen Einzelheiten erforschbaren beiden Magellan'schen Wolken. Sie sind von der Südhalbkugel zu beobachten.

Unser eigenes System und der Andromedanebel gehören zu den größeren Spiralsystemen. Viel häufiger sind Zwergsysteme mit Durchmessern von nur wenigen tausend Lichtjahren und darunter, wie sie namentlich unter den elliptischen und unregelmäßigen Galaxien vorkommen. Innerhalb einer Entfernung bis zu einer Million pc sind bisher 26 Galaxien bekannt, die anscheinend einen losen Verband bilden und unter der Bezeichnung Lokale Gruppe zusammengefasst werden. In dieser Gruppe kommen fast alle Typen von Sternsystemen vor, und die Mehrzahl lässt sich wenigstens teilweise in Einzelsterne auflösen. Unter diesen nahen Galaxien befinden sich viele mit Objekten, die auch in unserer Milchstraße vorkommen, und diese Objekte kann man als Entfernungsindikatoren verwenden. Es sind Sterne, deren wahre Leuchtkräfte aufgrund ihrer physikalischen Merkmale bekannt sind, sodass man aus der viel geringeren scheinbaren Helligkeit, mit der sie uns erscheinen, ihre Entfernung und damit die der betreffenden Galaxien berechnen kann. Es sind zum Beispiel die Sternhaufen, es sind die veränderlichen Sterne, kurz – es ist der ganze Zoo an stellaren Objekten, den wir in unserem eigenen Milchstraßensystem finden; er ist auch bei anderen Sternsystemen nachweisbar.

Der Schritt aus unserer eigenen Milchstraße hinaus in den großen Raum zu den Nachbarsternsystemen benützt als Sprosse auf der Entfernungsleiter Eigenschaften von Objekten, die wir in unserer eigenen Milchstraße geeicht haben. Der Blick zu anderen Sternsystemen auf der Entfernungsleiter, die ihren Standplatz letztlich auf dem Planeten Erde hat, führt uns immer wieder zurück zu unserem eigenen Milchstraßensystem. Was wir in anderen Sternsystemen erblicken, warum sollte es nicht auch in unserer eigenen Milchstraße vorkommen. Die Strukturen, die wir in anderen Sternsystemen sehen, warum sollten sie nicht auch in unserem Sternsystem entstanden sein. In diesem Wechselspiel der Beobachtung von fernen Sterneninseln, den Rückschlüssen auf unser eigenes Milchstraßensystem, der Untersuchung unserer eigenen Milchstraße und die Übertragung der gefundenen Ergebnisse auf andere Sternsysteme - in diesem Wechselspiel ist die Grundlage für die Erschließung der Weiten des Kosmos zu sehen.

10. Die Entschleierung der Milchstraße

Wir haben Siebenmeilenstiefel benützt, um bei unserem *Unterwegs auf der Milchstraße* voran zu kommen. Der Vergleich mit anderen Sternsystemen öffnete uns die Augen. Die radioastronomischen Forschungen zeigten uns erste Strukturen und legten das Rotationsgesetz unseres Sternsystems fest. Wir wollen nun einmal sehen, wie und mit welchen Methoden die Astronomen zuvor die Entschleierung der Milchstraße betrieben haben.

Die physikalische Realität der Milchstraße als eine Ansammlung unzähliger Sterne wurde durch die Beobachtungen von Galileo Galilei offenbar, der 1610 mit Hilfe seines Fernrohres das Milchstraßenband in Einzelsterne zerlegte. Er löst die Vorstellung von einer himmlischen Flüssigkeit ab. Nach der griechischen Mythologie wurde ja immer noch von dem kleinen Herakles berichtet, der die Muttermilch der Hera an die Himmelssphäre verspritzte.

Im 18. Jahrhundert begann der Sternenzähler Wilhelm Herschel die ersten quantitativen Untersuchungen zu den Ausmaßen unseres Sternsystems. Aber erst 1838, als Friedrich Wilhelm Bessel die erste Fixsternparallaxe veröffentlichte und die Möglichkeit der Umwandlung der relativen von Herschel festgelegten Grenzen unseres Sternsystems eröffnete, war es möglich, den Schritt wirklich hinaus in den Raum zu wagen. Aus heutiger Sicht waren die Bemühungen im 19. Jahrhundert, die Struktur unseres Systems aufzuklären, immer noch weit mehr Spekulation als quantitative Messung. In diesem Sinne kann die von dem englischen Astronom Richard Proktor aus Chelsey 1869 vorgeschlagene Milchstraßenstruktur als Spekulation angesehen werden: Um alle Einzelheiten des Milchstraßenanblicks durch eine einheitliche Hypothese zu erklären, nahm Proktor an, sie sei ein Ringsystem von Sternen, wie es uns der berühmte Ringnebel in der Leier vor Augen führt. Nach diesem Vorbild sei sie entweder ein offener aufgerollter Ring, dessen eines Drittel sich nahe an uns vorbei winde und so erstens die Lichthelle der Sternwolke im Schwan, zweitens infolge Durchblicks die Stromspaltung und drittens durch seine Öffnung die Dunkelwolke Kohlensack erkläre (Abb. 10.1). Oder aber, und das schien ihm wahrscheinlicher, die Milchstraße sei ein Doppelringsystem mit leicht spiralischer Aufrollung, das aus einem inneren kleineren Ring besteht, in dem sich die Sonne befindet und dem die hellen Milchstraßenteile angehören, und einem entfernteren größeren Ring, dem die matten Teile des Gürtels entsprechen. Durch die Lage der Bänder, durch Unregelmäßigkeiten, Unterbrechungen und Schlingen ließen sich die Einzelheiten des Milchstraßenbildes erklären. Die Milchstraßenhypothese von Proktor ist ein großer Fortschritt gegenüber den Herschel'schen Ideen, da sie wenigstens die Haupterscheinungen zu erklären sucht.

Zwischen 1894 und 1900 gelang dann ein weiterer, allerdings wiederum hypothetischer Schritt zur Aufklärung der Struktur unseres Sternsystems. Es war der holländische For-

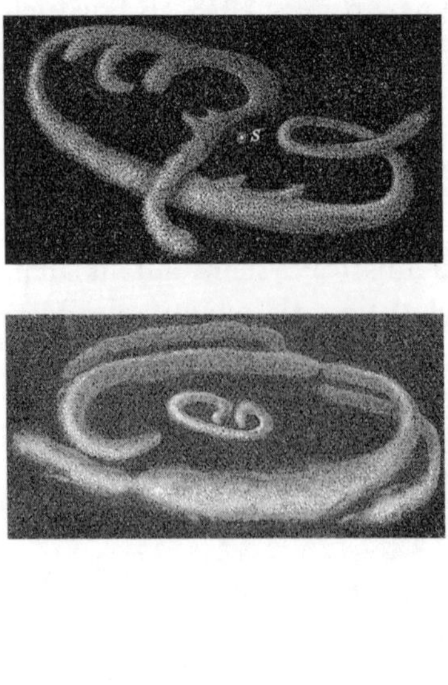

10.1 Die Milchstraße nach R. Proctor, 1896

scher C. Easton, der als Amateurastronom seine Untersuchungen zum Milchstraßenaufbau begann. Er setzt den Aufbau der Milchstraße den immer mehr zu damaligen Zeiten ins Gesichtsfeld rückenden Spiralnebeln gleich. Nach seiner Hypothese war die Milchstraße das Innenbild einer großen Sterneninsel. Wir mit der Sonne sollten im Inneren eines solchen Spiralsystems, wie wir es etwa als Andromedanebel in weiter Ferne erblicken, lokalisiert sein. Von ihrer genaueren Gestalt entwarf Easton folgendes Bild (Abb. 10.2). Von einem Zentralkern, der von uns aus betrachtet in Richtung des Sternbildes Schwan gelegen ist und den wir als Lichtwolke im Schwan leuchten sehen, laufen die Sternzüge in drei breiten Hauptspiralen aus. Der erste, uns nächste Arm umwindet uns direkt und erstreckt sich – immer in der scheinbaren Projektion auf die uns nahen Sternbilder gesehen – vom Schwan über den Adler und den ganzen südlichen Himmel, bis er sich an der Gegenseite in der Nähe des Sirius verläuft. Der zweite Hauptarm liegt von uns aus betrachtet hinter dem ersten, ist uns also ferner und daher lichtschwächer; indem er sich dicht hinter seiner Ursprungsstelle vom ersten Arm trennt und bald darauf wieder mit ihm vereinigt, entsteht nahe der Lichtwolke im Schwan der nördliche Kohlensack, durch den wir zwischen den beiden Armen in den dunklen Raum hinausschauen. Nach seiner Trennung vom ersten Arm umkreist er das ganze System und hat den Hauptanteil an der Gürtelerscheinung der südlichen Milchstraße. Der dritte kurze kräftige Hauptarm läuft in entgegengesetzter Richtung nach Norden ins Bild des Perseus, wo er ziemlich scharf und unvermittelt abbricht. Zwischen seinem und des ersten Armes Ende liegt eine Lücke im Milchstraßenring, jene dunkle Gasse, die wir zwischen dem Fuhrmann und dem Perseus erkennen. Diese drei Spiralarme liegen nicht genau in einer Ebene, sondern weichen ähnlich wie die Planetenbahnen im Sonnensystem etwas vom idealen Äquator des Systems ab. Da außerdem zwischen ihnen ebenso wie zwischen den Armen des Andromedasystems freie Spalten bleiben, so sehen wir zwischen den beiden Hauptspiralen hindurch in den dunklen Weltraum hinaus. Die Milchstraße erscheint uns in einem Drittel ihres Laufs durch einen dunklen Spalt in zwei Ströme geteilt. Der so oft erwähnte Milchstraßenspalt entspricht also genau den dunklen Spalten, die wir zwischen den Spiralwindungen des Andromedanebels erkennen.

Die wahre Größe unserer Sterneninsel konnte Easton natürlich nur schätzungsweise bestimmen. Die Milchstraße erschien im offenbar wie der Andromedanebel ungefähr halb so breit wie lang und von geringer Höhe, sodass man an der Linsengestalt des Systems, wie sie Kant und Herschel vorschwebte, festhalten kann. Aus der Entfernung der äußersten Sterne bestimmte er die Längsachse des Systems auf 15 000 bis 50 000 Lichtjahre, die Querachse auf 5 000 bis 20 000 Lichtjahre. Das sind Grenzwerte, die zwar in ihren Zahlen stark voneinander abweichen, aber übereinstimmen in einem, in ihrer Unfasslichkeit für menschliche Begriffe.

Easton macht auch Aussagen über die Stellung unserer Sonne in diesem Spiralsystem. Da uns der Milchstraßengürtel, von Einzelheiten abgesehen, allseitig fast gleich breit und hell erscheint, müssen wir uns im zentralen Teil des Systems befinden. Die Sonne sah Easton im Mittelpunkt eines Sternhaufens. Rings um diesen zentralen Sternhaufen vermutete

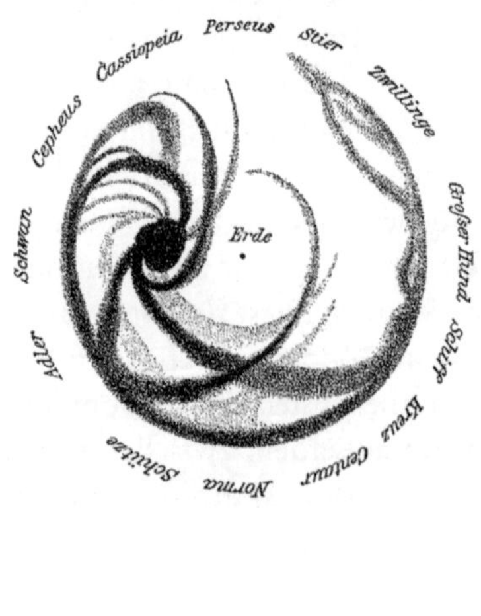

10.2 Die Milchstraße nach C. Easton, 1900

er eine sternenärmere Zone. Die Entfernung unseres Sonnensternhaufens und der Lichtwolke im Schwan, dem Knotenpunkt der Milchstraßenspirale, gab er ungefähr mit 1300 Lichtjahren an.

10.1 Eine Rechnung ohne den Wirt

Die Rechnungen über die Struktur der Milchstraße wurden bis in die dreißiger Jahre des 20. Jahrhunderts ohne den Wirt gemacht, der da heißt: Interstellare Materie, interstellare Absorption. Zu Beginn des 20. Jahrhunderts rechnet man immer noch wie Herschel ausschließlich mit einer geometrischen Lichtschwächung. Die zusätzliche Absorption durch interstellaren Staub war noch unbekannt und man erhielt in etwa dieselben relativen Ausmaße unseres Sternsystems wie Herschel. Auf breiter Basis erfolgte der Angriff - welche Struktur hat unser Sternsystem - zu Beginn des 20. Jahrhunderts durch Hugo von Seeliger, Jakobus C. Kapteyn und Piet Jan van Rhijn, die sich auf die mittlerweile etablierte fotografische Technik stützten. Damit konnten sowohl schwächere Sterne in den Zählungen erfasst, als auch Eigenbewegungen und damit mittlere Entfernungen für Sterne verschiedener Helligkeiten bestimmt werden. All diese Untersuchungen führten zum Modell des so genannten Kapteyn'schen Universums mit folgenden Charakteristiken. Die Sonne liegt im Zentrum des galaktischen Systems, unerheblich (nur 650 pc) vom eigentlichen Mittelpunkt versetzt. Bis zu einer Entfernung von 3000 pc fällt die Sterndichte auf halbem Wert vom Zentrum ab, um dann wieder zuzunehmen. Das ganze System endet bei einem Radius zwischen 8000 und 9000 pc. Kapteyn war sich durchaus bewusst, dass dieses Resultat stark heliozentrische Züge trägt und es auch dadurch zustande kommen könnte, dass das Sternenlicht ein absorbierendes interstellares Medium passieren müsste. Wenn diese Schwächung des Lichts als Entfernungseffekt interpretiert würde, fiele die Sterndichte in allen Richtungen von der Sonne weg ab und würde so ein lokales Sternsystem um die Sonne herum vortäuschen. Trotz mehrjähriger Untersuchungen gelang es ihm aber nicht, die Existenz eines solchen interstellaren Mediums nachzuweisen und so blieb er bei seinem ursprünglichen Ergebnis. Es stellt die Sonne in den Mittelpunkt des Universums (vergleiche Abb. 10.3).

Ernsthaft in Frage gestellt wurde das Modell des Kapteyn'schen Universums durch Harlow Shapley, der zwischen 1915 und 1919 die Ergebnisse seiner Studien über Kugelhaufen aufgrund von Beobachtungen am Mount Wilson Observatorium veröffentlichte. Er benützte die Periodenleuchtkraftbeziehungen für Cepheiden, die er in den Kugelsternhaufen entdeckt hatte und erhielt so die räumliche Verteilung dieser sternreichen Systeme, die sich keineswegs symmetrisch um das Kapteyn'sche Universum anordneten, sondern in Richtung des Sternbildes Sagittarius konzentriert waren, um ein Zentrum, das 15 000 pc von der Sonne entfernt lag. Aufgrund der großen Distanzen und der großen Massen der Kugelhaufen schloss Shapley, dass deren Vertei-

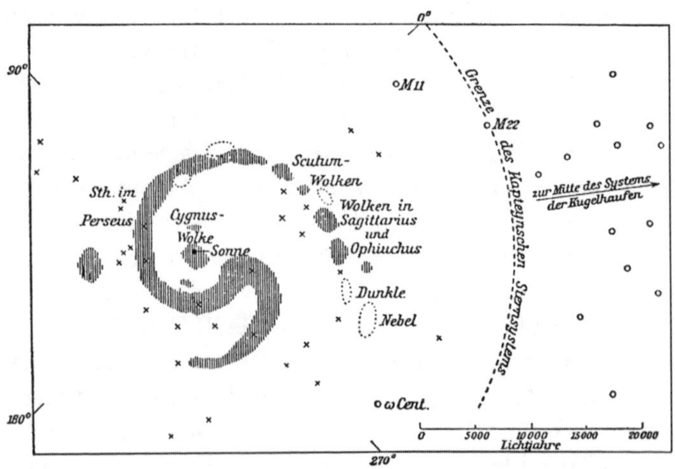

10.3 Das Kapteyn'sche Bild der Milchstraße, 1910

lung und nicht das im Durchmesser rund 10-mal kleinere Kapteyn'sche Universum das eigentlich galaktische System absteckt. In seinem Grundriss der Astrophysik hat K. Graff 1920 die damaligen Vorstellungen zur Struktur des Milchstraßensystems zusammengefasst. Eine zweite kopernikanische Wende bahnt sich an. Die Sonne mit dem Planeten Erde wird aus der Mitte des Sternsystems herausgenommen. Der Stern Sonne im Milchstraßensystem ist ein Stern unter Milliarden anderer Sterne ohne jegliche Vorzugsstellung (siehe Abb. 10.4).

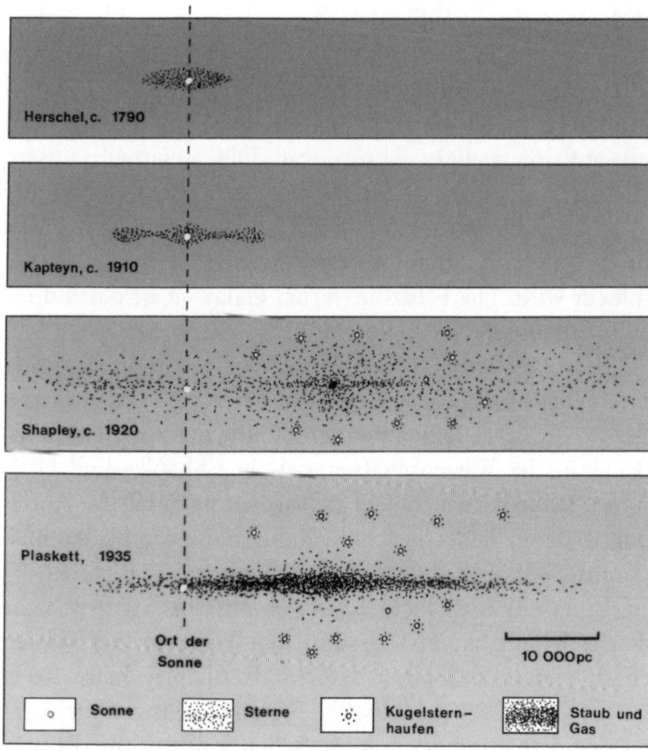

10.4 Die Entschleierung der Milchstraße. Die Sonne verliert ihre Vorzugsstellung innerhalb der Galaxis.

Shapley hatte das Glück, dass seine Ergebnisse nur geringfügig von der interstellaren Absorption beeinflusst waren, wodurch lediglich die Entfernung der Sonne vom galaktischen Zentrum etwas zu groß heraus kam. Die Tatsache, dass er in der Milchstraßenebene keine Kugelhaufen entdeckte, klärte er nicht durch die ihm unbekannte interstellare Absorption, sondern durch die umständliche Spekulation, dort würden die Kugelhaufen durch starke Gravitationskräfte auseinander gerissen. So konnte er die von ihm nicht akzeptierte interstellare Absorption umgehen. Da er die fernen Spiralnebel ebenfalls nicht als extragalaktische Sternsysteme ansah, war deren Fehlen in der galaktischen Ebene kein Argument für die von anderen Astronomen vermutete interstellare Absorption. Diese Fehlzone, in der englischen Literatur „zone of avoidence" genannt, ist ja ein direkter Hinweis auf interstellare Absorption. Die außerhalb unseres Milchstraßensystems vorhandenen Sternsysteme können in der Milchstraßenebene nicht beobachtet werden, da ihr Licht durch Gas und Staub unseres eigenen Sternsystems verschluckt wird. Die Fehlzone ferner Galaxien ist ein indirekter Beweis für die Existenz von interstellarer Materie.

Die Größe unseres eigenen Sternsystems und die Natur der Spiralnebel waren dann Gegenstand der berühmten großen Debatte im April 1920 auf einer Sitzung der amerikanischen Akademie der Wissenschaften zwischen Shapley und H. D. Curtis. Beide hatten sowohl richtige als auch falsche Auffassungen, deren Widersprüche sich durch die von beiden nicht erkannte Wirkung des interstellaren Mediums aufheben lassen. Einerseits ein Glücksfall in der Wissenschaftsgeschichte für die beteiligten Herren und den Fortgang der Wissenschaft, andererseits ein Unglücksfall. Shapley hatte Recht, was die Größe des galaktischen Systems anging. Curtis irrte mit der Annahme des Kapteyn'schen Universums. Er anerkannte aber die extragalaktische Natur der Spiralnebel, die Shapley wiederum leugnete, unter anderem wegen der von Adrian van Maanen beobachteten Rotationseigenbewegung von Spiralnebel. Heute wissen wir (und die Ironie der Wissenschaftsgeschichte kommt hier voll zum Tragen), dass die von Adrian van Maanen gemessenen Rotationseigenbewegungen grobe Fehlmessungen waren, möglicherweise sogar Fälschungen. Edwin Hubble konnte 1935 zeigen, dass die Rotationsresultate von van Maanen nicht richtig sein konnten. Schon vorher hatten Hubbles Untersuchungen die ersten verlässlichen Entfernungen von anderen Sternsystemen geliefert. Ihm war es gelungen, die in der Milchstraße aufgebauten Entfernungsskalen auf den extragalaktischen Bereich auszudehnen. Für die näheren Sternsysteme, dem Andromedanebel und die Magellan'schen Wolken gelang das wiederum über die Periodenleuchtkraftbeziehung der Cepheidensterne.

Obwohl sich die Hinweise auf isolierte Phänomene eines allgemeinen interstellaren Mediums seit 1900 häuften, brachten erst die Arbeiten von Robert J. Trümpeler aus dem Jahre 1930 über offene Sternhaufen den endgültigen Durchbruch. Ähnlich wie beim Kapteyn'schen Universum ergab sich auch hier eine vorkopernikanische Situation, weil aus den fotometrischen Entfernungsbestimmungen Abstände für die Haufen herauskamen, die mit den Winkeldurchmessern der Haufen multipliziert zu linearen Haufendurchmessern führten, welche von der Sonne nach allen Richtungen hin mit der Entfernung anwuchsen. Damit wäre der Sonne, mit ihrer Messplattform Erde, wieder eine außergewöhnliche Stellung im Kosmos zugekommen. Trümpeler fand aber, dass eine allgemeine Absorption von 0,7 Größenklassen pro kpc die Sternhaufenentfernungen so korrigieren konnte, dass dieses unwahrscheinliche, weil heliozentrische Bild, verschwindet. Gleichzeitig konnte er zur Bestätigung die Zunahme der Verfärbung des Sternenlichtes mit der Entfernung nachweisen, was vor ihm von Kapteyn vergeblich versucht worden war. Damit war die letzte Stütze des Kapteyn'schen Modells gefallen. Die Verfärbung hat es an den Tag gebracht. Die Rechnung ohne den Wirt *Interstellares Medium* musste umgeschrieben werden.

Verfärbung von Licht können wir übrigens auch in unserem irdischen Alltag beobachten. Beim Sonnenuntergang z. B. wird aus dem weißen Licht der Sonne durch die Staubanteile der Erdatmosphäre der Blauanteil herausgefiltert; es bleibt der rote Sonnenuntergang übrig. Das Licht ist verfärbt. Gleiches erleben die Astronomen beim Sternenlicht, wenn es die interstellaren Staubwolken durchsetzt: Die Sterne erscheinen röter, natürlich nicht dem Auge, sondern nur in den Messapparaturen.

Mitte der zwanziger Jahre waren genügend Eigenbewegungsdaten von Sternen bekannt, sodass die Frage nach der Natur unseres Milchstraßensystems auch durch kinematische und dynamische Untersuchungen angegangen werden konnte. Der schwedische Astronom Bertil Lindblad entwickelte 1926 ein mathematisches Modell für die Rotation der Milchstraße. Dazu wählte er eine Achse durch das von Shapley gefundene Zentrum der Kugelsternhaufen. Dieses Modell enthält eine Reihe von Untersystemen, die mit jeweils einer anderen charakteristischen Geschwindigkeit, einem anderen Abplattungsgrad und auch verschiedenen inneren Geschwindigkeitsstreuungen rotieren. Der Zusammenhang zwischen diesen drei Parametern ist folgender: je schneller die Rotation desto flacher ist das Untersystem und desto geringer ist die Geschwindigkeitsstreuung seiner Sterne. Unter Geschwindigkeitsstreuung verstehen wir hier die Abweichung von der elliptischen Bahnbewegung um das galaktische Zentrum. Lindblad berechnete, dass die im Kapteyn'schen Universum enthaltenen Sternmassen und damit die von ihnen ausgeübten Gravitationskräfte bei weitem nicht in der Lage sind, die Kugelhaufen, mit ihren Relativgeschwindigkeiten von etwa 250 km/s gegenüber der Sonne, dynamisch zu binden. Dies führte zu dem Schluss, dass unsere Galaxis viel größer und massenreicher sein muss als das Kapteyn'sche Modell. Lindblad war es auch, der dem System der Kugelsternhaufen eine verschwindende Gesamtrotation gegenüber dem Milchstraßensystem zuschrieb, weswegen sich die Sonne und alle ihr gegenüber langsameren Sterne der Sonnenumgebung mit rund 200 bis 300 km/sec um das galaktische Zentrum auf nahezu kreisförmigen Bahnen bewegen mussten. Die typischen Abweichungen von den Kreisbahngeschwindigkeiten betragen hierbei 10%.

Dem holländischen Astronom Jean H. Oort gelang dann der entscheidende Durchbruch. Er griff 1927/1928 die Ideen Lindblads auf und zeigte, dass sich einige schnell laufende Sterne zwanglos im Lindbladmodell erklären lassen, wenn man sie als insgesamt langsam um das galaktische Zentrum rotierende Sterngruppen erklärt, die sich auf stark exzentrischen, fast radialen Bahnen bewegen. Die schnell laufenden Sterne (die Astronomen nennen sie Schnellläufer), erhalten also ihre relativen großen Geschwindigkeiten durch einen Scheineffekt. Die Bewegung der Sonne, die Bewegung des lokalen Bezugssystems verleiht ihnen diese hohen Geschwindigkeiten. Oort berechnete auch einen Schätzwert für die Gesamtmasse unserer Galaxis aus der Beobachtung, dass sich in Richtung der galaktischen Rotation kein Stern schneller als etwa 63 km/sec bewegt. Addiert man zu diesem Wert die galaktische Rotationsgeschwindigkeit am Ort der Sonne von rund 220 km/sec und interpretiert dann diese als Entweichgeschwindigkeit aus unserem Sternsystem, so erhält man aus der Kreisbahnbedingung (Gravitationskraft = Zentrifugalkraft) den Wert für die innerhalb der Sonnenbahn befindliche Masse der Galaxis. Oorts Massenwert war wesentlich größer als der für das Kapteyn'sche Modell und vergleichbar mit dem der von Shapley und Lindblad vorgeschlagenen Systeme. Aufgrund von Beobachtungen und im Rahmen dieser Ideen entwickelte dann Oort die Theorie der differentiellen galaktischen Rotation, welche die Abnahme der Winkelgeschwindigkeit vom Zentrum der Galaxis nach außen benützt. Die Theorie der differentiellen galaktischen Rotation wurde dann durch die radioastronomischen Messungen um 1950 voll bestätigt und zu ihrem eigentlichen Triumph geführt.

Mitte der dreißiger Jahre war es dann soweit. Man ging daran, die dynamischen Überlegungen, die fotometrischen Überlegungen und die Ergebnisse der Sternzählungen zu einem einzigen Bild der Milchstraße zu vereinen.

J. S. Plaskett und J. A. Pearce führten 1935 den entscheidenden Nachweis, dass das interstellare Gas an der Milchstraßenrotation teilnimmt. Sie entdeckten dies an den Absorptionslinien, die sie in den Spektren von hellen B-Sternen fanden. Zusammen mit Werten von Lindblad konnte jetzt endlich eine verlässliche Größe für unser eigenes Sternsystem angegeben werden. Die Entfernung der Sonne vom Zentrum betrug rund 9400 pc. Die Umlaufsdauer der Sonne um das Zentrum 200 Millionen Jahre. Die vermeintlichen Sternleeren im Milchstraßenband gewährten keinen Blick aus unserem Sternsystem in den leeren Raum hinaus, sondern sie waren die Folge von dunklen Staubwolken zwischen den Sternen. Sterne und Gas bilden zusammen das, was unsere Augen an der Himmelssphäre sehen und von uns Milchstraße genannt wird.

10.2 Staubwolken zwischen den Sternen

Blättert man in einem fotografischen Atlas, der die Abbilder von Sternsystemen versammelt, so verblüfft ein Sachverhalt: 60% aller Galaxien sind scheibenförmige, diskusartig abgeflachte Systeme, die aus einigen Hundertmilliarden Sternen bestehen. Die Scheiben werden von der nach außen abnehmenden Rotationsgeschwindigkeit verschert. Diese nicht starr rotierenden Scheiben zeigen innere Struktur. Astronomen nennen diese Strukturen Spiralarme. Spiralarme sind Aneinanderreihungen von leuchtenden Gaswolken, sehr jungen Sternen und dunklen, das Sternenlicht absorbierenden Staubwolken. Warum werden die Sternsysteme nicht aufgrund der den Sternen und Gaswolken eigenen Geschwindigkeitsunterschiede zu gleichförmigen unstrukturierten Scheiben verschmiert, die dann im Wechselspiel zwischen Gravitations- und Zentrifugalkräften ihre Form bewahren? Weshalb ist es der kosmischen Maschine „Spiralnebel" trotz der Geschwindigkeitsunterschiede ihrer Bausteine und der Verscherung der Scheibe möglich, eine großräumig zusammenhängende, symmetrische innere Doppelstruktur auszubilden? Die Fragen der Strukturbildung werden wir später ausführlich bereden. Geht man diesen Fragen in einem ersten Anlauf nach, stößt man auf die entscheidende Bedeutung der Materie zwischen den Sternen der interstellaren Materie, aus der sich ständig Sterne bilden und die ständig durch Materieabgabe der Sterne erneuert und durchmischt wird. Es ist die Staubmaterie, die wir im Milchstraßenband sehen und uns die Gabelung der Milchstraße vortäuscht; es ist die Staubmaterie, die im Andromedanebel die Spiralarme voneinander trennt. Das interstellare Material besteht vorwiegend aus Wasserstoffgas (neutral, molekular, ionisiert), Molekülwolken und Staubwolken. Sein Masseanteil bei Sternsystemen wie der Milchstraße beträgt rund 15%-20%. Der Raum zwischen den Sternen ist nicht leer. Gas- und Staubmassen füllen ihn aus. Wenn auch in fast unvorstellbarer Verdünnung, nämlich im Mittel ein Wasserstoffatom/cm^3 und 1 000 Staubteilchen pro Kubikkilometer von der Größe 0,0001 bis 0,001 mm Durchmesser. Trotzdem ist diese dünn verteilte Materie doch Ursache für die Abschwächung des Sternenlichts, denn auf die Strecke eines Lichtjahres entfallen auf einen Querschnitt von 1 cm^2 etwa 1 Million Staubteilchen.

Dunkelwolken aus Gas und Staubteilchen sind weit ausgedehnte Gebiete von einigen hundert Lichtjahren Durchmesser. Man erkennt sie auf Fotografien der Milchstraße daran, dass das Licht der in ihnen und hinter ihnen liegenden Sterne abgeschwächt und verfärbt wird. Die bereits dem bloßen Auge auffallende Zerrissenheit und große Gabelung des Milchstraßenbandes ist eine Folge solcher Dunkelwolken. Dort ist nicht die Anzahl der Sterne im Raum geringer: vielmehr wird das Licht der Milliarden Sterne unserer Milchstraße durch solche Staubwolken abgedunkelt. Wegen dieser Abblendung erkennt der Beobachter weniger Sterne an den Stellen des Milchstraßenbandes, an denen sich Dunkelwolken befinden. Die Dunkelwolken in unserer Sonnenumgebung, bis in eine Entfernung von etwa 6 000 Lichtjahren, werden also im Milchstraßenband als Silhouette wie bei einem Scherenschnitt sichtbar. Dadurch lässt sich ihre an die Himmelssphäre projizierte Größe und Form vermessen. Es besteht also ein direkter Beobachtungszugriff auf die Staubmassen zwischen den Sternen.

10.2.1 Ein kosmischer Kreislauf im größeren Zusammenhang

Sterne entstehen aus Staub und Gaswolken, wobei das Gas in atomarer und molekularer Form vorliegen kann. Diese Sterne wiederum heizen das sie umgebende zurückgebliebene interstellare Medium und tragen so zur Auflösung der Gas- und Staubwolken bei. Wir haben hier den Anfang eines komplexen Zyklus vor uns, denn die sich weiter entwickelnden massenreichen Sterne geben im Laufe ihres Sternenlebens einen großen Teil ihrer Materie wieder an das interstellare Medium zurück, entweder stetig als Gaswind oder explosiv bei einer Sternexplosion (Supernova). An Stellen niedriger Temperatur (> 100 Grad Kelvin) bilden sich daraus und aus dem noch vorhandenen interstellaren Material über zufällige Verdichtungen neue Wolken. Aus diesen Wolken kann die nächste Sterngeneration entstehen.

Eine Facette dieses Zyklus lässt sich über die kosmische Gammastrahlung erfassen. Die Gammastrahlung, kurzwelliger und daher energiereicher als Röntgenstrahlung, entsteht durch Wechselwirkung von Atomkernen der kosmischen Strahlung mit den Atomkernen des interstellaren Mediums. Die kosmische Partikelstrahlung wiederum hat größtenteils ihren Ursprung in Sternexplosionen. Die Anzahl der Supernovae, also die Rate der Sterntode einer bestimmten Sternklasse, ist von ihren Entstehungsraten abhängig. Die Energiedichte der kosmischen Gammastrahlung gibt also einen Hinweis auf die Energetik des sich selbst regelnden kosmischen Entwicklungszyklus in einem Sternsystem: Sternentstehung - Sternentwicklung - Massenabgabe - Sterntod - interstellare Wolke - Sternentstehung. Die Proportionalitäten zwischen der Energiedichte der Gammastrahlung, der Teilchendichte des interstellaren Mediums und der Dichte der kosmischen Partikelstrahlung erlauben es, die Dunkelwolken als Indikatoren für die Gammastrahlung zu verwenden. Die Abbildung 10.5 demonstriert solch einen Vergleich. Die obere Bildhälfte zeigt die von einem Erdsatelliten aus gemessene Gammastrahlung. Der dargestellte Bereich der Himmelssphäre entspricht dem der Dunkelwolkenverteilung der Südhemisphäre. Die untere Bildhälfte zeigt die aus der Dunkelwolkenverteilung berechnete Gammastrahlung. Sie wurde entsprechend der Winkelauflösung der Gammastrahlenmessinstrumente verschmiert, um einen direkten Vergleich zuzulassen. Die gemessene und die gerechnete Verteilung zeigen global eine recht gute Übereinstimmung, was an den äußeren Begrenzungslinien (Isophoten), die geringerer Intensität entsprechen, abzulesen ist. Im zentralen Bereich $\pm 5^\circ$ um den galaktischen Äquator können die gemessenen überschüssigen Intensitäten durch Beiträge erklärt werden, die aus weit entfernten Gebieten der galaktischen Scheibe stammen. Die aus diesem Vergleich ableitbare Gammaleuchtkraft - 26 Photonen pro Wasserstoffatom und Sekunde und Raumwinkeleinheit - ist mit der augenblicklichen beobachteten stellaren Explosionsrate, die ja für die Entstehung der Partikelstrahlung verantwortlich ist, gut verträglich. An diesem Beispiel erkennt man, wie multispektrale Untersuchungen in der Astronomie, die mit gänzlich verschiedenen Detektorsystemen angestellt wurden (Dunkelwolke: Fotoplatte; Gammastrahlung: Funkenkammer) einander sinnvoll ergänzen.

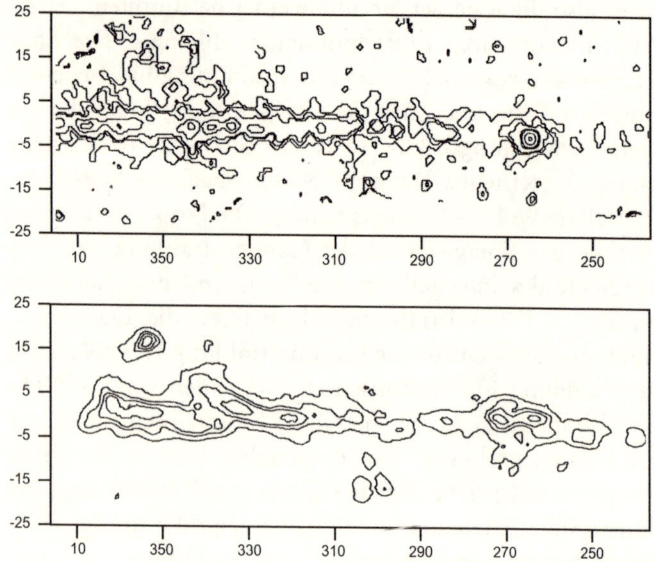

10.5 Dunkelwolken und Gammastrahlen. Der Gammastrahlungshimmel nach Messungen des COS-B Satelliten (oberes Bild). Der Bildausschnitt entspricht dem von Abb. 5.6 a. Die Isophoten markieren 3, 6, 9, 21, 30, 100 10^{-5} Gammaphotonen cm^{-2} s^{-1} $ster^{-1}$ im Energiebereich 300 Mev - 5 Gev. Im unteren Bildteil ist die aus der Dunkelwolkenverteilung errechnete Intensität gemäß der Auflösung der Satellitenmessungen verschmiert dargestellt. Die Isophoten markieren 3, 6, 8, 10 10^{-5} Photonen cm^{-2} s^{-1} $ster^{-1}$. Die Rechnungen und die Messungen stimmen in der großräumigen Verteilung gut überein.

10.3 Das Puzzlespiel der Spiralstruktur

Anhaltspunkte für die räumliche Gestalt unserer Milchstraße erhält man aus der Beobachtung anderer Galaxien. Wir haben uns damit schon beschäftigt. Nehmen wir einmal solch ein fernes Milchstraßensystem her und versuchen darin den Ort der Sonne festzulegen (Abb. 5.3 a,b). Die Sonne und mit ihr unsere Erde befinden sich an der Innenseite eines äußeren Zwischenspiralarmes. Von diesem Standpunkt aus betrachtet wird das Sternsystem nicht nur als schmales Band erscheinen, es wird auch innerhalb der beiden Tangenten am hellsten leuchten. In unserem eigenen Milchstraßensystem entspricht dieser Teil dem Gebiet zwischen den Sternbildern Schild und Schiffskiel. Rechts und links davon sinkt die Helligkeit abrupt ab, da hier der Sehstrahl zwischen zwei Armen ins Leere zielt, auf Dunkelwolken trifft und erst in weiterer Entfernung wieder auf leuchtende Sterngebiete. So einfach kann es sein und doch ist der Weg dorthin so weit.

Wenn unsere Milchstraße durch die Projektion von Spiralarmen zustande kommt, dann sollte es also möglich sein, bestimmte Teile der Milchstraße mit Teilen von Spiralarmen zu identifizieren, wie wir es in der Abbildung gerade vorgenommen haben. Nehmen wir an, die Sonne befinde sich an der Innenseite eines äußeren Zwischenarms, so müsste ein großer Ausschnitt aus der Milchstraße durch den nächstinneren Spiralarm erzeugt werden. Dieser Ausschnitt wird von den beiden Sehstrahlen begrenzt, die von der Sonne ausgehen und den nächstinneren Spiralarm berühren; innerhalb dieses Sehwinkels ist ein optisch sehr heller Teil der Milchstraße zu erwarten, außerhalb dagegen ein bedeutend lichtschwächerer, weil dort der Sehstrahl zwischen zwei Spiralarmen ins Leere zielt. Er trifft erst in sehr großer Entfernung einen Spiralarm, dessen Sichtbarkeit aber durch interstellare Staubmassen behindert sein kann. In der Tat lassen sich in unserer Milchstraße Abgrenzungen vornehmen, die diesem Bild genau entsprechen. Danach müsste es sich bei einem Ausschnitt, der durch die Sternwolken im Schiffskiel und im Schild begrenzt wird und in dem die Milchstraße ihren größten Glanz entfaltet, um die Projektion eines Teils des nächstinneren Spiralarms handeln. Beiderseits dieses Ausschnitts sinkt die Helligkeit in der Milchstraße abrupt ab, wie es unserer Interpretation entspricht.

Das übrige Bild der Milchstraße würde dann hauptsächlich durch den lokalen Spiralarm, an dessen Innenseite die Sonne zu denken ist und durch den nächsten äußeren Spiralarm zustande kommen. Die Entscheidung zugunsten des Spiralsystems bedeutet eine Festlegung, die das Milchstraßensystem in seiner ganzen Ausdehnung betrifft, obwohl sie nur aus der Beobachtung eines verhältnismäßig kleinen Teilbereichs abgeleitet wurde. Die Zugehörigkeit der Milchstraße zu den spiralförmigen Galaxien sagt allerdings noch nichts über ihre genaueren Merkmale aus. Wie viele Spiralarme besitzt unser System? Welche Windungen? Wie viele Windungen? Sind die Arme verzweigt? Die Erscheinungsformen der Spiralsysteme sind außerordentlich mannigfaltig.

Um also etwas über unsere eigene Milchstraßenstruktur zu erfahren, müssen Entfernungsmessungen hinzugenommen werden. Aber wir wissen es schon: Die geometrischen Methoden der Entfernungsmessung, die von einer Basis bekannter Länge und von Winkelmessungen Gebrauch machen, reichen nur einige hundert Lichtjahre weit. Das ist die untere Grenze dessen, was man im Zusammenhang mit Strukturuntersuchungen braucht. Man muss 10000 bis 20000 Lichtjahre und mehr in den Raum vordringen, wenn man das zweidimensionale Bild der Milchstraße in ein räumliches verwandeln will. Das aber leisten nur die indirekten Methoden der Entfernungsmessung. Einige Verfahren haben wir schon kennen gelernt. Am geschicktesten geht es natürlich radioastronomisch. Aber die Radioastronomie braucht, um galaktische Geografie zu betreiben, ein bekanntes Rotationsgesetz. Die Katze scheint sich also in den Schwanz zu beißen.

Aber es gibt Objekte der Milchstraße, insbesondere gewisse Sterne und Sternhaufen, die der Entfernungsbestimmung durch Lichtmessung auch in größeren Entfernungen zugänglich sind. Die Genauigkeit der Daten beläuft sich dabei auf 5% bis 30%, je nachdem wie exakt die absolute Helligkeit der einzelnen Objekte zu ermitteln ist. Doch sind es nicht diese Unsicherheiten in den Messungen, die uns den detaillierten Aufbau der Milchstraße vorenthalten: Eine größere

Schwierigkeit liegt in der ungeheuren Zahl der Milchstraßensterne und der Staub- und Gaswolken zwischen ihnen.

Ein willkommener Lichtblick eröffnet sich in dieser unbefriedigenden Situation, wenn wir wieder aus der Betrachtung fremder Sternsysteme Anregungen schöpfen. An den nächsten Sternsystemen, die ihre Spiralarme unverfälscht durch Staubwolken oder ungeeignete Perspektive darbieten, zeigt sich nämlich, dass zwei Arten von Objekten fast ausschließlich in Spiralarmen vorkommen, nicht aber im Bereich zwischen den Armen. Es sind dies offene Sternhaufen geringen Alters und die von heißen Nachbarsternen zum Leuchten gebrachten diffusen Wolken ionisierten Wasserstoffs, die HII-Regionen wie z.B. Teile des Orionnebels.

Solche Gebilde gibt es verteilt innerhalb der Milchstraße. Im Vergleich zu den Sternen sind sie zwar sehr gering an Zahl - nur etwa 300 junge Sternhaufen und 200 HII-Regionen sind uns in geeigneter Weise für gute Strukturuntersuchungen zugänglich, die fast ganz unbeteiligt bei der Prägung des optischen Erscheinungsbildes der Milchstraße sind - trotzdem kann ihre Bedeutung für die Milchstraßenforschung kaum überschätzt werden. Zwei Gründe sind im wesentlichen dafür entscheidend:

- Es handelt sich um Objekte hoher absoluter Helligkeit, die noch in großen Entfernungen sichtbar sind.
- Ihre absoluten Helligkeiten und damit ihre Entfernungen lassen sich sicherer bestimmen als bei irgendeiner anderen Art von Himmelskörpern der Milchstraße; 5 bis 10% der Genauigkeit bei Sternhaufen, 5 bis 20% bei HII-Regionen sind zu erreichen. So sollte schließlich ihre Verteilung im Raum auch in unserem Sternsystem die Lage der Spiralarme kennzeichnen.

Junge Sternhaufen und HII-Regionen geben also das Gerüst der Milchstraße zumindest in Sonnenumgebung zu erkennen, das durch Beobachtungen an gewöhnlichen Sternen verfeinert werden kann. Zwar stehen bei einem Drittel dieser

Objekte Messungen noch aus, trotzdem tritt das Ergebnis klar hervor. Sternhaufen und HII-Regionen sind so verteilt, dass sie etwa 300 Lichtjahre breite Streifen bilden, die als Teile von mindestens drei Spiralarmen anzusehen sind (siehe Abb. 10.6 a,b). Mehr als Teile von Spiralarmen kann man nicht zu finden hoffen, da kosmische Staubwolken den Überblick über das ganze System verhindern und außerdem selbst größte Teleskope nicht mehr leistungsfähig genug sind, um das schwache Licht sehr entfernter Objekte zu messen.

Die Details des räumlichen Bildes lassen sich nun folgendermaßen beschreiben. Am deutlichsten tritt der nächstinnere Spiralarm in Erscheinung. Über eine Länge von 12 000 Lichtjahren ist er mit Objekten gut besetzt und zeigt die typische Begrenzung in Richtung der ihn einschließenden Sehstrahlen. Die beiden Sehstrahlen weisen auf die Sternwolken im Schiffskiel und im Schild, zwischen denen das Kerngebiet in Richtung Schütze liegt. Das ist genau die Interpretation, die schon durch die eingangs geschilderten Beobachtungen nahegelegt wurde und deren Richtigkeit sich nun auf quantitativem Wege bestätigt (vergleiche hierzu nochmals die Abb. 5.3 a,b und die Abb. 9.10).

Deutlich ausgeprägt über eine Länge von 15 000 Lichtjahren ist auch der Spiralarm, an dessen Innenseite sich die Sonne befindet, der lokale Spiralarm. Von unserem Stand aus betrachtet kommt er aus der Richtung der hellen Sternwolke im Schwan auf uns zu und verlässt uns in Richtung des Sternbildes Hinterdeck (des Schiffes) am Südhimmel. Der

---

10.6 (oben) Verteilung von verschiedenen Objekten in der galaktischen Ebene - die lokale Spiralstruktur. Sagittarius-Arm (unten), lokaler oder Orion Arm (mittig), Perseus Arm (oben); Bpe: B-Sterne mit Besonderheiten im Spektrum. Erste Versuche zur lokalen Festlegung von Spiralstruktur stammen von W. Becker um 1960.
(unten) Spiralstruktur aus Beobachtungen von HII-Gebieten (optisch ●), radioastronomisch ■. Es können vier Spiralarme dargestellt werden: Der lokale Arm ist nur mäßig ausgeprägt; nach Y. M. und Y. P. Georgelin, 1976.

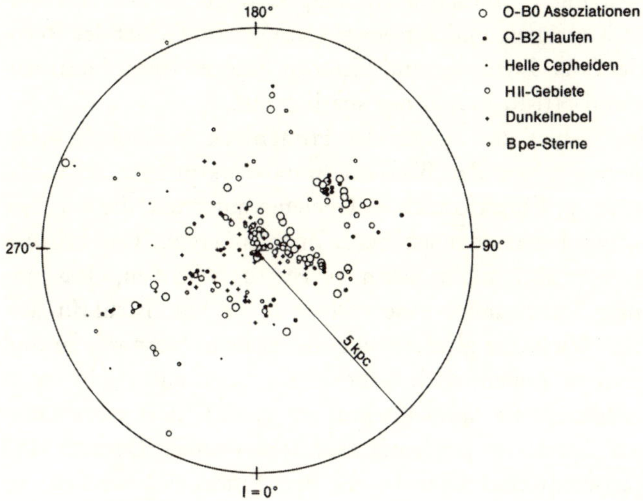
180°
270°
90°
l = 0°
5 kpc
O-B0 Assoziationen
O-B2 Haufen
Helle Cepheiden
H II-Gebiete
Dunkelnebel
B pe-Sterne

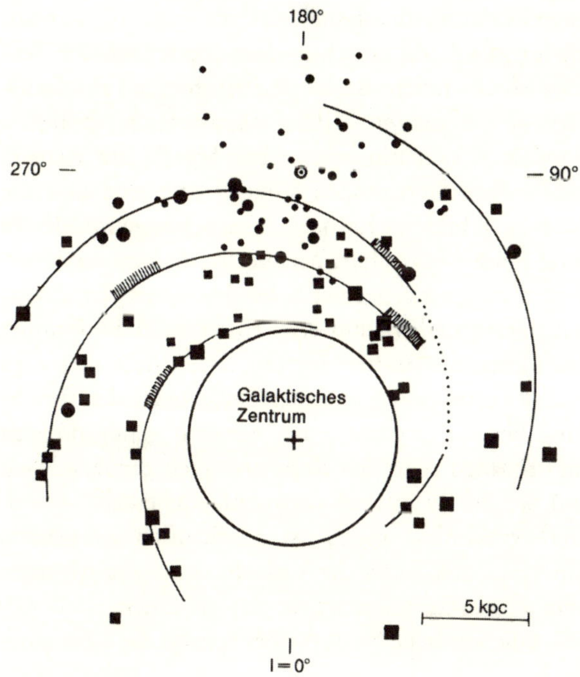
180°
270°
90°
Galaktisches Zentrum
5 kpc
l = 0°

nächstäußere Spiralarm ist hauptsächlich in den Sternbildern Kassiopeia und Perseus ausgeprägt. Im Gebiet der Sternbilder Stier, Zwillinge und Einhorn dagegen treten Sternhaufen und HII-Regionen nur spärlich auf.

Im Gebiet des Sternbildes Hinterdeck schließlich beobachten wir, wie das Bild der Spiralstruktur sich verwischt und einige Objekte auch in Gebieten auftreten, die wir eher als Zwischenarmbereich bezeichnen möchten. Das beunruhigt uns aber nicht, denn es ist zu bedenken, dass nur wenige Sternsysteme eine vollkommene Spiralstruktur aufweisen. Vielmehr gliedern sich die Arme in Sternwolken und sternarme Zonen; auch Gabelungen treten auf. Nicht selten ist dadurch die Spiralstruktur so gestört, dass man kaum einem Spiralarm eindeutig zu folgen vermag. Deshalb sind in unserem Bild Objekte, die den Eindruck erwecken, als lägen sie zwischen zwei Armen, nicht auszuschließen.

In diesem Zusammenhang stellt sich die Frage, ob man aus dem Verteilungsbild, wie es sich in dem überschaubaren Teilbereich des Milchstraßensystems ergeben hat, auf die Strukturverhältnisse des ganzen Milchstraßensystems schließen kann. Handelt es sich um eine offene Spirale mit Armen, die in zahlreichen Sternwolken aufgegliedert sind und die ein schwach ausgebildetes Kerngebiet umschlingen? Oder ist es eine enge Spirale mit scharf definierten Armen, ausgestattet mit einem weiten Kerngebiet hoher Helligkeit? Erschwert wird die Antwort, weil wir nur etwa ein Zehntel des Raumes überschauen, den das System ausfüllt. Erleichtert aber wird sie, weil dieser Ausschnitt an einer Stelle liegt, der für die Beurteilung besonders günstig ist, nämlich genügend weit vom strukturarmen zentralen Kern und auch genügend weit vom Rand, wo die Strukturen verwischt erscheinen.

Um die Verhältnisse möglichst anschaulich zu prüfen, kann man versuchen, unter der Vielzahl von Spiralsystemen ein solches ausfindig zu machen, das in einem analogen Teilbereich eine ähnliche Struktur besitzt wie das Milchstraßensystem. Man wird dann wohl nicht ganz fehlgehen in der Annahme, dass der Übereinstimmung in einem wesentlichen Teil eine genäherte Übereinstimmung im ganzen entspricht. Das Sternsystem, das derzeit als ähnlichstes zu unserem Milchstraßensystem gehandelt wird, hat im New General Katalog die Nr. 1232 (Abb. 10.7). Es handelt sich um eine Spirale von mittlerem Auflösungsgrad mit etwas verschwommenen Rändern und deutlich hervortretendem Kerngebiet. Wir stellen im äußeren Bereich eine Vierarmigkeit fest und mit einigem Geschick (und unter uns gesagt: mit Augenzwinkern), lässt sich auch die radioastronomische Karte mit dieser Spiralstruktur in Einklang bringen.

Warum sind die Unsicherheiten so groß? Weshalb ist die Wahrscheinlichkeit einer richtigen Beurteilung so klein? Wer im Wald steht, sieht nicht die Grenzen des Waldes. Wer im Wald steht, der - in Analogie zu den absorbierenden Dunkelwolken zwischen den Sternen, von Nebel durchzogen wird - kann noch viel schlechter beurteilen, wie die Grenzen des Waldes aussehen. Die genäherte Übereinstimmung macht uns aber Hoffnung, dass künftigen Forschergenerationen detailreichere Strukturbilder unseres Sternsystems möglich sein werden.

10.4 Sternvölker in der Milchstraße

Im Jahre 1944 untersuchte der Astronom Walter Baade Farben, Helligkeiten und Spektraltypen von Sternen in anderen Sternsystemen. Amerika lag im Krieg und die großen Städte an der amerikanischen Westküste waren verdunkelt. Diese besonders dunklen Nächte waren günstig, um fotografisch zu sehr schwachen Sternen vorzudringen. Walter Baade fand: Sternsysteme setzen sich aus unterschiedlichen Sternbevölkerungen - Sternpopulationen - zusammen. Natürlich wurde dies sofort auf die Milchstraße übertragen. In Kapitel *Leben der Sterne* haben wir die Sternpopulation schon zum ersten Mal kennen gelernt.

10.7 Vergleich der Lage der Sternhaufen und HII-Gebiete der Milchstraße mit entsprechenden Spiralarmen in NGC 1232; dieses Sternsystem ist dem unseren sehr ähnlich; nach einem Vorschlag von W. Becker, 1960.

Sternpopulationen unterscheiden sich voneinander durch Alter, chemische Zusammensetzung und Bewegungszustand. Sie lassen sich in zwei Hauptgruppen einteilen, wobei natürlich die Übergänge fließend sein können. Die Sterne der Population I befinden sich hauptsächlich in der Scheibe; es sind vorwiegend junge Sterne, die relativ viele schwere Elemente enthalten. Zur Population II gehören ältere metallärmere Sterne, die sich auch in den Kugelsternhaufen befinden. In der Abbildung 10.8 sind einzelne Komponenten unserer Galaxie in auseinander gefalteter Darstellung wiedergegeben. Die Schnitte sind spiegelsymmetrisch zur Grundebene zu denken. Die alten Sterne der Population II bilden die Grundstruktur des Systems, zwei Spiralarmschläuche sind hier ausgespart. Die jungen Sterne (Population I) und die Komponenten des interstellaren Mediums sind dieser Grundstruktur eingelagert. Gas und Staub werden der Population I zugerechnet. Der Zentralkörper unseres Sternsystems baut sich aus Sternen der Population II auf. Die Dichteverläufe von Sternen und Gas nehmen in der galaktischen Scheibe exponentiell nach außen ab.

Die ursprünglich einfache Einteilung der Sterne in zwei Populationen, die vor allem den großen Unterschieden in Alter und in der räumlichen Verteilung der Sterne entsprach, hat heute einem verfeinerten Bild weichen müssen. Sterne erfahren eine Entwicklung, verschiedene Sterngenerationen werden sich also in der chemischen Zusammensetzung unterscheiden; Sterngenerationen entstanden und entstehen an verschiedenen Orten in unserem Sternsystem, sie werden sich also auch durch verschiedene Grundgeschwindigkeiten unterscheiden; ihr Entstehungsort prägt ihnen bestimmte Eigenschaften auf. Natürlich wird sich ihre Geschwindigkeit im Laufe der Zeit ebenfalls verändern.

Der momentane Zustand unserer Milchstraße kann nur durch ihre Geschichte erklärt werden. Die Entwicklungs- und Entstehungsgeschichte der Populationen entspricht der Entwicklungsgeschichte des Sternsystems. Im Rahmen der uns bekannten astrophysikalischen Gesetze muss also versucht werden, die Evolution unserer Milchstraße so zu beschreiben, dass sie ein mögliches Produkt der Evolution der Populationen sein könnte.

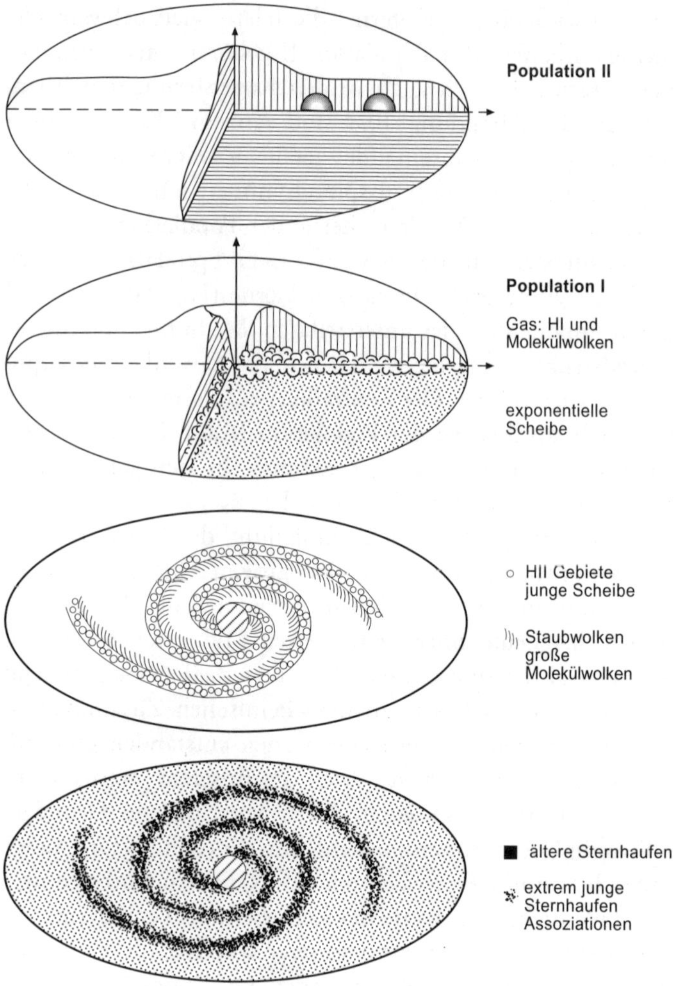

10.8 Populationen der Milchstraße in auseinander gefalteter Darstellung. Die Abbildung ist spiegelsymmetrisch zur Grundebene zu denken. Im obersten Schnittbild sind zwei Spiralarme ausgespart. Im untersten Bild soll die gleichförmige Verteilung der älteren Sterne (10^9 Jahre) den stetigen Übergang zu Population-II-Objekten symbolisieren. Die Verteilung der Kugelsternhaufen (Population II, 5 10^9 Jahre) ist sphärisch symmetrisch zum Gesamtsystem.

Unsere Milchstraße erscheint uns als ein komplexes System aus Sternen und dem zwischen ihnen verteilten Gas. Verteilung und Bewegung dieser Komponenten als einzelne unabhängige Bestandteile in unserem Sternsystem liefern gute Einsichten in den heutigen Aufbau unseres Sternsystems. Die gegenseitige Wechselwirkung jedoch führt uns zu Einsichten über die Milchstraßenentwicklung. In den beschriebenen kosmischen Kreisläufen wird diese Wechselwirkung deutlich. Eine Folge der Wechselwirkung zwischen Sternen und Gas ist eine großräumige chemische Entwicklung in Form einer fortlaufenden Veränderung der chemischen Zusammensetzung unseres Sternsystems. Die gegenwärtig beobachteten chemischen Eigenschaften der Milchstraße sind als direkte Folgen einer Evolution zu sehen.

Die Grundvorgänge bei der chemischen Evolution der Milchstraße und anderer Galaxien sind die Wechselwirkungen zwischen dem interstellaren Medium einerseits und der stellaren Komponente andererseits. Während die Sterne aus dem gasförmigen Material gebildet werden und dabei die chemischen Eigenschaften des Gases weitgehend übernehmen, reichern sie es ihrerseits während der Sternentwicklung mit schwereren Elementen an, denn ein Teil der in ihrem Inneren entstandenen Elemente wird am Ende eines Sternenlebens wieder an die Umgebung abgegeben. Auf diese Weise entwickelt sich während vieler Sterngenerationen eine fortlaufende Anreicherung der Milchstraße mit schweren Elementen – verschiedene Sternpopulationen entstehen. Dieser Prozess kommt erst dann zur Ruhe, wenn die Sternbildung vollständig abgeschlossen ist. Solche Vorgänge können heute längst noch nicht in allen Einzelheiten beschrieben werden, da noch sehr viele Lücken in unserem Verständnis der Sternbildung, der Sternentwicklung und der Elemententstehung bestehen. Das Ergebnis vieler Untersuchungen ist die erstaunliche Tatsache, dass das gegenwärtig verfügbare Beobachtungsmaterial noch nicht ausreicht, um bestimmte allumfassende Lösungen eindeutig werden zu lassen. Wir müssen uns mit qualitativen Aussagen, so genannten Einzonenmodellen begnügen.

Modelle sollen an der Wirklichkeit scheitern können, das heißt, sie sollen beobachtbare Konsequenzen haben, die es ermöglichen, die Modelle zu widerlegen oder zu bestätigen. Modelle sollen auch möglichst einfach sein, um ihre internen Abhängigkeiten gut überblicken zu können. Das Einzonenmodell behandelt deshalb einzelne, also homogen betrachtete Gebiete unseres Sternensystems. In diesem Modell gehen von der Beobachtung zu liefernde Grundtatsachen über die Sternmassenverteilung und die Sternentstehungsraten ein.

10.4.1 Die Geburt einer Sternpopulation

Sternbildungen und Materieverlust an das interstellare Medium sind die wichtigsten Prozesse bei der Entwicklung unserer Milchstraße, denn sie bestimmen letzten Endes die Geschwindigkeit, mit der sich die einzelnen Sterngenerationen oder Sternpopulationen ablösen und die chemischen Elemente aufgebaut werden. Grundlage für solche Modelle ist die Sternbildungsrate, also die Anzahl der sich bildenden Sterne zur Zeit t in einem bestimmten Massenintervall. Diese Sternbildungsrate setzt sich aus zwei Gliedern zusammen: Einmal aus einer Funktion, welche die Massenverteilung der entstehenden Sterne beschreibt, zum anderen aus einer Funktion, welche die zeitliche Abhängigkeit der gesamten Sternbildungsrate angibt, also wie viel Sterne pro Zeiteinheit in einem bestimmten Massenintervall entstehen.

Wir können uns das so vorstellen: Ein Bäcker knetet einen großen Teig. Aus dem Teig werden Brötchen verschiedener Größe geformt. Die Brötchengröße entspricht der Massenverteilung der entstehenden Sterne. Der Formprozess und das Kneten aus dem Teig – im Hinterkopf haben wir die Vorstellung, dass der Teig eine große interstellare Gaswolke ist, aus der die Sterne entstehen – das Kneten also und die Herstellungsrate der verschiedenen großen Brötchen entspricht der Sternbildungsrate. Beide Funktionen, die Massenverteilung und die Entstehungsrate, müssen wir aus der Beobachtung ableiten. Die Massenverteilung (MV) der entstehenden Sterne folgt einem Potenzgesetz der Form $MV \cong m^{-x}$; der Exponent x kann nach der Beobachtung zwischen 2 und 3 liegen. Die sich ergebende Funktion hat also kleine Werte für massereiche Sterne und steigt für kleine Massen rasch an, was so viel bedeutet, es entstehen in einem Einheitsvolumen sehr viele Sterne kleiner Massen und sehr wenig massereiche Sterne. Die zeitliche Rate der Sternentstehung ist vom Zustand der interstellaren Wolke abhängig, aus der die Sterne entstehen. Große Dichte, wenig Turbulenz, niedrige Temperaturen, werden die Sternentstehungsrate begünstigen.

Der Materieverlust von Sternen in späten Entwicklungsstadien ist nur ungenau bekannt; deshalb gehen unsere Kenntnisse nicht über grobe Schematisierungen hinaus. Sterne mit Massen kleiner oder gleich einer Sonnenmasse verhalten sich in chemischen Entwicklungsmodellen meistens neutral, d. h. sie verlieren keinen nennenswerten Betrag ihrer Masse während ihres Lebensalters. Die überwiegende Mehrzahl der schweren Elemente wird im Inneren von massereichen Sternen (Massen größer als 2–3 Sonnenmassen) gebildet, dank der dort herrschenden hohen Temperaturen und Drücke. Die chemischen Elemente jenseits des Eisens, so erinnern wir uns, werden sogar erst im Rahmen einer Sternexplosion gebildet. Wesentlich bedeutsamer sind die Massenverluste dann in Form von explodierenden Sternen, bei denen ein Großteil der schweren Elemente produziert und an die Umgebung abgegeben wird.

Man kann heute Abschätzungen angeben über die Produktionsrate einzelner Elemente in Sternen verschiedener Masse. In Verbindung mit der Massenfunktion lassen sich so halb quantitative Angaben über die Gesamtmenge eines gebildeten Elements pro Sterngeneration machen. Neben der Massenverteilungsfunktion und der Sternbildungsrate bildet der so genannte Gewinn an schweren Elementen pro Sternleben die entscheidende Größe, die für das Durchrechnen des Einzonenmodells benötigt wird.

Das Einzonenmodell ist eine mehr oder weniger gute Annäherung an die wirklich ablaufenden Prozesse und dient dazu, gerade wegen seiner Einfachheit, die wesentlichen Punkte möglichst übersichtlich und klar herauszuarbeiten. Es betrachtet die Vorgänge in einem gedachten System, in dem anfänglich nur Gas vorhanden ist und in dem sich im Laufe der Zeit Sterne bilden. Zusätzlich müssen in diesem Modell noch folgende Annahmen gemacht werden:

- Die chemische Entwicklung im System erfolgt unabhängig vom Einfluss anderer Regionen (deswegen auch der Name Einzonenmodell): Wir behandeln ein kleines abgeschlossenes System.
- Die Entwicklung in unserem abgeschlossenen System beginnt mit einer Gasmasse ohne schwere Elemente.
- Die Sternbildungsrate ist mit der Gasdichte verknüpft: Je größer die Gasdichte, desto mehr Sterne können pro Zeiteinheit entstehen.

Das Modell erlaubt dann, die Zunahme des Metallgehaltes zu berechnen. Es kann eine Bilanzgleichung für die schweren Elemente aufgestellt werden. Sie hat die Form:

Zunahme der Menge an schweren Elementen im Gas
= (von den Sternen abgegebene neu entstandene schwere Elemente)
+ (von den Sternen ausgestoßene schon bei der Entstehung vorhandene Menge an schweren Elementen)
– (Menge an schweren Elementen, die bei der Sternbildung verbraucht wird).

Mit solch einem Modell kann man z.B. die Häufigkeit von G- oder K-Zwergsternen in der Sonnenumgebung untersuchen. Die erhaltene Übereinstimmung zwischen Modell und Beobachtung ist sehr schlecht. Wir beobachten zu wenig metallarme G-Sterne. Das Modell zeigt einen Überschuss von ihnen. Es ist deshalb schon mehrfach versucht worden, das Problem auf unzureichende Beobachtungen zurückzuführen, aber es ruht letzten Endes auf den Annahmen des Modells. Mit geänderten Modellannahmen können wir die Aussagen unserer Rechnungen an die Beobachtung besser anpassen. Ob dann allerdings die Wirklichkeit der Milchstraßenentwicklung besser erfasst ist, hängt wiederum davon ab, wie vollständig oder unvollständig unser Beobachtungsmaterial vorliegt. Qualitativ können wir die chemische Entwicklung unseres Sternensystems verstehen, von einem quantitativen Verständnis sind wir noch weit entfernt. Das Fallenlassen z.B. der Modellannahme - geschlossenes System A - führt dazu, die Modellaussagen an die Beobachtung anzunähern. Unser lokales System muss dann als offen betrachtet und ein zeitvariables Einströmen von Gas unterstellt werden. Dieses zeitlich variable Einströmen von Gas wird aber gerade nicht beobachtet.

10.4.2 Szenarien ersetzen die Modelle

Das Wort Szenarium stammt ursprünglich aus der Theaterwelt und vermittelt die Übersicht über ein Theaterstück mit Angaben über Szenenfolge, auftretende Personen und Kulissen. Unter dem oft verwendeten Begriff astrophysikalisches Szenarium versteht man die Annahmen über die Bedingungen, unter welchen astrophysikalische Vorgänge ablaufen. Szenenfolgen, lose gereiht und nicht mehr in die Strenge eines Modells eingebunden, beschreiben die Wirklichkeit. Modelle enthalten Hypothesen. Die Hypothesen können als richtig oder falsch be- oder entkräftet werden. Szenarien entsprechen wie in der Theaterwelt einer losen Folge von Szenen. Ein Szenarium ist schwer zu widerlegen. Je weniger die Astrophysik weiß, umso lieber greift sie zur Beschreibung der astronomischen Wirklichkeit durch Szenarien.

Im Szenarium der Entwicklung unserer ganzen Milchstraße ist die Entstehung der Scheibe aus dem Gas, von unserem kosmischen Zeitpunkt aus betrachtet, die jüngste Phase. Das Gas wurde bei der Bildung der ersten Sterne und Sternhaufen, die den Halo, die äußeren Zonen unseres Sternsystems bildeten, nicht verbraucht. Es sackte im Laufe von Millionen von Jahren unter Energieabstrahlung in Richtung der Rotationsachse unseres Sternsystems zusammen. Die dynamische Entwicklung der Scheibe ist aber keineswegs abgeschlossen. Die Scheibe enthält die Spiralstruktur, deren Bildung wird uns noch beschäftigen. Ein wichtiger Hinweis aber für eine dynamische Entwicklung der galaktischen Scheibe ist die Zunahme der Geschwindigkeitsstreuungen von Scheibensternen mit zunehmendem Alter. Damit verbunden ist aber immer auch eine Abnahme der Konzentration dieser Sterne zur galaktischen Ebene hin.

Wenn Sterne ihre Geschwindigkeit erhöhen, dann müssen ihre Bahnen gestört werden. Als mögliche Ursache für die Zunahme dieser Geschwindigkeitserhöhungen, die einer Art Aufheizung der galaktischen Scheibe gleichkommt, werden Störungen des allgemeinen Gravitationsfeldes in der Scheibe vermutet. Das können Spiralarme sein, das können Verwerfungen in der Scheibe sein, das können aber auch riesige Molekülwolken sein, an denen die Bahnen der Sterne gestreut werden. Es können aber auch kleine Zwerggalaxien sein, die von unserem Sternsystem verschluckt werden. Sternvölker, die mit einer einheitlichen Geschwindigkeit entstanden sind, können also im Laufe der Zeit ihre Geschwindigkeit erhöhen und ihre Entstehungsorte verlassen. Sie diffundieren durch das Sternsystem hindurch und zerstreuen sich dabei immer mehr; Masse wird umverteilt und dabei dann natürlich auch Drehimpuls.

Unsere Vorstellungen vom Aufbau und der Entwicklung des Sternsystems werden immer mehr zu einem Szenario. Einige Beobachtungsstücke kennen wir, andere erschließen wir im Rahmen von Modellen, wieder andere setzen wir als

Hypothesen ein und versuchen, sie durch neue Beobachtungen auszutesten. Die Sternpopulationen, ihre Unterschiede, Geschwindigkeiten, chemische Zusammensetzung und räumliche Verteilung, sie bilden den Schlüssel zum Verständnis der Entwicklung unseres Sternsystems. In ihrer Entwicklung sehen wir wichtige Teile der Entwicklung des ganzen Milchstraßensystems.

10.5 Die Bausteine der Milchstraße

Je genauer unser Blick unser Sternsystem durchdringt, umso mehr türmen sich die Schwierigkeiten auf; Modelle werden zu Szenarien und die Aussagen von vielen Wenn und Aber aufgeweicht. So schlimm ist es aber nicht, dass die Hauptbausteine unseres Sternsystems unerkannt geblieben wären. Natürlich, auffallendster Baustein für uns ist die dünne Sternscheibe, die fast alle Sterne der Sonnenumgebung enthält. Diese Sternscheibe zeigt in radialer und senkrechter Richtung einen exponentiellen Dichteabfall; die Skalenlängen betragen in der Ebene 3,5 kpc und senkrecht dazu, je nach Alter der verwendeten Sternkomponente, 90 bis 300 pc; je jünger die Population ist, desto mehr liegt sie in der Systemebene. Die Sterne bewegen sich auf kreisähnlichen Bahnen um das galaktische Zentrum; individuelle Geschwindigkeitsabweichungen nehmen hierbei ebenfalls mit dem Alter zu. Die Elementhäufigkeit der Sterne ist sonnenähnlich, andererseits existiert ein Trend zu geringerer Häufigkeit an schweren Elementen von innen nach außen. Die Sternalter der Scheibensterne überdecken Werte von 0 (frisch entstanden) bis zum Alter der Milchstraße.

Gut bekannt ist auch der den ebenen Sternendiskus umhüllende Stern-Halo mit einer Ausdehnung von 20 bis 30 kpc. Er enthält die Kugelsternhaufen und das 100fache an Feldsternen. Die Kugelsternhaufen können wir in zwei Untergruppen einteilen: Halo-Kugelhaufen und Scheibenkugelhaufen. Bei ersteren ist die Anordnung sphärisch-symmetrisch, und sie zeigen kaum Rotation um das Zentrum. Die Scheibenkugelhaufen andererseits zeigen eine relativ flache Verteilung, sie bewegen sich etwa mit halber Kreisbahngeschwindigkeit um das Zentrum. Die Häufigkeit an schweren Elementen ist bei Halo-Haufen verschwindend gering. Solche Haufen sind die ältesten Objekte des Milchstraßensystems. Die Feldsterne des Halos ähneln in ihren Eigenschaften den Halo-Kugelhaufen.

Der innere Teil der Scheibe wird vom Zentralkörper (englisch: *bulge*) gebildet. Er ist sowohl Teil der Scheibe als auch eigenständige Unterkomponente und unterscheidet sich durch seinen Anteil an schweren Elementen stark vom Halo. Eigentlich ist der Zentralkörper ein Mischgebilde. Seine beobachtete leichte Abflachung wird sowohl durch Druck aufgrund zufälliger Sternbewegungen wie durch Rotation aufrechterhalten. Neuerdings konnte auch eine so genannte dicke Sternscheibe lokalisiert werden, die in der dünnen Scheibe eingebettet ist. Ihre Skalenhöhe liegt bei 1,5 kpc und ihre Sternenpopulation ist durchwegs alt. Hier haben wir vermutlich die durch Zufallsbewegungen aus der Grundebene heraus diffundierten älteren Sterne vor uns.

Eine andere Frage ist natürlich, ob diese Komponenten diskret sind oder ob stetige Übergänge zwischen den festgestellten Eigenschaften - Ort, Alter, Chemie, Bewegung - existieren. Wo Entwicklung stattfindet, sollte es zwischen diskreten Zuständen immer Übergänge geben. Die Sternpopulationen lehren uns mit Nachdruck die Realität der Galaxienentwicklung. Die festgestellten Galaxienbausteine markieren daher nur einen augenblicklichen Zustand.

Schließlich und endlich gibt es noch zwei nichtstellare Komponenten: das interstellare Medium in der Mittelebene der dünnen Sternscheibe und den geheimnisvollen dunklen Halo der Dunkelmaterie. Das interstellare Medium enthält die Schlüsseleigenschaften für galaktische Entwicklung. Dort entstehen die Sterne, dort wird Struktur gebildet. Vom dunklen Halo haben wir nur Kenntnis durch seine Anziehungskräfte, welche die Drehbewegung unseres Sternsystems beeinflussen und die Rotationskurve flach sein lassen. Er besteht weder aus Gas noch aus Sternen. Dunkle Halos aus Dunkelmaterie findet man auch in anderen Galaxien.

11. Strukturbildung – die Spiralarme

Tastend ist die Astronomie in den Raum vorgedrungen und begann die Struktur unseres eigenen Sternsystems zu enthüllen. Die Aufgabe wäre um vieles schwieriger gewesen, wenn wir nicht durch den Blick zu anderen Sternsystemen die Möglichkeit kennen gelernt hätten, uns der Strukturen zu versichern, die auch unser Sternsystem prägen. Spiralgalaxien zeigen auf fotografischen Aufnahmen eine sehr einfache morphologische Struktur. Einer Sternscheibe ist ein zweiarmiges Muster von helleren Objekten aufgeprägt. Das Muster erscheint spiralig und ist durchsetzt oder begleitet von Absorptionsstreifen. In rund 30% aller Fälle ist dieses Muster von großer Regelmäßigkeit, in 70% der Fälle ist es aus kürzeren filamentartigen Bögen zusammengesetzt. Unser sehr leicht „Gestalt" rekonstruierendes Auge suggeriert daraus dann großräumige, zusammenhängende Muster.

Die Physik der Spiralstruktur entzieht sich immer noch teilweise dem Zugriff unserer Teleskope und der Abbildung auf astrophysikalische Modelle. Die Hauptschwierigkeit beim Verstehen von Spiralstruktur bereitet ihre Gestaltstabilität. Warum wickeln sich die Spiralarme unter dem Einfluss der differentiellen Rotation nicht auf?

Makroskopische Ordnung spielt im Rahmen unserer Beobachtungsmöglichkeiten eine bedeutende Rolle. Von Wasserstrudeln zu Sanddünen, von Konvektionszellen (im Erdkörper oder in der Sonne) zu den Kristallstrukturen der Minerale, von Einzelsternen, interstellaren Wolken bis zu Galaxien stoßen wir auf Formen, die makroskopische Ordnungsmechanismen ausdrücken.

Die Formenwelt, die Strukturbildung und überhaupt die diese steuernden und regulierenden Wechselwirkungen in den dynamischen galaktischen Systemen stehen am Anfang der Erforschung. Sternsysteme zeigen innere Struktur. Dass Struktur plötzlich in einem turbulenten Medium, sei es im Sternengas, sei es im interstellaren Medium, entsteht, sich entwickelt, sich aufrechterhält, aber auch wieder vergeht, Unordnung in Ordnung übergeht, ist nicht-linearen irreversiblen Prozessen zuzuschreiben.

Spiralstruktur in Sternsystemen entsteht sicher nicht im Kontext einer einwegigen Kausalverknüpfung wie z.B.: interstellare Wolke, gravitativer Kollaps, neue Sterne. Ordnung und Strukturbildung sind wie in vielen anderen Fällen der Natur das Ergebnis vielfach verknüpfter Rückkoppelungen und wechselwirkender stochastischer (voneinander unabhängiger) Einzelprozesse. Sie sind das Ergebnis von Ungleichgewichten, die sich selbst durch dissipative Abläufe aufrechterhalten können. Unter einem dissipativen Prozess wollen wir ganz allgemein einen Vorgang verstehen, bei dem Energie umgesetzt wird und der nicht in einem thermodynamischen Gleichgewicht stattfindet.

Die ständige Verfügbarkeit von Gravitationsenergie und die Möglichkeit der Energieabstrahlung macht Galaxien zu offenen im Ungleichgewicht befindlichen Systemen. Viele dissipative Prozesse laufen in einem Sternsystem ab: Umwandlung von Wasserstoff in Helium, chemische Reaktionen im interstellaren Medium, Sternentstehung, Sternentwicklung oder Sternexplosionen. All diese Abläufe sind durch verstärkende oder abschwächende Rückkoppelungsschleifen miteinander vernetzt und bilden so ein Prozesssystem.

Eine Galaxie ist kein konservatives System, da Energie auf vielerlei Weise zwischen Sternentstehung und -entwicklung verbraucht wird. Die Sternentwicklung setzt den interstellaren Wasserstoff und das Helium in andere stellare Endprodukte um: Weiße Zwerge, Neutronensterne, Schwarze Löcher. Viele dieser Abläufe sind selbstverstärkend. Die Bildung von Molekülen in interstellaren Wolken erhöht die Kühleigenschaften der Wolken, ermöglicht dadurch ein weiteres Zusammenklumpen und so die Produktion von noch mehr Molekülen. Junge massereiche Sterne lösen weitere Sternentstehung aus, z.B. aufgrund ihrer starken Sternwinde. Das Zusammenspiel solcher Abläufe führt zu einer Selbstorganisation des Systems. Es können dabei räumliche Strukturen erzeugt werden: Molekülwolken, Sternassoziationen, Spiralarme. Es können auch zeitliche Strukturen erzeugt werden: Sternentstehungsausbrüche oder zeitliche Schwingungen in den Raten der Sternentstehung.

Die im Sterngas und im interstellaren Medium arbeitenden Rückkoppelungsschleifen werden von der Dynamik und der Thermodynamik der beiden Komponenten gesteuert und sind Vielparameterprozesse. Sie münden häufig in das statistische Ereignis „Sternentstehung". Um Strukturbildung in Sternsystemen zu beschreiben, benützen wir einen systemischen Ansatz. Traditionell wird in der Astrophysik analytisch vorgegangen. Dieses Verfahren stößt jedoch an seine Grenzen, wenn Vielparameterprozesse zur Strukturbildung führen. So arbeiten schon lange Biophysik, Biologie oder die Wirtschaftswissenschaften mit großem Erfolg systemisch. In der Tabelle 11.1 sind systemischer und analytischer Ansatz einander gegenübergestellt. Die aus vielen Komponenten, „Populationen", bestehenden Sternsysteme und die verschiedenen vielfach verknüpften Wechselwirkungen bei Sternentstehung und -entwicklung zwischen den Sternpopulationen und den verschiedenen Phasen des interstellaren Mediums erzwingen ein systemisches Vorgehen.

11.1 Ein Waldbrand im Sternsystem

Die Zufallstheorie, mit der wir Spiralstruktur erklären wollen, geht davon aus, dass die Strukturbildung – der Aufbau eines Spiralarms – auf dem zunächst zufälligen Ereignis der Sternentstehung beruht. Diese Vorstellung stützt sich auf die Beobachtung von sich räumlich fortpflanzender Sternentstehung. Sternentstehung ist ein Prozess mit sehr kleinem Wirkungsgrad, also geringer Ausbeute: Nur wenige

Systemischer Ansatz	Analytischer Ansatz
Beschreibung des Gesamtsystems	Beschreibung von einzelnen Komponenten des Systems
Untersuchung der Wechselwirkungen der Einzelkomponenten und ihrer Verbindungen	Untersuchung der Einzelkomponenten; Isolierung der Einzelkomponenten
Berücksichtigt die Ergebnisse der Wechselwirkungen	Berücksichtigt die Art der Wechselwirkungen
Ändert in den Modellen Gruppen von Variablen	Ändert nur eine Variable
Bezieht Zeitdauer und Irreversibilität ein	Ist unabhängig von der Zeitdauer der Prozesse und rechnet ausschließlich reversibel
Bewertet die Beobachtung durch Vergleich mit der Funktion eines Modells	Bewertet die Beobachtung im Rahmen einer Theorie
Erreicht gute Einsichten in die Funktion des Systems (Entwicklungsziele) bei unscharfen Aussagen über die Systemkomponenten	Erreicht gute Einsichten über einzelne Systemkomponenten bei unscharfen Aussagen über die Funktion des Systems

Tabelle 11.1 Systemischer und analytischer Ansatz

Prozent der Masse einer kühlen dichten interstellaren Wolke werden zu Sternen kondensieren. Der Rest wird durch die neu entstandenen heißen Sterne aufgeheizt und auseinander gerissen. Diese Gasreste (85% und mehr einer Wolke) werden nun in angrenzende Gebiete geschoben, können dort zu neuer Sternentstehung Anlass geben oder kühlen ab, verschmelzen mit anderen Wolken und bilden die Geburtsorte für nachfolgende Sterngenerationen (Abb. 11.1).

Es wurde schon erwähnt, dass die Rotationsgeschwindigkeit in den Sternsystemen mit zunehmender Entfernung

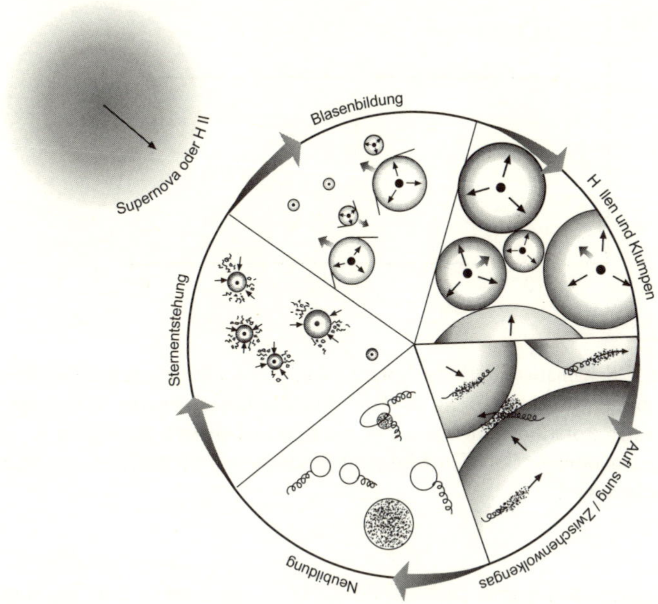

11.1 Eine Sternentstehungszelle wird von außen zur Sternentstehung angeregt (z.B. durch eine sich ausdehnende Supernova-Hülle). Der in der Zelle stattfindende zyklische Ablauf ist symbolisch dargestellt. Neu entstandene Sterne heizen ihre Umgebung auf, es entstehen HII-Gebiete und heiße Gasblasen. Die Hüllen und Blasen stoßen zusammen, neue Verklumpungen bilden sich. Sterne beginnen abzusterben, das interstellare Material kühlt herunter, verklumpt weiter zu Molekülwolken, und der Kreislauf kann wieder beginnen.

vom Zentrum abnimmt. In den Sternsystemen herrscht differentielle Rotation. Wir benutzen also in den Modellen immer eine flache Rotationskurve wie sie in Abbildung 11.2 dargestellt ist. Dies hat das Auftreten von Verscherungen zur Folge, da außen ein Umlauf länger dauert als innen. Das rotierende Sternsystem erzeugt notgedrungen durch Verscherung der Sternentstehungsgebiete eine Spiralstruktur. Das Spiralmuster ändert sich von Zeitschritt zu Zeitschritt (es

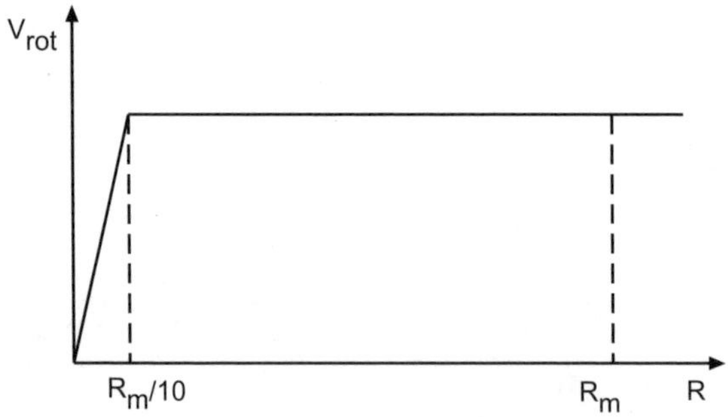

11.2 Schematisierte flache Rotationskurve eines Sternsystems. Die Rotationsgeschwindigkeit ist als Funktion des Galaxienradius aufgetragen. Starre Rotation findet man nur im zentralen Bereich bis $R_m/10$; R_m ist der maximale Galaxienradius, innerhalb dessen Sternentstehung beobachtet wird.

kann sich nicht aufwickeln), da es von stets neu entstandenen Sternen getragen wird. Dieses Muster erhält sich durch die stetige Folge von Sterngenerationen. Wir nennen diesen Prozess stochastisch ablaufende, sich selbst fortpflanzende Sternentstehung.

Die Sternscheibe wird in den Modellrechnungen in einzelne Sternentstehungszellen zerlegt (Abb. 11.3). In unseren Modellrechnungen benützen wir rund 7000 solcher Zellen, deren Größe aus beobachteten Sternentstehungsgebieten abgeleitet wurde. Die Kantenlänge liegt je nach Modell für eine Sternentstehungszelle zwischen 50 und 200 pc. Die Kreisringe der Scheibe rotieren gemäß einer vorgegebenen ebenfalls der Beobachtung entnommenen Rotationskurve.

Die einzelnen Kreisringe schieben sich mit verschiedenen Geschwindigkeiten aneinander vorbei, außen langsam, innen schnell. Jede Zelle nimmt ihren Stern- und Gasinhalt mit. Dabei kommt jede Sternentstehungszelle im Laufe der Zeit in Kontakt mit anderen Zellen aus den Nachbarkreisringen. Auf diese Nachbarzellen kann dann der Sternentstehungs-

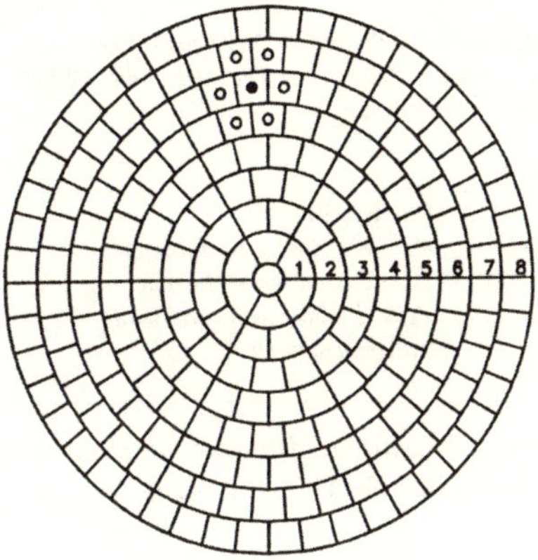

11.3 Zellstruktur der Gas- und Sternscheibe in den Modellrechnungen. Die flache Scheibe des Sternsystems ist in gleich große Einzelzellen parkettiert. Die Kreisringe rotieren gemäß einer vorgegebenen Rotationskurve. Die inneren Ringe rotieren daher schneller, die äußeren langsamer. Sternentstehung kann von Zelle zu Zelle überspringen.

funke überspringen. Sternentstehung erhöht die Wahrscheinlichkeit für neue Sternentstehung in den Nachbarzellen. Diese Wahrscheinlichkeit für Sternentstehung hängt natürlich vom Zellinhalt ab, also von der Vorgeschichte der Zelle. Hat die Zelle schon lange Zeit keine Sternentstehung erfahren, so wird sie viele kühle dichte Molekülwolken enthalten können, also für Sternentstehung sehr empfänglich sein. Hat dagegen gerade in der Zelle Sternentstehung stattgefunden, so wird sie für neuerliche Sternentstehung eine Erholphase von mehreren Zeitschritten benötigen.

Die Zeitschritte bei den Modellrechnungen sind so gewählt, dass eine Störung in einer Zelle aufgrund von Sternentstehung genug Zeit hat, den Zellrand zu erreichen. Dort kann diese Störung, z.B. eine Stoßwelle, auf die Nachbarzelle einwirken und neuerlich Sternentstehung auslösen. Die prinzipielle Funktionsweise des im Großrechner simulierten Modells stochastischer sich selbst fortpflanzender Sternentstehung während eines Zeitschritts lässt sich schematisch in Abbildung 11.4 darstellen.

Bei der sich selbst fortpflanzenden Sternentstehung ändert sich zeitlich der Inhalt einer Sternentstehungszelle und außerdem wird durch das Übergreifen auf die Nachbarzellen

Umverteilung
Kühl- und Heizprozesse. Massenumverteilungen. Nachbarschaften und Zellvorgeschichte bestimmen die neuen Zelldaten. Die legt die Wahrscheinlichkeit für Molekülwolken und Sternentstehung fest.

↑ ↓

Rotation der Scheibe
Verschiebung der Ringe: jede Zelle erhält neue Nachbarn.

→

Stochastik
Ausfällen der Sternentstehungswahrscheinlichkeiten für jede Zelle; Bildung des neuen Sternentstehungsmusters.

11.4 Prinzipielle Funktionsweise stochastischer Modelle der Sternentstehung; die Einzelschritte hierzu sind in Abb. 11.1 zu finden.

noch eine räumliche Strukturbildung ausgelöst. Das Übergreifen der Sternentstehung auf die Nachbarzellen geschieht mit einer Wahrscheinlichkeit P. Wir nennen sie die Auslösewahrscheinlichkeit von Sternentstehung. Solche Prozesse werden in der Physik Perkolationsprozesse genannt. Wir veranschaulichen dies an einem Waldbrandmodell.

Wenn ein Baum in einem Wald brennt, lässt sich die Wahrscheinlichkeit für das Übergreifen des Feuers auf einen Nachbarbaum berechnen: Baumabstand, Unterholzdichte, Windrichtung, Feuchtigkeit, Baumart bestimmen diese Überspringwahrscheinlichkeit. In dem astrophysikalischen Modell stehen für diese Begriffe z.B. Molekülwolkendichte, Rotationsgeschwindigkeit, Materieströmungen, Gastemperatur, Staubgehalt. Ist die Wahrscheinlichkeit P = 1, so wird das Feuer auf alle Bäume (Nachbarzellen) übergreifen; ist P = 0, so wird sich das Feuer nicht ausbreiten. Der wichtige Punkt bei Perkolationsphänomenen ist nun, dass der Übergang von P = 1 nach P = 0 ein nichtlinearer Vorgang ist. In Abbildung 11.5 ist dies dargestellt. Aufgetragen ist die relative Abbrennrate F (oder Sternentstehungsrate) als Funktion der Überspring- oder Auslösewahrscheinlichkeit von Feuer (oder von Sternentstehung). Für P-Werte unterhalb eines kritischen Wertes P_c erlischt das Feuer und es ist F = 0. Für Werte nur wenig größer als P_c nimmt F stark zu. Dies ist das typische Verhal-

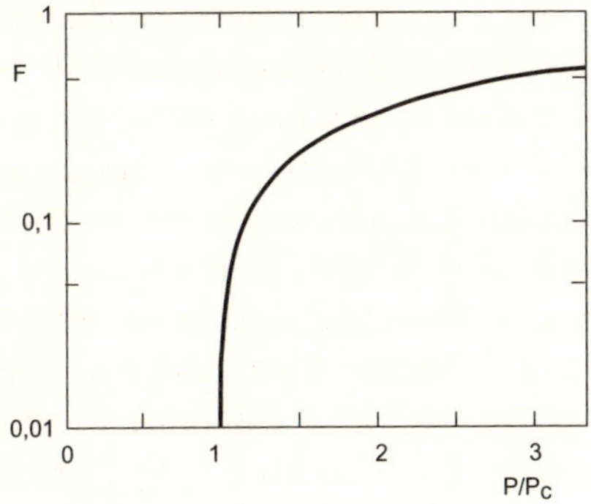

11.5 Beispiel für einen Phasenübergang bei einem Perkolationsprozess.

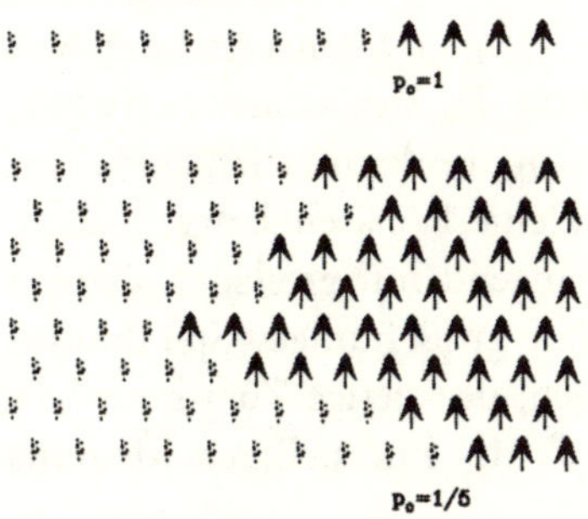

11.6 Schematisierte Darstellung eines Allee- und eines Waldbrandes.

ten eines Phasenüberganges: Baum geht über in Feuer und Asche; Molekülwolke geht über in junge Sterne, heißes Gas.

In der Abbildung 11.6 eines vereinfachten Waldbrandmodells können wir den Wert P_c abschätzen. Dargestellt sind ein eindimensionaler Wald (Allee) und ein zweidimensionaler Wald (Ausschnitt aus einem Sternsystem). Das Feuer in der Allee breitet sich von links nach rechts aus. Es gibt zu jedem Zeitpunkt für das Feuer nur einen einzigen Baum, auf den es übergreifen kann; für $P_c < 1$ erlischt das Feuer. Im zweidimensionalen Wald hat jeder brennende Baum mindestens fünf Nachbarn. Vom sechsten Nachbarn stammt das Feuer. Bezeichnen wir mit M die Anzahl der zur Verfügung stehenden Nachbarn, dann kann sich das Feuer ausbreiten, wenn gilt: $P \times M \geq 1$. Hier wird also $P_c = 1/5$ sein.

Eine zweite wichtige Eigenschaft perkolierender Systeme ist ihre Empfindlichkeit hinsichtlich der Systemgröße. Ein kleiner Wald kann schnell und völlig niederbrennen. Eine kleine Galaxie kann durch einen einzigen Sternentstehungsausbruch für lange Zeit materialmäßig erschöpft sein. Ein großer Wald wird ohne Schwierigkeit einen stetig sich fortfressenden Waldbrand beherbergen können. Abgebrannte Gebiete werden wieder hochwachsen und nach einer angemessenen Zeitspanne wird dort das Feuer neuerlich Nahrung finden. In großen Galaxien kann stetig Sternentstehung stattfinden.

Das Zellmuster aufgrund der von Sternentstehungszelle zu Sternentstehungszelle überspringenden Sternentstehung wird durch die differentielle Rotation des Sternsystems verschert. Das Ergebnis ist ein Spiralarm. Er kann filamentös und zerrissen aussehen und eine kleine Kohärenzlänge besitzen, kann stetig und zusammenhängend mit großen Kohärenzlängen sich ausbilden und ein großräumiges Spiralmuster darstellen. Die Kohärenzlängen, der stetige Zusammenhalt, wird von der Thermodynamik des interstellaren Mediums bestimmt.

11.1.1 Beispiele von künstlichen Sternsystemen

Das Zusammenspiel von differentieller Rotation und sich ausbreitender Sternentstehung ist in Abbildung 11.7 veranschaulicht. Hier ist für drei Fälle, Sternentstehung mit und ohne differentielle Rotation und differentielle Rotation ohne Sternentstehung, die Ausbildung eines Spiralarmfilamentes dargestellt. Wo Sterne entstehen, bildet sich in der Gasscheibe (jeweils rechte Spalte schwarz) ein weiß dargestelltes Gasloch; denn das Gas wurde in Sterne übergeführt; stirbt die Sternentstehung ab, so füllt sich langsam die Gasscheibe wieder auf. Die Zellen regenerieren und sind zu neuer Sternentstehung fähig.

Das Sternalter ist proportional zur Punktgröße dargestellt. Je kleiner der Punkt desto älter sind die Sterne. Die Zeitschritte sind in Einheiten von 10^6 Jahren aufgetragen. Rotiert

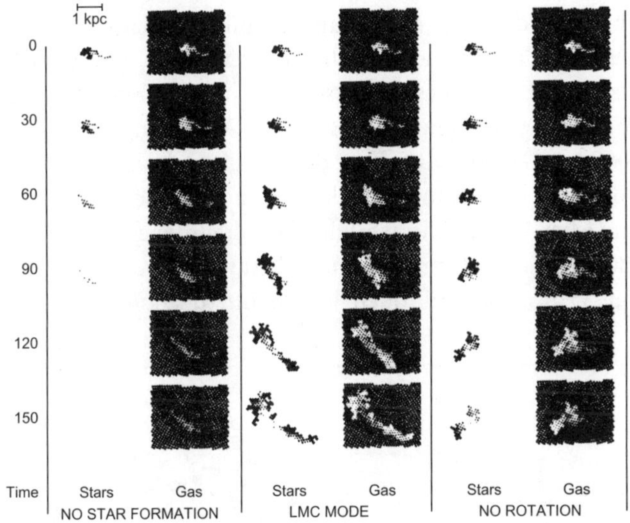

11.7 Zusammenspiel von differentieller Rotation und Sternentstehung. Dargestellt ist als Funktion der Zeit (in Einheiten von 10^7 Jahren) die Entwicklung einer Gasscheibe (schwarz) und eines Sternentstehungsgebietes. An Stellen von Sternentstehung fehlt das Gas in der Scheibe. Wird die Sternentstehung abgeschaltet, stirbt das Gebiet ab, und die Zellen der Gasscheiben füllen sich mit kaltem Gas auf (linke Hauptspalte). Wird die differentielle Rotation abgeschaltet, tritt die Sternentstehung fast auf der Stelle, denn keine unverbrauchten Gaszellen werden an den aktiven Sternentstehungsgebieten vorbeigeführt (rechte Hauptspalte). Erst durch das Zusammenspiel von beiden Effekten bildet sich ein größeres Spiralarmfilament (mittlere Hauptspalte).

das System nicht (rechte Hauptspalte), dann werden keine unverbrauchten Sternentstehungszellen an aktiven Sternentstehungsgebieten vorbeigeführt. Die Sternentstehung tritt räumlich fast auf der Stelle. Erst wenn die Rotation dazu geschaltet wird (mittlere Hauptspalte), beginnt sich ein Spiralarmfilament auszubilden.

Spiralstruktur zeigt sich nur in den Verteilungen von Objekten, die jünger als Hundertmillionen Jahre sind. Um diesen Sachverhalt zu simulieren, werden in den Modellen alle Sterne, die diese Altersgrenze überschreiten, aus den Darstellungen herausgenommen. In Abbildung 11.8 ist dies für eine Galaxie vom Typ der Milchstraße gezeigt. Ohne Vorwissen ist es schwer, in den frisch entstandenen Strukturen (Alter = 10 Millionen Jahre) großräumig zusammenhängende Spiralmuster zu erkennen. Erst wenn auch ältere Sterne von 35 und 80 Millionen Jahren hinzugenommen werden

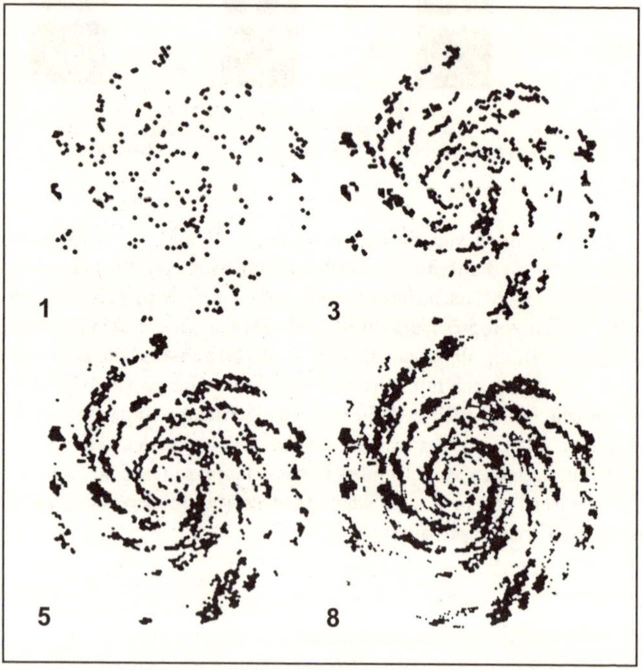

11.8 Modellgalaxie (Milchstraßenparameter) mit unterschiedlichem Alter der Sternentstehung. Die Zahl gibt das maximale Alter der Sternentstehung an (z.B. 5 10^7 Jahre; alle Sterne, die dieses oder ein kleineres Alter besitzen, sind gezeigt). Die Symbolgröße nimmt linear mit dem Alter der Sternentstehungsgebiete ab.

und Sterne entsprechend in Zeitschritten altern konnten, erst dann bildet sich die vertraute Spiralstruktur aus.

Um die Zellkörnigkeit in den Abbildungen zu überwinden und die künstlichen Galaxien im Aussehen den Real-sys-temen anzunähern, haben wir in Abbildung 11.9 eine Galaxie, ähnlich unserer Milchstraße, fotografisch unscharf gemacht. Es fällt nicht schwer, solch ein Sternsystem in einem Galaxienatlas ausfindig zu machen. Nicht nur die stellare Struktur, sondern auch die Verteilung der verschiedenen Gaskomponenten, also des neutralen Wasserstoffs und der Molekülwolken und des heißen Gases lassen sich in den Modellen erzeugen und mit den Beobachtungen vergleichen. In Abbildung 11.10 ist die Verteilung des neutralen Wasserstoffs in einem milchstraßenähnlichen System für zwei verschiedene Zeitschritte gezeigt. Die Stärke der Ansammlung von neutralem Wasserstoff in Spiralarmen ist deutlich zu erkennen. Der Durchmesser der gezeigten Sternsysteme entspricht jeweils 20 kpc.

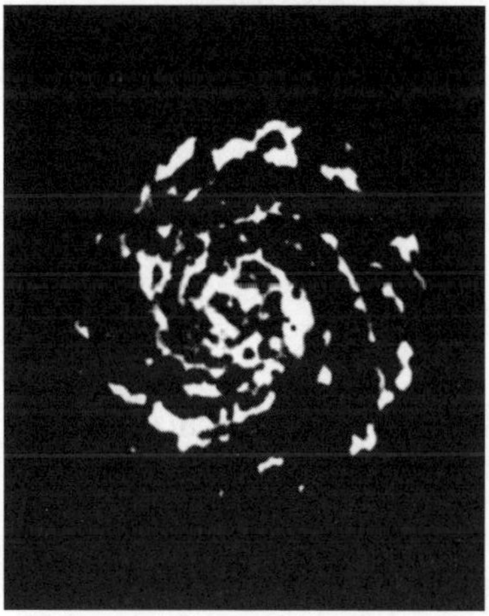

11.9 Modellgalaxie vom Galaxientyp der Milchstraße. Um die Zellkörnigkeit zu unterdrücken, wurde die Kunstgalaxie fotografisch unscharf gemacht.

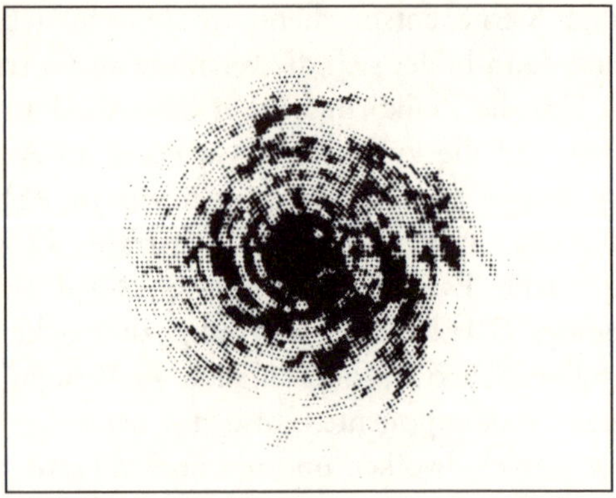

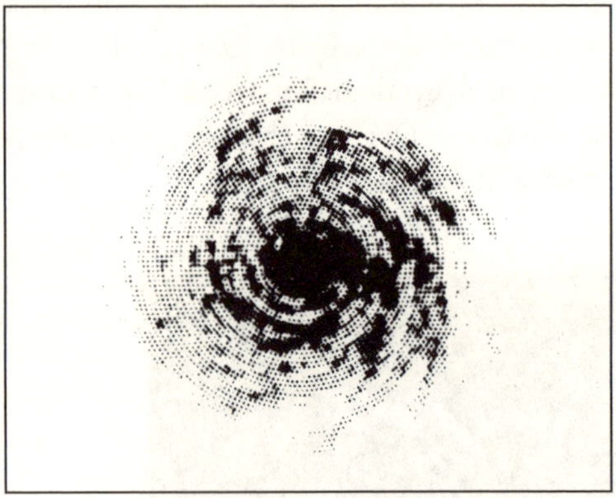

11.10 Verteilung des neutralen atomaren Wasserstoffes in einer Kunstgalaxie vom Milchstraßentyp. Die Gasdichte fällt exponentiell nach außen ab.

11.2 In der Hexenküche des interstellaren Mediums

Dass der Raum zwischen den Sternen nicht leer ist, wissen wir schon. Er ist angefüllt mit Staub und Gas. Bei den Spiralgalaxien und so auch bei unserer Milchstraße beträgt der Massenanteil des interstellaren Mediums an der Gesamtmasse etwa 20%. Das interstellare Medium existiert in verschiedenen Phasen unterschiedlicher Dichte und Temperatur: heiß (T = 10 Millionen Kelvin), lauwarm (T = 100 – 1 000 Kelvin) und kalt (T = 10 Kelvin). Aus der kühlsten Komponente des Mediums bilden sich die neuen Sterne. Denn je dichter und kühler das interstellare Medium ist, umso leichter können sich in ihm Sterne durch gravitativen Zusammenbruch einzelner Gaswolken entwickeln. Die neu entstandenen Sterne beginnen nun wiederum damit, das bei ihrer Entstehung übriggebliebene Gas und ihre Umgebung aufzuheizen. Ein erster Temperaturzyklus nimmt seinen Anfang. Wo geheizt wird, werden sogleich auch Kühlprozesse einsetzen und dieses Wechselspiel zwischen den Heiz- und Kühlzeiten bestimmt dann die prozentualen Massen und Volumenanteile der verschiedenen Phasen des interstellaren Mediums. Das Zustandsdiagramm des interstellaren Mediums soll nun in einem synoptischen Bild mit den physikalischen Prozessen verknüpft werden, die in ihm ablaufen.

In der Abbildung 11.11 sind diejenigen Aspekte eingerahmt, die auf die numerischen Modelle abgebildet wurden. Die geschlossenen Pfeilspitzen markieren die Wege, die Materie und Energie nehmen können. Sie zeigen aber auch die Richtung der Auswirkungen auf Zustände des interstellaren Mediums. Mit Springbrunnen ist das Aufsteigen und Zurückfallen (senkrecht zur galaktischen Ebene) sowohl des heißen also auch des lauwarmen Gases gekennzeichnet. Stoßwellen können sowohl die Kondensation von neutralem Gas (atomarer Wasserstoff) zu Molekülwolken (molekularer Wasserstoff und anderen Molekülverbindungen) als auch die Umwandlung von molekularen in atomaren Wasserstoff begünstigen. Unter Molekülwolken fassen wir die kalten Komponenten der interstellaren Materie zusammen und meinen damit auch die Kohlenmonoxyd-Wolken. Junge massereiche Sterne ionisieren das interstellare Medium ihrer Umgebung. Zunächst wirken ihre kräftigen Sternwinde, und es bilden sich Blasen aufgeheizter interstellarer Materie

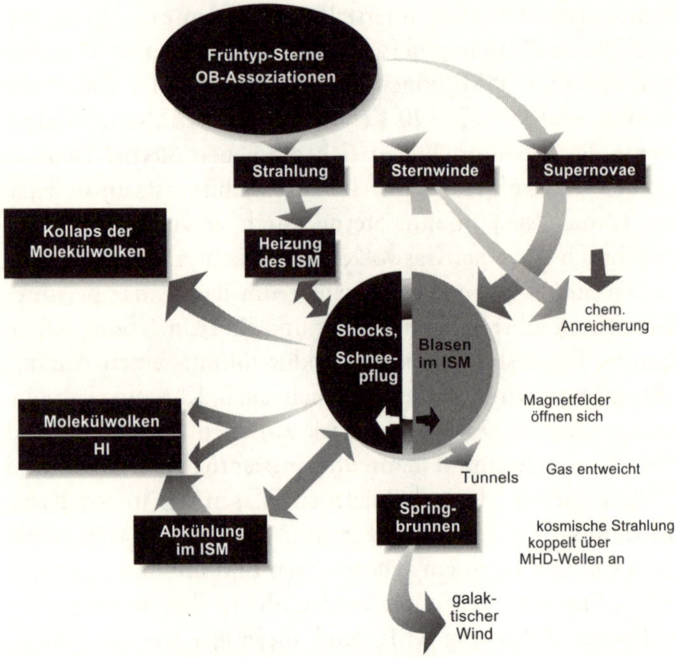

11.11 Verfeinertes synoptisches Bild der in den Modellen berücksichtigten Wechselwirkungen. Die Pfeile markieren Wege und Einwirkungen von Energie und Materie; vergleiche hierzu die vereinfachte Darstellung eines kleinen kosmischen Kreislaufes (Abb. 6.2).

um diese Sterne aus. Stoßen solche Blasen aneinander, so formen sich Verbindungstunnel aus heißem Gas, eingebettet in das allgemein verteilte kühlere interstellare Medium. Bei Supernovaexplosionen werden solche Entwicklungen und Zustände beträchtlich verstärkt. Ähnlich einem Schneepflug schaufelt eine Supernovaexplosion kühle interstellare Materie zur Seite. Man kann daher den Verteilungszustand der interstellaren Materie sehr gut mit der Struktur eines Schwammes vergleichen: Den Hohlräumen entsprechen die Gebiete warmen und heißen Gases, den festen Wänden die kühleren Komponenten des interstellaren Mediums. All diese

Verteilungen sind stetigen Übergängen und andauernden Umschichtungen unterworfen.

Da Sternentstehung, Sternentwicklung und die Phasen des interstellaren Mediums miteinander gekoppelt sind, so interessiert es, wie diese Koppelung arbeitet. In Abbildung 11.12 ist die zeitliche Entwicklung der globalen mittleren Gasmassen pro Zelle für ein Milchstraßenmodell dargestellt. Die Modelle wurden jeweils über 500 Zeitschritte (entsprechend 5 Milliarden Jahren) auf einem Großrechner der Ruhr-Universität Bochum verfolgt. Die totale ursprünglich vorhandene Gasmenge nimmt um rund 15% ab. Sie wird in den langlebigen Sternen gebunden. Die mittleren Anteile des ato-

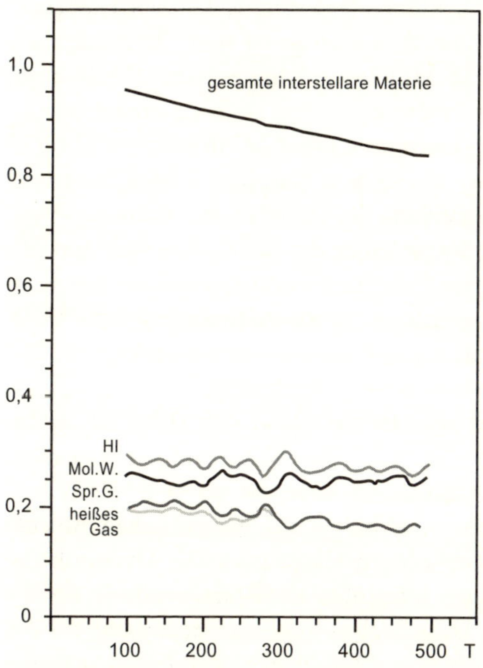

11.12 Zeitliche prozentuale Änderung der globalen mittleren Gasmassen und der einzelnen Phasen der interstellaren Materie für ein Milchstraßenmodell; die Einheit der Zeitschritte beträgt 10^7 Jahre.

maren Wasserstoffs der Molekülwolken, des heißen Gases und des Springbrunnengases ändern sich um weniger als 5%. Diese Konstanz ist ein guter Hinweis auf die Stabilität solch einer Galaxienentwicklung. Die prozentualen Anteile von HI-Gas und Molekülwolken variieren fast synchron: Wenn viel kühles HI-Gas vorhanden ist, dann existieren auch viele Molekülwolken. Die heißen Phasen verhalten sich zu den kühlen Komponenten des interstellaren Mediums antizyklisch. Wenn viel heißes Gas vorhanden ist, geht dies auf Kosten des kühlen Gases.

Das ist verständlich, wenn wir die entsprechenden mittleren Sternentstehungsraten betrachten (Abb. 11.13). Auch die Sternentstehung verläuft auf Zeitskalen von rund 500 Millionen Jahren zyklisch. Viele Sterne können entstehen, wenn viele Molekülwolken vorhanden sind. Betrachten wir den Zeitschritt 2,75 Milliarden Jahre in den Abbildungen 11.12 und 11.13 so wird klar, dass bei starker Sternentstehung der Molekülvorrat abnimmt und ein Minimum erreicht. Zur gleichen Zeit haben die heißen Gasphasen ihren Maximalanteil in der Massenbilanz des interstellaren Mediums: Viele junge massereiche Sterne haben das interstellare Medium aufgeheizt. Dadurch wird wiederum der prozentuale Anteil an Molekülwolken beeinflusst. Sternentstehungsrate und Molekülwolkenzahl sind negativ miteinander rückgekoppelt. Die Sternentstehung wird dadurch abgebremst.

Das System hat also die Fähigkeit, sich selbst zu regeln. Selbstorganisation hat hier zur Voraussetzung einerseits die langfristige Stabilität, andererseits geregelte Heiz- und Kühlmechanismen im Hinblick auf die zeitlichen Abläufe zwischen den verschiedenen Gasphasen. Die Dynamik der galaktischen Scheibe sorgt über die Rotationskurve für die Zellversetzungen. Diese Sachverhalte sind Bedingung für das Auftreten von galaktischen Strukturen und dem geordneten Ablauf dieser strukturbildenden Prozesse in Eigenregie.

Die Modellrechnungen liefern für jede der 7000 Zellen des milchstraßenähnlichen Standardsternsystems bei jedem

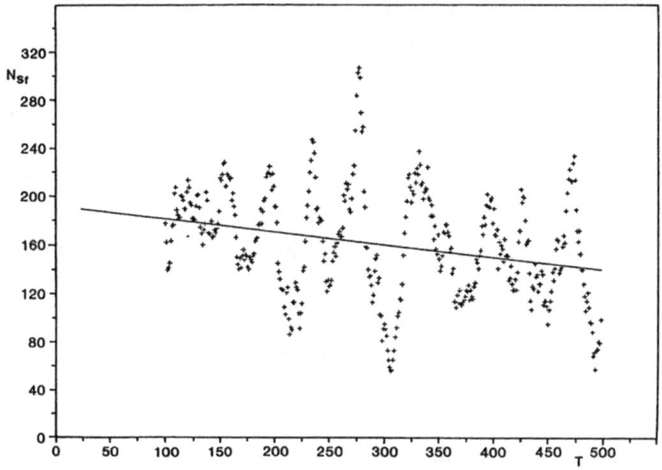

11.13 Zeitliche Veränderung der Anzahl der Sternentstehungsereignisse pro Zeitschritt. Im Mittel findet jeweils in 160 Zellen eines Milchstraßensystems Sternentstehung statt; das sind 2%–3% der überhaupt möglichen Fälle.

Zeitschritt Informationen über den Zellinhalt, d.h. Alter, Massenverteilung, Temperatur und Vorgeschichte. Temperatur, Alter und Massenverteilungen erlauben es, den Komponenten der einzelnen Zellen mittlere fotometrische Farben zuzuordnen oder eine Gesamtfarbe der Zelle zu berechnen. Dies liefert einen direkten Zugang für Vergleiche mit denen aus der Beobachtung erhaltenen fotometrischen Daten von Sternsystemen bei verschiedenen Wellenlängen.

Die Modelle stellen auch eine Art numerisches Observatorium dar. Auf Änderungen der galaktischen Grundparameter (z.B. Masse, Massenverteilung, Drehimpulsverteilung, Rotationskurve, Kühlzeiten, Chemie) gibt das Modell eine bestimmte Antwort. Diese Antwort wird mit den Beobachtungen verglichen. Wir können auch dem modellmäßig abgebildeten Sternsystem neue Fragen stellen, wie es z.B. auf extrem kurze Kühlzeiten, starke Molekülwolkenbildung oder die Einspeisung von zusätzlicher Masse aus Nachbarsternsysteme reagiert. Das Modell Milchstraßensternsystem wird eine Lösung vorführen, die wir über die Rechnersimulation beobachten können. Das numerische Observatorium liefert eine Antwort.

Wir haben hier ein astrophysikalisches Modell kennen gelernt, das uns Eigenschaften unseres eigenen Sternsystems vorspielt. Wir können dieses Modell mit Beobachtungen überprüfen und verstehen auch, wie ein Sternsystem in der Lage ist, Strukturen entstehen zu lassen und langzeitlich zu erhalten. Es gibt jedoch noch eine zweite Theorie, welche die Spiralstruktur in Sternsystemen zu erklären versucht. Auch sie wollen wir kennen lernen. Dabei werden wir mitten hinein in die wissenschaftliche Diskussion des Für und Wider zweier astrophysikalischer Modelle geführt. Wir werden dabei lernen, wie schwierig und langwierig es ist, richtige Aussagen über so scheinbar simple Vorgänge wie die Spiralstruktur in Sternsystemen zu bekommen.

11.3 Spiralarme als Dichtewellen

Sternentstehung ist ein Zufallsprozess, der zwar in geeigneten galaktischen Umwelten ablaufen kann, trotzdem aber in der Lage ist, auch großräumig Ordnung zu schaffen. Sternsysteme sind geordnet. Ist es nicht auch möglich, diese Ordnung von vornherein in Rechnung zu stellen und die Zufallsereignisse der Sternentstehung auf vorgegebene Zonen zu begrenzen? Die Dichtewellentheorie der Spiralstruktur versucht dies. Es ist eine analytische Theorie, und dies macht sie zurzeit so beliebt. Ohne numerische Simulationsrechnungen können mit Sinus und Kosinus hübsche Dinge ausgerechnet werden: Spiralmuster, Strömungsgeschwindigkeiten, Dichteverhältnisse. Und die Sterne entstehen obendrein genau dort, wo man sie braucht.

Dichtewellen kennt jeder Autofahrer. Der fließende Verkehr, zusammengesetzt aus einzelnen Fahrzeugen, verdichtet sich vor auf Rot schaltenden Ampeln. Ein ferner Beobachter sieht also im fließenden Verkehrsstrom hin und wieder Verdichtungen auftreten. Sind die Ampeln in bestimmtem Zeitrhythmus geschaltet, entstehen Verkehrsverdichtungen im Zeittakt. Man spricht von Dichtewellen. Ersetzen wir die Autos durch Sterne, so ist unser Bild schon sehr nahe an der kosmischen Wirklichkeit. Spiralarme sind Verdichtungen im Sternenfluss. Spiralarme sind Dichtewellen.

Wir beobachten genügend viele Sternsysteme, die allein und isoliert im Raume stehen. Nachbarsternsysteme fehlen, um durch Gezeitenkräfte Störungen in diesen Sternsystemen anzuregen, die der Anlass für Dichtewellen sein könnten. Sternsysteme müssen also aus sich heraus durch Selbstanregung zur Strukturbildung fähig sein. Sie müssen ihre Dichtewellen, die wir als Spiralstruktur beobachten, selbst hervorbringen und vor allem langzeitlich erhalten. Spiralstruktur ist im Rahmen der Dichtewellentheorie ein Wellenphänomen, das stellardynamisch beschrieben werden muss. Stellardynamisch heißt, Störkräfte zwischen den Sternen und der Sternscheibe sorgen für die Wellenanregung und den Wellenerhalt.

Im Rahmen dieses Modells ist eine Wellentheorie notwendig, um das Erhalt- und Aufwickelproblem zu lösen. Wie bei der stochastischen Theorie können die Spiralarme nicht stets aus dem gleichen Material bestehen; würde dies so sein, wären es materielle Arme im Sinne von verbogenen Radspeichen. Sie würden sich als Folge der differentiellen Rotation allmählich immer enger aufwickeln, die im Innenbereich schneller, im Außenbereich langsamer läuft. Die Strukturen würden also verschwinden. Im Falle unserer Milchstraße käme etwa alle 100 Millionen Jahre eine neue Windung hinzu. Da das Alter von Galaxien um 10 Milliarden Jahre beträgt, und da Spiralarme kaum mehr als zwei Windungen zeigen, bleibt nur der Schluss übrig: Spiralarme können sich nicht als materielle Arme verhalten. Es müssen Dichtemaxima von Dichtewellen sein. Bei der stochastischen Theorie wurde diese Schwierigkeit umgangen. Dort entstehen immer neue Sterngenerationen und schaffen so die Struktur, die von der Rotation zu Spiralarmen auseinander gezogen wird. Anders ist es bei Dichtewellen.

11.4 Eine kosmische Wanderbaustelle

Das Spiralmuster, ein Wellenkamm aus alten Scheibensternen, rotiert in der galaktischen Sternscheibe starr und mit konstanter Geschwindigkeit, die wir Strukturgeschwindigkeit Ω nennen. Die Materie der Scheibe, also Sterne und Gas, hat natürlich eine vom Radius abhängige Rotationsgeschwindigkeit: Sie bewegt sich nach den Gesetzen der differentiellen Rotation. Diese Drehbewegung ist in den inneren Bereichen, dem größten Teil der optisch beobachtbaren Scheibe, schneller als das Dichtewellenmuster. Im äußeren Bereich dagegen ist das Spiralmuster schneller. Sterne und Gas werden auf bestimmten Bahnabschnitten in den Spiralarmen periodisch näher zueinander gebracht und zwischen den Spiralarmen auseinander gezogen (Abb. 11.14). Hier können wir auf das Bild von Verkehrsströmen zurückgreifen. Nur ersetzen wir jetzt die Verkehrsampeln durch eine Wanderbaustelle auf der Autobahn. Die Wanderbaustelle bewegt sich mit einer Strukturgeschwindigkeit, es ist die Strukturgeschwindigkeit des Spiralmusters, voran. Die Wanderbaustelle bedeutet eine Fahrbahnverengung: Der Verkehrsstrom drängt durch diesen Flaschenhals. Es bildet sich eine Verkehrsverdichtung - eine Dichtewelle, die jedoch jetzt wandert. Geschwindigkeit der Autos und Vorwärtsrücken der Wanderbaustelle unterscheiden sich beträchtlich.

Die erhöhte Autodichte entsteht, weil die einzelnen Fahrzeuge durch eine Verkleinerung ihrer Reiseabstände und Reisegeschwindigkeiten näher aufeinander rücken. In unserer Milchstraße und den Spiralgalaxien werden Sterne und Gas auf ihrem normalen ungestörten Weg durch ein spiraliges Gravitationsfeld gestört. Es ist der Wellenkamm aus alten

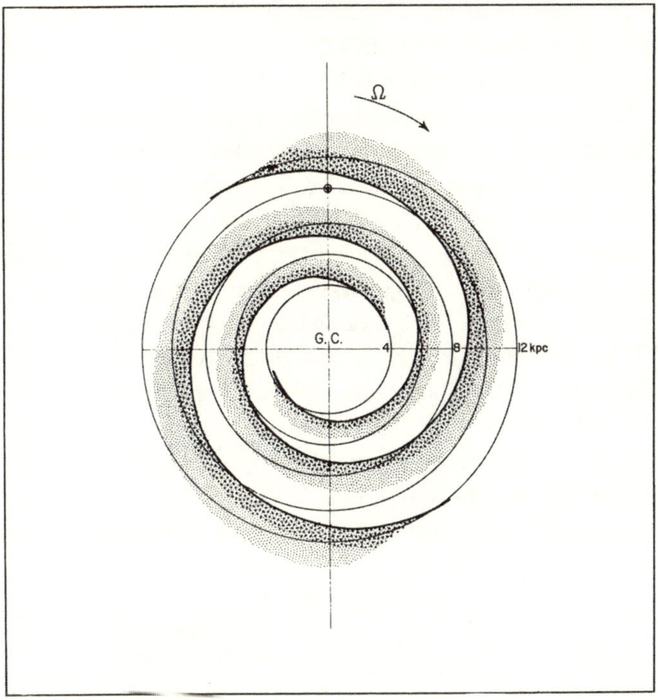

11.14 Grundmodell der Spiralarmdichtewelle. Die zweiarmige spiralige Dichtewelle (stark ausgezogene Linie) rotiert starr mit der Winkelgeschwindigkeit Ω in der Sternscheibe. Gas und Sterne strömen von hinten (Überholvorgang der Dichtewelle) in das Spiralmuster ein. Es bildet sich eine Stoßwelle aus, die Gaswolken zur Sternentstehung anregt. Junge Sterne und HII-Gebiete (größere Punkte) beginnen den Spiralarm optisch zu markieren. Die Dunkelwolken liegen entlang der inneren Kammlinien aufgereiht. Die Spiralstruktur endet im äußeren Bereich, wenn Ω gleich der Drehgeschwindigkeit der Scheibe wird.

Scheibensternen. Dieses Störfeld erhält sich selbst in dem Sinne, dass die wellenartige Änderung der Massenverteilung, dynamisch hervorgerufen durch das spiralige Gravitationsfeld, gleichzeitig selbst die Störmasse darstellt, die zu seinem Erhalt notwendig ist. Wir sprechen von einer sich selbst erhaltenden Struktur. Das Schemabild (Abb. 11.15) verdeutlicht die Wechselbeziehungen, die zum langzeitlichen Erhalt der Dichtewellenstruktur führen sollen.

Rechnerisch lässt sich dieser Ansatz gut beherrschen, wenn die Stärke des spiraligen Störfeldes als klein gegenüber dem normalen Gravitationsfeld der Sternscheibe angenommen wird; dies entspricht auch genähert der Forderung, dass die Wellenlänge der Dichtewelle klein sein muss im Vergleich zur Ausdehnung der gesamten Sternscheibe. Letztendlich erhält man einen Zusammenhang zwischen Stördichte der Welle, Wellenlänge und Rotationsgeschwindigkeit des Wellenmusters. Die Stärke der Welle, ihre Amplitude, lässt sich berechnen. Das Vorhandensein von Spiralarmdichtewellen in Scheibengalaxien hängt entscheidend von den Zufallsgeschwindigkeiten der Sterne ab. Diese Zufallsgeschwindigkeiten müssen klein sein. Für Scheibengalaxien, die

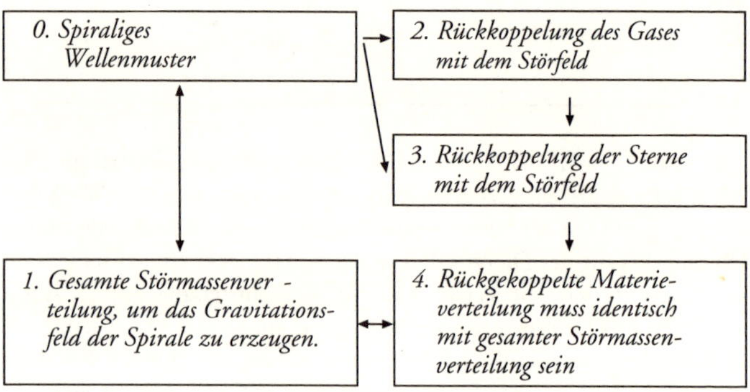

11.15 Schema der zum Selbsterhalt der Dichtewelle notwendigen Verknüpfungen der Gravitationsfelder von Sternen und Gas. Das spiralige Wellenmuster (0) - ein möglicher Schwingungszustand der Sternscheibe - ist Folge der gesamten Störmassenverteilung (1). Die Störmassenverteilung setzt sich aus den Gas- und Sternanteilen (2+3) zusammen. Die Anteile werden vom spiraligen Wellenmuster (0) zu solch einer Verdichtung veranlasst (4). Eine einmal angeregte Welle könnte sich also selbst erhalten (nach C. C. Lin und F. Shu, 1964).

ihre Gleichgewichtsform aus dem Wechselspiel zwischen Zentrifugalkraft und kollektiver Anziehungskraft schöpfen, ist diese Forderung erfüllt. In elliptischen Galaxien können sich Spiralarmdichtewellen wegen der großen Zufallsgeschwindigkeiten der Sterne nicht ausbilden. Die Theorie liefert für die schnell rotierenden Galaxien eng gewickelte Spiralen, für langsam rotierende Systeme weit gewickelte Spiralen. Und gerade das bestätigt die Beobachtung.

Die Spiralstruktur endet im Innen- und Außenbereich, wenn die Strukturgeschwindigkeit gleich oder Vielfache der Stern- und Gasgeschwindigkeiten werden. Für die äußere Begrenzung von Spiralstruktur wird angenommen, dass dort die Geschwindigkeit des Spiralmusters und die Sterngeschwindigkeiten gleich sind. Man spricht von Resonanzen, die Dichtewellen nicht überwinden können.

Die Spiralarmdichtewellentheorie hat ihre grundlegende theoretische Anfangsschwierigkeit noch nicht gelöst. Wie wird eine Dichtewelle in einer Sternscheibe aus sich heraus erzeugt? Auch sich selbst erhaltende, spiralige Wellen haben eine endliche Lebensdauer, da sie ja eine bestimmte Wandergeschwindigkeit besitzen. Dicse Wandergeschwindigkeit, physikalisch Gruppengeschwindigkeit genannt, treibt sie aus der Sternscheibe hinaus. Die Welle verschwindet nach ungefähr 1 Milliarde Jahren. Das ungelöste dynamische Problem lautet daher: Wie werden solche Wellen stetig angeregt? Viele Versuche über Resonanzerscheinungen, also zwischen äußerem und innerem Spiralbereich eine Lösung zu finden, müssen als gescheitert angesehen werden. Keiner der Versuche ist in der Lage, genügend Wellenenergie zu erzeugen, um die Lebensdauer der Welle zu sichern.

Eine Lösung scheint sich allerdings anzudeuten. Im Wechselspiel zwischen stochastischer Theorie und Dichtewellentheorie kann ein Wellenmotor verborgen sein. Die stochastische Sternentstehung treibt das interstellare Medium in Form einer Detonationswelle vor sich her. Dieser Dichteüberschuss könnte ausreichen, eine stellardynamische Welle anzuregen und auch aufrechtzuerhalten, die dann wiederum großräumig für mehr Ordnung unter den vom Zufall erzeugten Spiralarmfilamenten sorgt. Der großräumige Zusammenhalt und die Energiequelle für die Anregung der Spiralmusterwelle würden so sichergestellt werden.

11.5 Wellenreiten am Kamm einer Spiralarmdichtewelle

Die optische Spiralstruktur unserer Milchstraße - und bei anderen Sternsystemen natürlich ebenfalls - wird vor allem durch sehr leuchtkräftige neugeborene O- und B-Sterne und die mit ihnen verknüpften HII-Gebiete markiert. Ebenso findet man die Staubwolken an den Spiralarminnenkanten aufgereiht. Die Massensumme dieser extremen Population I-Sterne und des Gases und Staubes macht nur wenige Prozent der Gesamtmasse des Sternsystems aus; die Verteilung der Population II-Sterne und der älteren Population I zeigt kaum eine Verknüpfung mit der Spiralstruktur. Wie ein Schaumstreifen auf einem Wasserwirbel markieren nur die jungen Sterne das spiralige Muster.

Da alle Sterne zusammen für die Masse der Milchstraße verantwortlich sind, kann sich schon eine kleine Änderung in der Massenverteilung als Hauptursache für den Erhalt der Spiralstruktur erweisen. Die Massendichte, die zur Spiralwellenstörung Anlass gibt, beträgt einige wenige Prozent (3 bis 5%) der Grundmasse der axialsymmetrischen Scheibe. Es ist also durchaus plausibel, die von der stochastischen Sternentstehung erzeugten Massenverschiebungen als Störungen anzunehmen.

Damit sind wir aber bei der Frage des Wellenreitens. Wie kann eine solch kleine Massenstörung die Gebiete der Sternentstehung so genau festlegen, und warum kann die Sternentstehung, unser Wellenreiter, sich auf der durch die Massenstörung verursachten Potentialstörung so gut halten? Des

Rätsels Lösung liegt in der Geschwindigkeit des Gases verborgen. Die Änderung der mittleren Gasdichte in diesen kosmischen Umwelten verhält sich umgekehrt quadratisch zum Anstieg der Gasgeschwindigkeit. Da die effektive Geschwindigkeit des Gases nur 1/3 bis 1/4 der individuellen Sterngeschwindigkeit beträgt, verursacht das spiralige Störfeld der Sterndichte eine sehr große Störung in der Gasdichte entlang des Spiralarmes. In den nun dichteren Gasgebieten kann dann stärker Sternentstehung ablaufen. Wir beobachten als Folge viele junge heiße Sterne. Sie markieren dann in natürlicher Weise die Spiralarme: Es sind die Wellenreiter am Wellenkamm des Spiralarmes.

Wenn wir die Gasgeschwindigkeit genauer betrachten, kommen wir zu einer weiteren Verfeinerung unseres Spiralarmbildes. Wir schauen uns hierzu zunächst ein Wasserwehr an. Wasser stürzt eine gewisse Höhe hinab, wird turbulent, schäumt auf und strömt dann ruhig fort. Der Potentialtrog der kleinen Dichtestörung durch die Sterne ist unser Wehr, an dem das interstellare Gas hinab strömt. Dabei erhöht sich seine Geschwindigkeit so stark, dass Überschallgeschwindigkeiten auftreten und eine Stoßwelle entsteht. Plötzliches Abbremsen und starke Verdichtung sind für das Strömungsverhalten in Stoßwellen charakteristisch. Wiederum können wir im Bilde des Wasserwehrs bleiben. Das herab schlagende Wasser wird schlagartig abgebremst und verdichtet. Genauso geschieht es dem Gas. Höhere Gasdichte, größere Einströmgeschwindigkeit und starke Gaskompression finden in einem schmalen Streifen um die spiralige Dichteerhöhung durch die Sterne statt. Die spiralige Dichtestörung ist ja für den Potentialtrog verantwortlich, in den das Gas hinabstürzt oder klassisch und anschaulich beschrieben: Die Dichtestörung erhöht die Anziehungskraft und daher fließt das Gas schneller in den Spiralarm hinein, welcher als Folge der durch diese Prozesse ausgelösten Sternentstehung optisch sichtbar wird. Die Gaskompression, radioastronomisch nachgewiesen, kann Sternentstehung auslösen.

Die Spiralarmstruktur muss eine zeitliche Entwicklung widerspiegeln. An den Innenkanten der Spiralarme, den starken Kompressionszonen, sitzen die Dunkelwolken; dann erst folgen die jungen OB-Sterne und HII-Gebiete, davon räumlich getrennt, denn Sternentstehung benötigt Zeit. Die Versetzung der Spiralarmkomponenten gegeneinander wird hiermit verständlich. Die Gaswolken werden komprimiert, beginnen unter ihrer eigenen Schwerkraft zusammenzustürzen, Sterne entstehen. Sie befreien sich allmählich aus den Gas- und Staubmassen, werden so räumlich und zeitlich versetzt in der Spiralstruktur auftauchen und für uns sichtbar.

11.6 Sterneneinzelschicksal und großräumige Ordnung

Verwunderlich bleibt immer noch eines: das zufällige Ereignis der Sternentstehung wird über den Kamm des Potentialtroges einer Dichtewelle geschoren und ist dann großräumig ordentlich organisiert - wir sehen Spiralstruktur. Um das genauer zu beleuchten, kann man einzelne Strömungslinien des Gases um das galaktische Zentrum berechnen. Die Gasbewegung führt zu Stoßwellen, sobald das Gas in die von den Sternen vorgegebene Dichtewelle einströmt; diese Dichtewelle muss allerdings eine gewisse Stärke besitzen, der Potentialtrog muss tief genug sein (oder die Wehrmauer hoch genug), damit eine Stoßwelle entsteht. Wenn das gravitative Dichtewellenfeld etwa 5% über dem mittleren axialsymmetrischen Anziehungsfeld liegt, dann sind die Bedingungen günstig. Ferner muss die Geschwindigkeitsdifferenz zwischen Dichtewelle und einströmendem Gas größer als die im Gas vorhandene Schallgeschwindigkeit sein. Ist dies der Fall, wird die Zone großer Gaskompression in Strömungsrichtung sehr schmal - die Stoßwellenregion ist gut ausgebildet. Die auf die Gaswolken wirkende Druckerhöhung senkt die Schwelle für ein Zusammenbrechen unter der eigenen Anziehungskraft einer Wolke etwa um einen Faktor 25. Gerade dieses plötzliche Absenken der Stabilitätsschwelle führt bei einer großen Anzahl von Wolken zum Eigenkollaps. Dabei wird die Wolke dunkler und dunkler. Die Absorption nimmt zu und schließlich bilden sich in der Wolke neue Sterne. Die Absorptionsstreifen an den Innenkanten der Spiralarme sind in unserem und anderen Spiralgalaxien gut zu lokalisieren.

Das großräumig organisierte Auftreten junger Sterne lässt wenig Zweifel zu an der Tatsache, dass die Kompression des interstellaren Mediums im Stoßwellenbereich zu Bedingungen führt, die Sternentstehung auslösen. Ein wichtiger Schritt hierbei ist auch die Bildung von großen Molekülwolken. Das Gas in einer Galaxie befindet sich zunächst in einem Gleichgewicht. Und dieses Gleichgewicht erhält auch eine Rückkoppelungsschleife mit gravitativer Instabilität - Wolkenbildung bei niedrigen Temperaturen und Wolkenzerstörung durch Sternentstehung -, da dann ja die Temperatur wieder steigt. Solch ein zyklischer Prozess belässt das Gas an der Schwelle zur möglichen Sternentstehung und erlaubt auch immer wieder die Wolkenbildung. Der Gleichgewichtszustand sichert auch das stetige Strömen, eben bis auf die Stoßfronten. Das Gas ist daher kein passives Markierungsmedium für Spiralarme, sondern ein aktives Medium. Es besitzt, im Vergleich zu den Sternen, die notwendige Geschwindigkeitsstreuung. Es bleibt daher auf eine schmale Schicht beschränkt.

Die kleine Geschwindigkeitsstreuung erlaubt auch die große Kompression in den Dichtewellen. Wenn die Strömungsbahnen den Kamm der Dichtewelle überströmen, bilden sie die Stoßwelle aus. Die Strömungsgeschwindigkeit ändert sich abrupt, d.h. aus Gründen der Energie und Impulserhaltung erfahren die Strömungslinien dann einen Knick und rücken enger zusammen. Großräumig entsteht dadurch eine Verdichtung (Abb. 11.16); es ist vom Bewegungszustand her betrachtet die Dichtewelle des Gases. Wie der Schaumstreifen auf einer Wasserwelle den Wellenkamm markiert, so tun dies Staubwolken und junge Sterne bei Spiralarmen. Die großräumige Ordnung kommt durch das global unterliegende Wellenmuster zustande. Das Wellenmuster ist ein Schwingungszustand der Sternscheibe. Die Selbstanregung solch eines Schwingungszustandes und auch die Langlebigkeit führen bei der Dichtewellentheorie der Spiralstruktur im Augenblick zu ungelösten Fragen.

Die Strukturbildung in Sternensystemen wie unserer Milchstraße und die zwei Theorien, die eine Erklärung ver-

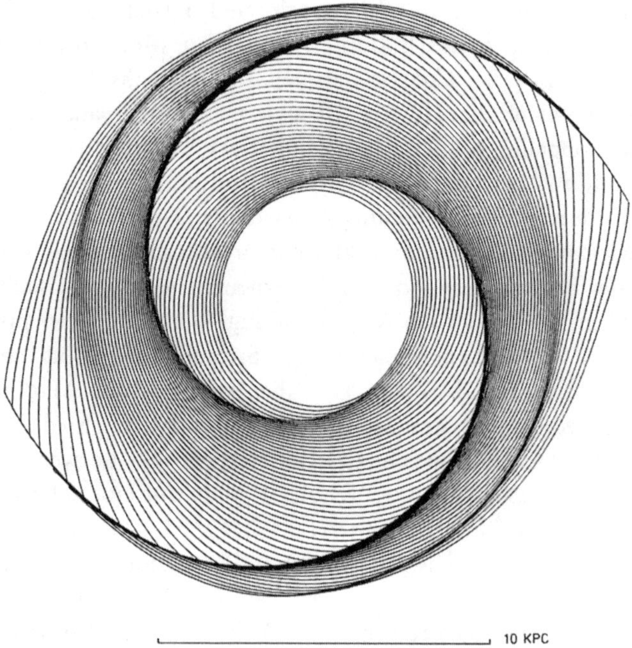

11.16 Strömungslinien des Gases und Stoßwellenverhalten in der Spiralarmdichtewelle. Es bildet sich großräumig eine Kompressionszone für das Gas aus, dort entstehen dann die Sterne der Spiralarme (nach H. Visser, 1980).

suchen, führten zu einem tieferen Verständnis der Dynamik unserer Milchstraße. Aber auch die Thermodynamik des interstellaren Mediums empfing über die Fragestellung der Strukturbildung viele Anregungen.

Von der Beobachtung geleitet versuchen die Astronomen Modelle aufzustellen und mit ihren Theorien die Modellwirklichkeit zu beschreiben. Im Laufe der Jahre ändern sich die Ansätze durch neue Erkenntnisse. Der Weg zum Verständnis der Spiralstruktur in unserem Sternsystem ist noch lange nicht zu Ende gegangen. Eines wurde aber ganz klar: Astronomen, die entfernte Galaxien studieren und Astronomen, die unser Milchstraßensystem untersuchen oder die sich mit dem interstellaren Medium befassen, kommen bei ihren Problemlösungen immer mehr zur Zusammenarbeit. Der Erkenntnisaustausch über die untersuchten Objekte hinweg, die Verknüpfung von Beobachtungsergebnissen verschiedener Wellenlängen wird immer wichtiger, um zu einem Gesamtverständnis der Galaxien und unserer Milchstraße zu gelangen.

12. Was hält die Milchstraße zusammen?

Interstellare Materie, Sternentstehung, Sternentwicklung, Sterntod, Rückgabe von stellarer Materie an das interstellare Medium. Was steuert auf langen kosmischen Zeitskalen diese Vorgänge? Diese Vorgänge regeln sich selbst, wobei der Grundaufbau der Galaxien auf den langen kosmischen Zeitskalen unverändert zu bleiben scheint. Voraussetzung für diesen kosmischen Kreislauf, der stabil bleibt, ist das energetische Gleichgewicht der Energiequellen und Energiespeicher, von denen die Entwicklung eines Sternsystems gesteuert wird.

Die Energiequellen in einem Sternsystem wie unsere Milchstraße sind zum einen die differentielle Rotation – kurz die Rotationsgeschwindigkeit, die das System bei seiner Entstehung mitbekommen hat (E_{rot}). Die zweite Energiequelle ist die Energie der kosmischen Strahlung (E_{kos}). Wenn Sterne explodieren, werden Atomkerne auf ungeheuer große Energien beschleunigt, im einfachsten Fall sind es Protonen oder die Kerne von Helium. Da ja jeder Stern oberhalb von rund drei Sonnenmassen explosiv irgendwann abstirbt, wird im Laufe der Zeit bei diesem Erlöschen der Sterne eine große Energiemenge in die kosmische Partikelstrahlung hineingepumpt. Als dritte Energiequelle haben wir die Sternstrahlung (E_{str}).

Das interstellare Medium birgt drei Formen der Energie: zum Ersten die durch seine Temperatur T beschriebene thermische Energie (E_{thr}) der Gaspartikel, dann natürlich die Turbulenzenergie (E_{tur})der sich gegeneinander bewegenden Gaswolken und schließlich die mit dem heißen Gas gekoppelte magnetische Energie (E_{mag}). Einen Teil der Magnetfelder haben die Sternsysteme, so vermutet man heute, schon bei ihrer Entstehung mitbekommen. Andererseits können

Sternsysteme auch Magnetfelder neu entstehen lassen, denn wo elektrisch geladene Teilchen strömen, da wird auch ein Magnetfeld als Folge davon entstehen können. Der Motor für die Entstehung der Strahlungsenergie ist die Gravitation, die Sterne überhaupt aus Gaswolken entstehen lässt und dann die Kernfusionsprozesse im Sterninneren. Der Energieverlust eines Sternsystems kommt durch die Abstrahlung in den intergalaktischen Raum zustande.

12.1 Das große kosmische Gleichgewicht

Die typischen Energiedichten E der Einspeisemechanismen in unserer Milchstraße und auch in anderen Spiralgalaxien sind $E_{str} = 7\ 10^{-13}$ erg/cm³, $E_{kos} = 10^{-13}$ erg/cm³ und $E_{rot} = 7\ 10^{-13}$ erg/cm³.

Die Energiedichten im interstellaren Medium betragen: $E_{thr} = 4{,}5\ 10^{-13}$ erg/cm³, $E_{tur} = 3\ 10^{-13}$ erg/cm³ und $E_{mag} = 3{,}5\ 10^{-13}$ erg/cm³. Schreiben wir diese Werte in Form einer proportionalen Abhängigkeit, dann wird die auffallende Gleichverteilung zwischen den Energien deutlich.

$$E_{thr} \sim E_{tur} \sim E_{mag} \sim E_1$$
$$E_{str} \sim E_{kos} \sim E_{rot} \sim E_2$$
$$E_1 \sim E_2$$

In diesen Gleichverteilungen scheint das Geheimnis der Strukturbildung unserer Milchstraße und auch der Kreislaufprozesse in den Sternsystemen zu liegen.

Wir haben das interstellare Medium als ein System von Energiespeichern mit Koppelungen und Einspeise- und Abgabemechanismen beschrieben. Dies wollen wir jetzt verallgemeinern (Abb. 12.1). Sternstrahlung und kosmische Strahlung tragen über Absorptionsprozesse zur Erhöhung der thermischen Energie des interstellaren Mediums bei. Die differentielle galaktische Rotation speist Energie in die Turbulenz über die Reibung zwischen einzelnen Gaswolken. Turbulenz und thermische Energie sind gegeneinander über räumliche Dichte, Geschwindigkeit und Temperaturunterschiede verkoppelt. Bei turbulenter Energieumwandlung wird Gleichverteilung und damit Erhöhung der mittleren thermischen Energie erreicht.

Umgekehrt führt lokale Aufheizung (z.B. durch Sternentstehung oder durch Sternstrahlung) zur Inhomogenitäten in der Temperaturverteilung und damit zu Druckgradienten und damit zu Geschwindigkeitsgradienten, also zur Zunahme der turbulenten Energie.

Magnetische Energie kann durch Turbulenz über Feldlinienverlängerung umgesetzt werden. Umgekehrt wird Turbulenz erzeugt, wenn örtlich so starke Feldlinienkrümmung vorliegt, dass der magnetische Druck größer als der Gasdruck wird. Es entweicht natürlich auch Energie durch Strahlung aus dem System, wobei angenommen wird, dass aufgrund der Expansion des gesamten Weltalls die Photonendichte im intergalaktischen Raum nicht wesentlich zunimmt. Andererseits werden die Photonen gleichzeitig durch die Expansion des Weltalls energieärmer.

Die Gleichverteilung der Energie in den Sternsystemen und somit der Ablauf von langfristigen Entwicklungs- und Kreislaufprozessen kann folgendermaßen erreicht werden:

Die Zeitkonstanten der Koppelungsmechanismen zwischen den Energiespeichern müssen sehr viel kleiner sein als die der Energieeinspeisungs- und Abgabevorgänge. Turbulente Reibung, Temperatur-, Druck- und Geschwindigkeitsungleichgewichte gleichen sich dann nahezu sofort aus, sodass die Energiespeicher stets gleiche Energieinhalte aufweisen können. Sind die Energieinhalte der Speicher gleich, müssen sie auch den Energieinhalten der Energiequellen gleich sein. Pro Zeiteinheit kann nicht mehr Energie in ein System hineinfließen, als abfließen kann. Die Gleichverteilung der Energiequellen ist über Sternentstehung und Sternentwicklung gekoppelt.

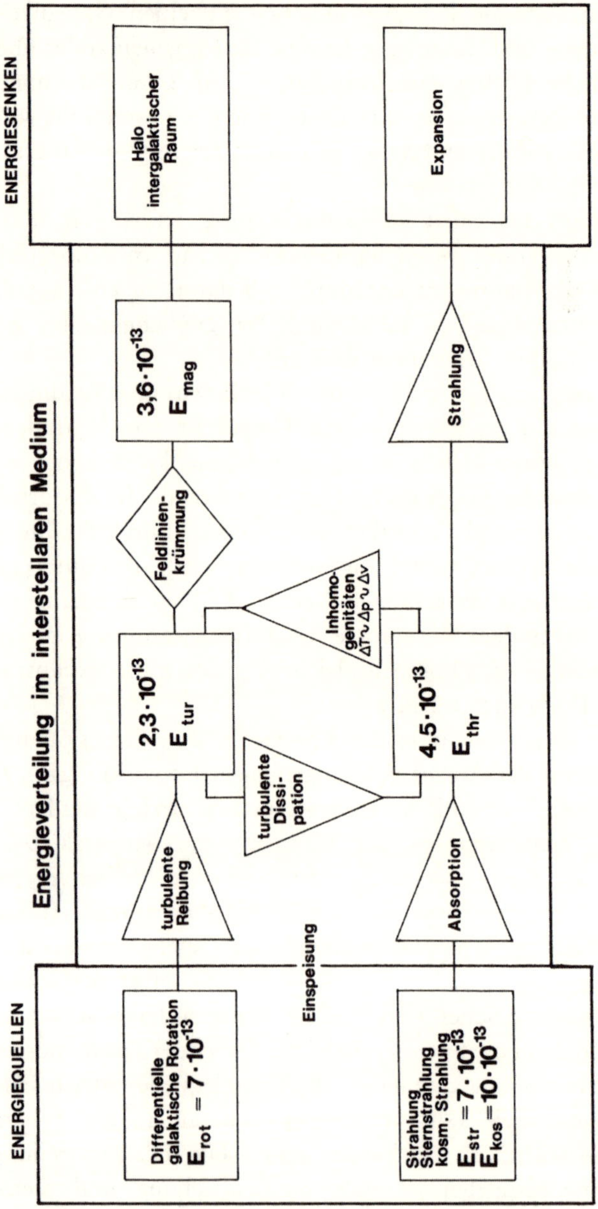
Energieverteilung im interstellaren Medium
ENERGIEQUELLEN
ENERGIESENKEN
Differentielle galaktische Rotation
$E_{rot} = 7 \cdot 10^{-13}$
Strahlung
Sternstrahlung
kosm. Strahlung
$E_{str} = 7 \cdot 10^{-13}$
$E_{kos} = 10 \cdot 10^{-13}$
Einspeisung
turbulente Reibung
Absorption
$2{,}3 \cdot 10^{-13}$ E_{tur}
$4{,}5 \cdot 10^{-13}$ E_{thr}
turbulente Dissi- pation
Inhomo- genitäten $\Delta T \sim \Delta \rho \sim \Delta v$
Feldlinien- krümmung
$3{,}6 \cdot 10^{-13}$ E_{mag}
Strahlung
Halo intergalaktischer Raum
Expansion

Wir sahen, wie die stochastische Sternentstehung mit der differentiellen Rotation zusammengekoppelt war. Rotationsenergie und die Sternentstehungsprozesse scheinen einander proportional zu sein. Sternentstehung sorgt für die Energiequellen der Sternstrahlung. Die Sternentwicklung sorgt über die Sterntode für die Energiequelle der kosmischen Strahlung. Die als Novae und Supernovae explodierenden Sterne speisen über die interstellaren Magnetfelder die Energiequelle der kosmischen Strahlung. Die beiden zuletzt genannten Gleichverteilungen sind am schwersten verständlich und noch am wenigsten erforscht. Eines wird uns aber klar: Sternsysteme sind gewaltige kosmische Maschinen, die sich in einem wunderbaren Gleichgewichtszustand selbst steuern.

12.2 Im Gestrüpp der Magnetfelder

Die Mehrzahl der Sterne hat sehr schwache Magnetfelder. Die mittleren Entfernungen zwischen den Sternen sind 2 bis 3 pc, die stellaren Magnetfelder sind daher zu klein, um die großräumigen Magnetfelder und Magnetfeldstärken im interstellaren Raum zu erklären. Die Feldstärke beträgt weniger als $^{1}/_{1\,000}$ der irdischen Magnetfeldstärke. Dennoch ist die Ausdehnung der Magnetfelder gewaltig. Sie durchziehen unser ganzes Sternsystem wie Spinnweben. Die großräumige Struktur der Felder ist das entscheidende; sie sind an das ionisierte interstellare Gas angekoppelt und erhalten sich fast ungestört auf Zeitskalen des Weltalters, da der innere elektrische Widerstand in den Gaswolken fast vernachlässigbar ist.

Magnetfelder spielen für das Gleichgewicht der Massenverteilung, also bei der Dynamik der Milchstraße, keine Rolle. Sie spielen jedoch eine wichtige Rolle bei der Ausbreitung der kosmischen Partikelstrahlung, bei gasdynamischen Pro-

---

⇦ 12.1 Flussdiagramm der Energiebilanzen in einem Sternsystem: Die mittleren Energien sind in erg/cm³ angegeben; (ΔV): einwegige Richtung (Drossel) der Energieströme.

zessen und bei der räumlichen Ausrichtung des interstellaren Staubes.

Wenn Sterne explodieren, wird eine gewaltige Energiemenge in Form von Strahlung und geladenen Atomkernen (zum größten Teil Protonen, Heliumkerne (Alphateilchen) und Elektronen) in unser Sternsystem hinein gepustet. Die elektrisch geladenen Teilchen werden von den Magnetfeldern eingefangen und festgehalten. Sie spiralen um die Magnetfeldlinien herum, folgen deren Störungen, können dann auch willkürlich ihre Ausbreitungsrichtung ändern. In den Magnetfeldern und den von ihnen festgehaltenen kosmischen Partikeln besitzt unsere Milchstraße ein riesiges Energiereservoir.

Kontinuierliche Radiostrahlung, als Hintergrundstrahlung unserer Milchstraße Synchrotronstrahlung genannt, hat ihre Ursache in den Magnetfeldern und in den in ihnen umlaufenden Teilchen. An diesen Teilchen, im Falle der Synchrotronstrahlung meistens Elektronen, finden auch Beschleunigungsprozesse statt. Auch die Röntgen- und Gammastrahlung geht zum Teil auf Magnetfelder und die in diesen Feldern gefangenen Teilchen der kosmischen Strahlung zurück. Die Wechselwirkung der beschleunigten kosmischen Partikel mit den interstellaren Medien erzeugt diese energiereiche Strahlung.

Sternentstehung ist ohne Hilfe von Magnetfeldern nicht denkbar. Die Magnetfelder spielen dabei die Rolle eines Bremsers. Beim Zusammenbrechen einer Gaswolke unter der eigenen Gravitation wird natürlich der Drehimpuls erhalten. Das bedeutet, der Vorläuferstern dreht sich umso schneller, je kleiner er wird. Die mit dem Gas verknüpften Magnetfelder, die sowohl in dem werdenden Stern also auch in den weiter außen liegenden Gaswolken verankert sind, können mit Gummifäden verglichen werden. Durch die Drehung des werdenden Sterns wickeln sie sich auf, erhöhen dabei die Zugspannung und beginnen die Rotation zu bremsen oder Drehimpuls abzuführen. Sterne können entstehen und werden nicht durch ihre Drehbewegung wieder zerrissen.

Die Magnetfelder orientieren auch die magnetisierbaren Staubteilchen des interstellaren Mediums, die dann wiederum das von ihnen reflektierte Licht zum Schwingen in Vorzugsrichtung veranlassen. Die Messungen der Magnetfeldstärken kann indirekt über die kontinuierliche Radiostrahlung erfolgen, direkt über die Aufspaltung von Spektrallinien, im sichtbaren Spektralbereich auch über die Schwingungsrichtung des Lichtes. Großräumige Magnetfelder sind schon in vielen Sternsystemen nachgewiesen worden. Dort laufen sie parallel zu und in den Spiralarmen. Auch in unserem eigenen Milchstraßesystem konnten sie parallel zu den Spiralarmen verlaufend aufgefunden werden, obschon die Untersuchungen wegen des ungünstigen Sonnenorts in der Scheibe sich sehr schwierig gestalteten. Zurzeit ist noch keine unser gesamtes System überspannende Darstellung möglich. Sicher ist jedoch die Existenz einer großräumigen Magnetfeldkomponente nachgewiesen, aber auch lokale Abweichungen in unmittelbarer Sonnenumgebung treten auf. Ausbuchtungen des Magnetfeldes aus der galaktischen Ebene heraus wurden von der Radioastronomie entdeckt; man bezeichnete sie als galaktische Sporne. Die Abweichungen scheinen temporär begrenzte Phänomene zu sein. Ein explodierender Stern, eine Supernova, bringt das Magnetfeld durcheinander und schiebt Gas und die daran hängenden Magnetfelder aus der Ebene heraus oder in der Ebene hin und her; in Abbildung 5.7 ist solch ein aus der Ebene herausragender Sporn zu sehen.

Magnetfelder und Gas, aber auch Gasströmungen hängen miteinander zusammen. Kleinräumig sollte dabei auch die Feinstruktur der Spiralarme Hinweise auf das Magnetfeld enthalten. Großräumig konnte über die Radiostrahlung die Kompression von Magnetfelder entlang der Kammlinie von Spiralarmen nachgewiesen werden. Schauen wir die Feinstruktur der Spiralarme in Sonnenumgebung an, so finden wir Aneinanderreihungen von heißer interstellarer Materie und jungen Sternen in keiner glatten, regelmäßigen Struktur, sondern in einem etwas zerrissenen und geklumpten Verlauf. In Sternentstehungsgebieten wird sehr viel stellare Energie an das interstellare Medium abgegeben. Sternstrahlung ionisiert das Gas und heizt den Staub. Sternwinde und Supernovaexplosionen erzeugen eine Struktur mit vielen Materieverdichtungen und ausgedehnten Zonen, in denen die interstellare Materie in dünner und heißer Form vorliegt. Über die turbulente Reibung, gespeist aus der die Scheibe verscherenden Rotation, steht dem Medium ein weiteres Energiereservoir zur Verfügung. Hinzu kommen die Magnetfelder, welche die Gas- und Staubverteilung und auch die Gasbewegung beeinflussen.

Und in der Tat: Wir beobachten wellenartige Strukturen in der Gaskomponente der Spiralarme. Dieses Auf und Nieder kann auch in der Verteilung der jungen Sterne nachgewiesen werden. Solch eine Wellblechstruktur wird durch die Messgröße „Abstand der Schwerpunkte der Wasserstoffgasverteilung“ von der galaktischen Mittelebene beschrieben. In Abbildung 12.2 sind die von uns untersuchten Spiralarme in einer schematisierten dreidimensionalen Schrägsicht dargestellt, wobei neben den Wellenstrukturen auch die Verwölbung der galaktischen Ebene skizziert ist. Neben dieser Wellblechstruktur beobachtet man auch noch ein Mäandern der Arme in der galaktischen Ebene. Außerdem tritt die Wellblechstruktur nicht nur entlang der Spiralarme auf, sondern die Ebene selbst zeigt in radialer Richtung, vom Zentrum des Systems aus betrachtet, ein Auf und Nieder. Diese Wellenstrukturen weisen verschiedene Skalenbereiche auf: 1 500 pc und 5 000 pc, die Amplitude liegt bei 200 pc.

Die Wellenlängen und Amplituden sind in Abbildung 12.3 zu unterscheiden. Sie zeigt als Ausschnitt die Struktur des nächstäußeren Spiralarmes, des Perseusarmes. Solche Strukturen lassen sich auch in den Verteilungen der jungen

Sterne und der Molekülwolken nachweisen. Wahrscheinlich kommen diese regelmäßigen Ortsversetzungen durch ein allgemeines stellar- und gasdynamisches Instabilitätsphäno-

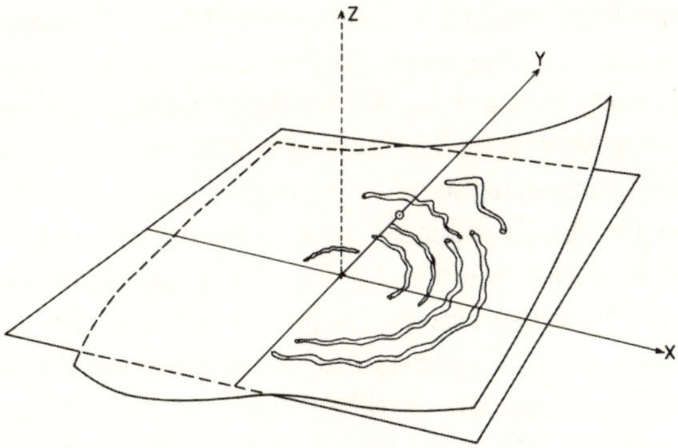

12.2 Dreidimensionale Schrägsicht des Spiralarmverlaufes. Die Sonne ist durch einen kleinen Kreis markiert, das galaktische Zentrum liegt im Koordinatenkreuz. Die Verwölbung der Grundebene beträgt in den äußeren Teilen rund 1 kpc.

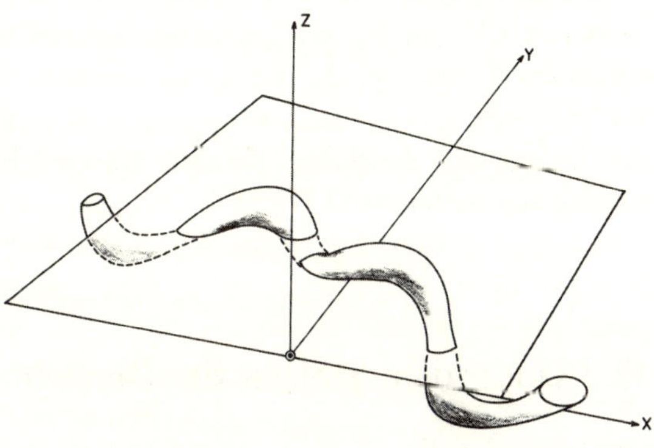

12.3 Struktur des nächst äußeren Spiralarms; die Versetzung aus der Ebene heraus ist etwa 5-fach überhöht dargestellt. Die Gesamtlänge beträgt rund 5 kpc.

men zustande, bei dem die komplizierten Magnetfeldkonfigurationen eine wichtige Rolle spielen.

Wir haben die Magnetfelder im interstellaren Raum schon mit Gummibändern verglichen. Je nach Energieinhalt der einzelnen Sternentstehungszellen werden Abweichungen von der Regelmäßigkeit vorkommen. Das wohl austarierte galaktische Gleichgewicht scheint um seinen mittleren Gleichgewichtszustand bei der Strukturbildung zu schwingen.

In Abbildung 12.2 ist zusätzlich eine von außen unserem Milchstraßensystem aufgeprägte Störung schematisch dargestellt. Die Grundebene unseres Sternsystems ist verwölbt: Mit einer schön geschwungenen Hutkrempe kann die Verteilung des Wasserstoffgases verglichen werden. Im Innenbereich noch flach, nimmt die Verwölbung in zwei Richtungen nach außen besonders stark zu. Schauen wir nach, welche kosmischen Objekte außerhalb unserer Milchstraße durch ihre Anziehungskräfte dafür in Frage kommen könnten, stoßen wir auf unsere Nachbarsternsysteme, die Magellan'schen Wolken. Gezeitenkräfte in Richtung und Gegenrichtung zu diesen Galaxien verformen die Grundebene unseres Sternsystems.

Verallgemeinern wir diese Erkenntnis und lassen uns auch von Untersuchungen an vielen anderen nicht isoliert stehenden Sternsystemen leiten, so kommen wir zu dem Schluss: Sternsysteme sind keine abgeschlossenen Systeme. Auf Raum- und Zeitskalen, die über ein einzelnes Sternsystem hinaus greifen, sind Wechselwirkungen mit Nachbarsystemen festzustellen. Ein weiterer großräumiger kosmischer Kreislauf deutet sich hier an.

12.3 Unter dem Schleier der Dunkelmaterie

Die integralen Eigenschaften einer Galaxie sind die Summeneigenschaften der sie aufbauenden Sterne und des sie beinhaltenden Gases. Wie für den Stern die Einzelmasse, ist die Gesamtmasse einer Galaxie eine grundlegende

Zustandsgröße. Die Massenverteilung beschreibt den Aufbau und legt die Kinematik und die Dynamik unseres Sternsystems fest. Massenbestimmungen benötigen stets ein theoretisches Modell des Sternsystems, nach dem die Berechnungen durchgeführt werden können. Das einfachste Modell hierfür ist die Annahme von reiner Kreisbewegung eines Massenpunkts im Außenbereich des Sternsystems um die im Zentrum konzentrierte Gesamtmasse. Gravitationskraft einerseits und Zentrifugalkraft, hervorgerufen durch die Rotationsbewegung, andererseits, halten sich das Gleichgewicht und erlauben so eine Massenbestimmung. Aus der Umlaufgeschwindigkeit der Sonne um das galaktische Zentrum und dem Abstand Sonne - galaktisches Zentrum - lässt sich eine erste Massenbestimmung für unser System errechnen. Man kommt auf rund 200 Milliarden Sonnenmassen. Dieser Wert wird natürlich zunächst zu klein sein, denn die Sonne steht ja nicht am Rande unseres Sternsystems; rechnet man mit einem Radius von 35 kpc wird die Gesamtmasse 400 Milliarden Sonnenmassen.

Um Galaxienmassen zu bestimmen, insbesondere die Masse unserer eigenen Milchstraße, ist es wichtig, die Rotationskurven zu kennen. Die Rotationskurven stellen den Zusammenhang zwischen der Rotationsgeschwindigkeit des Systems als Folge der Massenverteilung und dem Galaxienradius her. Aus der Rotationskurve kann, unter Annahme von Kreisbahnen um das Galaxienzentrum, durch Überlagerung verschiedener Massenverteilungen die Gesamtmasse der Galaxien, also auch der Milchstraße, errechnet werden.

Neben der Masse ist die wichtigste der Beobachtung zugängliche Zustandsgröße eines Sternsystems die Helligkeit oder die Leuchtkraft. Das Verhältnis zwischen Masse und Leuchtkraft stellt also die Kombination zweier Zustandsgrößen dar. Die Masse wird aus einem kinematischen Massenmodell abgeleitet. Die Leuchtkraft ist eine fotometrische Beobachtungsgröße. Das Verhältnis Masse/Leuchtkraft beschreibt dann, wie viel Leuchtkraft pro Masse ein System entwickelt. Wenn wir typische Massen und Leuchtkräfte für einzelne Galaxientypen zusammenstellen, erhalten wir eine Grundaussage über den Galaxientyp. Für die Milchstraße gilt das natürlich auch. Was aber passiert, wenn wir gar nicht die gesamte Masse sehen, wenn nur ein Teil der Masse, in welcher Wellenlänge auch immer, elektromagnetische Wellen abstrahlt?

Die Bedeutung der Rotationskurve für ein Sternsystem ist fundamental. Es ist intuitiv schnell einsehbar, dass der großräumig geordnete Bewegungszustand in einem Sternsystem, nämlich die Rotation, auf die Ausbildung von Strukturen der Scheibe, der Spiralarme, wesentlich Einfluss haben muss. Die Rotationskurven der Galaxien sind flach - das gilt auch für die Milchstraße. Nach einem steilen Anstieg der Rotationsgeschwindigkeit im Innenbereich sinkt die Rotations-

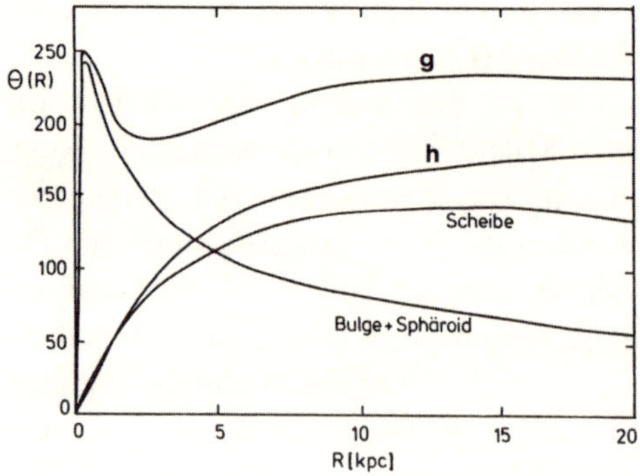

12.4 Die Komponenten der Rotationskurve der Milchstraße. Die gemessene Rotationskurve des Gesamtsystems (g) lässt sich durch Überlagerung aus den Rotationskurven der einzelnen Komponenten der Galaxis aufbauen. Scheibe, Zentralkörper (Bulge) und Sphäroid reichen bei der Milchstraße nicht aus, um die Beobachtungen zu befriedigen. Erst die Hinzunahme einer Halomassenverteilung aus Dunkelmaterie liefert einen Rotationskurvenanteil (h), der zusammen mit den übrigen Komponenten die Gesamtkurve (g) ergibt. Zurzeit erschließt sich uns die Dunkelmaterie des Halos nur über derartige Rotationskurven.

geschwindigkeit nicht ab, sondern hält sich auf einem konstanten Wert (Abb. 12.4 und Abb. 9.9). Wenn wir in einer einfachen Rechnung Anziehungskraft und Zentrifugalkraft gleichsetzen, dann finden wir, dass die Drehgeschwindigkeit von Systemen nach außen mit größer werdendem Radius abnehmen muss. Dieser Befund wird ja von den Kepler'schen Gesetzen beschrieben. Daher nennen wir die Abnahme der Rotationsgeschwindigkeiten nach außen den Keplerabfall.

Betrachten wir nun nochmals das Rotationsgesetz unserer Milchstraße. Die Rotationsgeschwindigkeit sinkt nicht ab, sondern hält sich auf einem konstanten Wert. Diese einfache Beobachtungstatsache, die auch bei anderen Sternsystemen festgestellt wurde, hat jedoch die weitreichendsten Konsequenzen. Wenn Galaxien in ihrem Außenbereich keinen Geschwindigkeitsabfall der Rotationskurven zeigen, wie man es gemäß einer Keplerbewegung erwarten würde, muss in den Galaxien eine zusätzliche Massenkomponente existieren. Diese Massenkomponente macht sich nur durch ihre Gravitationswirkung bemerkbar. Sie konnte bisher weder im optischen, im radioastronomischen, auch nicht im infraroten Spektralbereich nachgewiesen werden.

Diese zusätzliche Massenkomponente wird als dunkler Halo, gefüllt mit Dunkelmaterie, bezeichnet. Sie verändert außer ihrem optischen Erscheinungsbild nahezu alle anderen Eigenschaften einer Galaxie, auch unserer Milchstraße. Es fällt natürlich schwer, die Vorstellung zu akzeptieren, es gäbe Materie, die unsichtbar ist und dennoch alles Sichtbare beeinflussen kann. Trotzdem - die flachen Rotationskurven bedeuten zwingend, dass selbst an Punkten, die sehr weit von unserem Sternsystem entfernt sind und die vor allem weit über die Grenze der lichtabgebenden Materie hinausreichen, erhebliche Mengen von Materie vorhanden sind. Wir sehen diese Materie nicht, aber wir wissen trotzdem aufgrund ihrer Anziehungskräfte, die wir aus der Rotationskurve ablesen können, dass es diese Materie gibt. In Abbildung 12.5 ist der Vergleich zwischen einer Galaxie klassischer, d.h. falscher

Vorstellung und einer realen Galaxie durchgeführt. Nur die beiden Leuchtkraftverteilungen sind hier identisch. Es ist die sichtbare Materie, die uns in Form von Abstrahlung elektromagnetischer Wellen entgegentritt. Die klassische Galaxie besitzt keinen dunklen Halo. Die Leuchtkraft nimmt radial schnell ab, ebenso die Rotationsgeschwindigkeit außerhalb des Kernbereichs (Keplerabfall). Die lokale Massendichte verläuft parallel zur Leuchtkraft. Die integrale Masse erreicht einen konstanten Grenzwert und ebenso das Masse-Leuchtkraft-Verhältnis. In einer realen Galaxie ist alles ganz anders. Dort bleibt die Rotationsgeschwindigkeit hoch. Die lokale Massendichte fällt nur gering ab. Die integrale Masse nimmt stetig zu, ebenso wie das Masse-Leuchtkraft-Verhältnis. Dies hat seine Ursache in dem radial nach außen anwachsenden Einfluss der Halokomponente von Dunkelmaterie bei gleichzeitigem Helligkeitsabfall der Scheibe.

Aus welcher Materie besteht der dunkle Halo? Aus dem Vergleich mit anderen Sternsystemen wissen wir, dass der Bruchteil an dunkler Materie unabhängig vom Galaxientyp ist. Theoretische Analysen der Sternpopulationen liefern dann folgendes Masse-Leuchtkraft-Verhältnis für unsere Milchstraße $M_{si}/L = 2{,}1$. Dieses Verhältnis berücksichtigt nur die sichtbare Materie (M_{si}). Unter Einbeziehung auch der Dunkelmaterie, der so genannten dynamischen Masse, erhalten wir $M_{dyn}/L_B = 4{,}5 \pm 0{,}4$. Als untere Abschätzung für die Menge der Dunkelmaterie finden wir, dass Dunkelmaterie etwa zur Hälfte für die Gesamtmasse innerhalb des optischen Radius unseres Sternsystems verantwortlich ist. Erstreckt sich die Verteilung der dunklen Materie bis zu einem Mehrfachen der optischen oder radioastronomischen Galaxienradien, dann kann der Massenanteil der nichtleuchtenden Komponente durchaus bis zum 10fachen der leuchtenden Komponente ansteigen. Damit wäre das Universum zu 90% aus einem Stoff aufgebaut, der einer direkten Beobachtung über elektromagnetische Strahlungen nicht zugänglich ist. Wir würden dann in einer Milchstraße leben, von

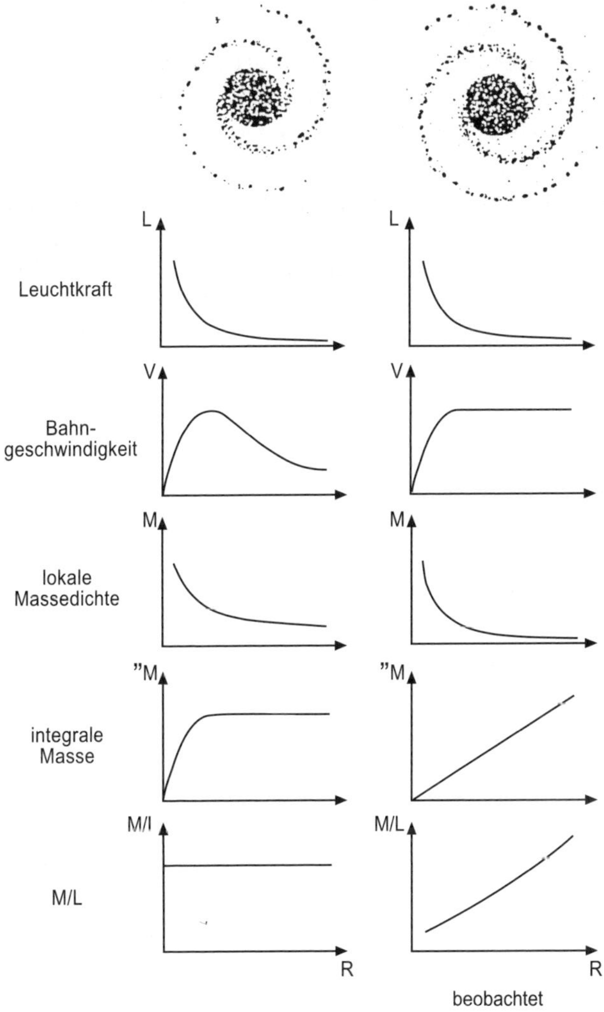

12.5 Beobachtete Galaxie und klassische Falschdarstellung. Die klassische Galaxie besitzt keinen Halo, die beobachteten Galaxien haben einen massenreichen nichtleuchtenden Halo. Das Vorhandensein eines dunklen Halos ändert alle Galaxieneigenschaften außer dem optischen Erscheinungsbild; an diesem orientierente sich das klassische Bild.

deren Massenanteil wir nur 10% über elektromagnetische Strahlung wahrnehmen. Unser eigenes Sternsystem und auch andere Sternsysteme existieren unter dem gewaltigen Schleier der Dunkelmaterie. Wie die Dunkelwolken, das Gas und der Staub zwischen den Sternen vor hundert Jahren die Astronomen narrten, so scheint es diesmal, hundert Jahre später, die Dunkelmaterie zu tun. Wir wissen nicht, aus was sie besteht, wir wissen nur, dass es sie geben muss. Die große Herausforderung für die Astronomie des beginnenden Jahrhunderts wird sein, dieses Rätsel zu lösen. Um das Universum als Ganzes zu verstehen, werden die in unserer Milchstraße dazu erhaltenen Ergebnisse entscheidend beitragen.

13. Der Kern der Milchstraße

Selbst mit den leistungsstärksten Fernrohren können die Astronomen im optischen Spektralbereich nicht einmal ein Viertel des Weges in Richtung galaktisches Zentrum vordringen. Dann versperren absorbierende Gas- und Staubwolken den Blick nach innen. Lediglich die Zunahme der Sternzahl, die Helligkeit und Dichte der Sternwolken, sie deuten an, wo von der Erde aus das Zentrum unseres Sternsystems zu liegen scheint: tief verborgen in den Sternwolken des Sternbildes Sagittarius. Ganz anders ist die Situation bei anderen Wellenlängen. Als Karl Guthe Jansky die Zufallsentdeckung der kosmischen Radiostrahlung 1932 in den Schoß fiel, war aus den ersten Isophotenkarten schon ersichtlich: Das Maximum der Strahlung kommt aus einer Gegend, in der das Zentrum der Milchstraße aus Sternzählungen vermutet wird. Bei den langen Wellenlängen, bei denen Jansky beobachtete, war die Zentrumsregion das hellste Gebiet am Himmel, heller sogar als die Sonne.

Inzwischen ist die Zentralregion in vielen Wellenlängen beobachtet worden, für die das interstellare Medium transparent wird, und im Vergleich zu anderen Milchstraßenregionen sind außergewöhnliche Strukturen dort die Regel. Bewegungen, Magnetfelder, Energieumsetzung und Abstrahlung lassen das Milchstraßenzentrum den Kernen aktiver Galaxien ähnlich sein, wenn auch in einer abgeschwächten Form.

13.1 Auf dunklen Wegen zum Zentrum der Milchstraße

Zum Zentrum oder Kern eines beobachteten Gegenstandes vorzudringen, bedeutet im Verstehenshorizont unserer Wissenschaftsgeschichte, eine Sache ganz erkannt zu haben. Bedeutet es wirklich, die Milchstraße zu verstehen, wenn wir den Kern verstehen? Sicher nicht, denn der Kern kann als ein Untersystem unseres Sternsystems aufgefasst werden, das zwar mit den übrigen Systemen wechselwirkt, es aber gewiss heute nicht entscheidend prägt. Auch in den aktiven Galaxien ist das übrige Sternsystem weitgehend unberührt von dem den Kern verlassenden Energieschwall - obwohl natürlich der Kern das Gesamtsystem energetisch dominiert. Wir können das Ganze mit der Beschallung einer Straßenzeile durch eine Diskothek vergleichen. In akustischer Hinsicht ist die Beschallung natürlich dominierend. Nichts desto trotz ist die Straßenzeile ansonsten unberührt von den schallerzeugenden Quellen.

Es interessiert uns natürlich, wie es zu der außergewöhnlichen Massen- und Helligkeitskonzentration im Milchstraßenzentrum kommen konnte, wie die starke elektromagnetische Strahlung erzeugt wird, was die zentrale Maschine energetisch füttert und wie sie angetrieben wird. Unser Interesse hat zwei Gründe: natürlich wollen wir wissen, wie der Kern unseres Sternsystems aufgebaut ist und warum er gerade so aufgebaut ist, wie er sich uns darstellt. Zum anderen sehen wir auch die Kerne anderer Galaxien, und auch für diese Systeme stellen wir die gleichen Fragen.

13.2 Der Zentralkörper unseres Sternsystems – ein wirbelndes Kettenkarussell ohne Bremse

Infrarot- und Radiobeobachtungen in Richtung galaktischem Zentrum der letzten Jahre enthüllten immer deutlicher den Zentralkörper unseres Sternsystems (Abb. 13.1), der sich von der flachen Scheibe deutlich abhebt. Seine geometrische Form ist nicht sphärisch-symmetrisch, sondern in einer Richtung der Scheibenebene länger; das heißt aber, die Milchstraße ist eine schwach ausgeprägte Balkengalaxie.

Die Balkenstruktur und Balkenlage kann aus der Asymmetrie der Flächenhelligkeit des Zentralkörpers abgeleitet werden. Die nähere Balkenseite erscheint heller, da die Visierlinien auf den näheren Seite längere Wegstrecken mit höherer Sterndichte zurücklegen. Die nähere Seite ist daher auch dicker als die fernere Seite. Mit Infrarotbeobachtungen kann durch die galaktischen Staubschwaden der Scheibe die Balkenstruktur bestimmt werden.

Die nicht kreisförmigen Bewegungen, die das atomare Wasserstoffgas zeigt und die zur Festlegung des 4 kpc-Ringes (oder Spiralarmes in 4 kpc Abstand vom Zentrum) führten, haben als Ursache die zentrale Balkenstruktur. Sie arbeitet als eine Art Rührwerk. Aber auch das molekulare Gas zeigt ähnliche Bewegungsverhältnisse. Im Umkreis von 20° zum Zentrum (beobachtet aus Sonnenentfernung), entsprechend einem Abstand von 3 kpc, zeigen die Wasserstoff- und Kohlenmonoxydverteilungen einen Geschwindigkeitsabfall als

13.1 Blick in Richtung des galaktischen Zentrums bei den Wellenlängen 74,2 cm, im Licht der Gammastrahlung und bei 1,2 - 3,4 μm. Die fast rechteckige Struktur des Zentralkörpers, der den Balken enthält, ist im Infraroten sehr ausgeprägt. Siehe Farbtafel VI

Funktion abnehmender galaktischer Länge. Dies ist eine natürliche Folge der Gasabnahme innerhalb der inneren 3 kpc. Die Spitzengeschwindigkeiten von Wasserstoff und Kohlenmonoxyd nehmen bei 12° und 2°, vom Zentrum aus gemessen, wieder zu. Innerhalb des 3-kpc-Loches liegen also zwei Gasscheiben: die Wasserstoffscheibe mit etwa 1500 pc Radius und die Kohlenmonoxydscheibe mit 300 pc Radius. Was innerhalb von 1500 pc liegt, wird zum Zentralkörper gerechnet. Die Dichten des molekularen Wasserstoffes liegen hier bei 1000 bis 10000 Teilchen pro cm^3. Radialgeschwindigkeitskarten des Zentralbereichs zeigen verbotene Geschwindigkeiten. Darunter versteht man Geschwindigkeiten, die nicht Kreisbahnen entsprechen. Sie sind jedoch verstehbar, wenn elliptische Strömungslinien für das Gas angenommen werden.

Die beschriebenen Bewegungsverhältnisse werden von Gravitationskräften gesteuert, die von der Massenverteilung bestimmt werden. Die Massenverteilung im Zentralkörper ist balkenförmig. In dem Potentialtrog, in dem Sterne und Gas laufen, gibt es nun stabile Bahnen, die das Rückgrat der gesamten Struktur bilden. Stellen wir uns ein Kettenkarussell vor. Seine Drehbewegung stellt die Grundbewegung dar. Wenn Personen auf den Kettensitzen beginnen, sich gegenseitig sowohl seitlich wie auch in Drehbewegung zu schubsen, gewinnen oder verlieren sie relativ zueinander Bewegungsenergie. Der einzelne Kettensitz beginnt eine gestörte Bahn zu beschreiben. Stellardynamisch spricht man von epizyklischen Auslenkungen, so genannten Librationen. Für jede Bahnenergie und den zugeordneten Drehimpuls gibt es eine geschlossene Bahn. Sie wird Elternbahn genannt, um welche die Familien der gestörten Bahnen herum schwingen.

Beginnt eine Gaswolke in solch einen Potentialtrog abzusinken, wird die Wolke zunächst verschert und kommt auf geschlossenen Bahnen zur Ruhe. Die Stöße zwischen den einzelnen Gaspaketen dämpfen die individuellen Schwingbewegungen heraus. Reibung zwischen den Gaspaketen und den Gasteilchen verschiebt die Gasmassen allmählich auf immer energieärmere geschlossene Bahnen nach innen. Wenn das Potential axialsymmetrisch und abgeflacht wäre, würden die geschlossenen Bahnen zu Kreisbahnen in der Äquatorebene des Systems werden.

Nun ist aber das zentrale Potential nicht axialsymmetrisch und rotiert obendrein. Die geschlossenen stabilen Bahnen werden sich bei bestimmten Energien zu überschneiden beginnen und bei einer bestimmten Energie werden sich obendrein mehrere Bahnfamilien ausbilden. Im Bilde unseres Kettenkarussells bedeutet dies, dass die einzelnen Sitzaufhängungen nicht fest sind, sondern frei verschiebbar. Als Folge des Vor-, Zurück- oder seitlichen Schwingens der Kettensitze werden sich die Aufhängpunkte verschieben. Sie ordnen sich in neuen bevorzugten Lagen an, und es treten zwei Resonanzen auf. Die äußere Kettensitzreihe wird langsamer, wenn das Karussellgestell zu laufen beginnt, die inneren Kettensitzreihen laufen schneller. Gas und Sterne hinken im äußeren Teil, dem unsymmetrischen, starr rotierenden Balkenpotential hinterher, im inneren Teil laufen sie ihm voraus. Die Balkenstörung beginnt Energie in die Gaskomponente hineinzupumpen. Im Wechselspiel von Energiegewinn- und Energieverlusten durch Reibung und anschließende Abstrahlung durch das Gas (denn die Energieverluste sind auf den Resonanzbahnen besonders hoch), wandert die von außen einströmende Gaskomponente immer weiter auf das Zentrum zu und sucht sich neue stabile Bahnen.

Durch radioastronomische Beobachtungen kann dieses komplizierte Bahnverhalten bestätigt werden. Die äußere Einhüllende aller gemessenen Geschwindigkeiten von Wasserstoff und Kohlenmonoxyd lässt sich durch eine Bahnfamilie bei 1500 pc beschreiben. Die riesigen Molekülwolken im innersten Teil (< 300 pc) werden von einer zweiten Bahnfamilie erfasst. Das Gebiet zwischen der äußeren (1500-pc)- und inneren (300-pc)-Resonanz ist fast gasfrei. Außerhalb der äußeren Resonanz findet sich als eine Art Bahnstau der Molekülring oder in alter Terminologie der 4-kpc-Arm (in neuerer Terminologie der 3-kpc-Ring; die Abstandsbezeichnungen zum Zentrum änderten sich, da die Zentrumsabstände in den letzten Jahren wiederholt revidiert werden mussten).

Zwischen den flächenfotometrischen Helligkeitsmessungen und dem dynamischen Modell besteht gute Übereinstimmung. Im galaktischen Zentrum bestimmt ein kleiner Balken die Struktur und Kinematik; der galaktische Zentralkörper muss als ein Balken aufgefasst werden. Alles über die äußere Resonanz nach innen strömende Gas wird vom Balken wie von einem Flügelrad einer Rührmaschine in die kleine Kernscheibe gedrückt, die über radioastronomische Kohlenmonoxydmessungen sehr gut nachgewiesen ist.

13.3 Der Dampfdrucktopf der inneren Gasscheibe

Die innere Gasscheibe aus molekularem Gas mit einem Radius von 300 pc enthält eine Masse von 100 Millionen Sonnenmassen; dort sind 5% der gesamten molekularen Gasmassen unserer Milchstraße auf einer Fläche von weniger als 0,04% des Sternsystems konzentriert. Die Dichte der Wolken ist daher außergewöhnlich und etwa um 1 Größenordnung höher als in der übrigen galaktischen Scheibe; die turbulenten Strömungsgeschwindigkeiten liegen hier bei 15 km/s. Diese höheren Geschwindigkeiten können die Wolken aus zwei Gründen halten: Magnetfelder kompensieren Teile des inneren Druckes und sehr heißes Gas hält von außen durch seinen Druck die molekularen Gaswölkchen wie eine Schafherde zusammen. Das heiße Gas haben Röntgenstrahlungssatelliten nachgewiesen. Mit Temperaturen von rund 100 Millionen Kelvin und Dichten zwischen 0,03 und 0,06 Wasserstoffkernen pro cm^3 wird dort ein tausendfach höherer Druck erzeugt als in Sonnenumgebung. Dieser Dampfdrucktopf hat natürlich auch ein Ventil. Es entsteht ein gewaltiger galaktischer Wind, der aus der Scheibe heraus weht (Abb. 13.2). Der Wind hat aber einen noch zusätzlichen Zweck. Er transportiert, z.B. abhängig in 200 pc Entfernung vom Kern, rund 0,5 Sonnenmassen pro Jahr aus der Scheibe heraus. Mit diesem Wind wird aber auch Drehimpuls weggeführt, den das nach innen wandernde Gas loswerden muss. Beim Weg von 1 kpc zum Abstand 1 pc muss ein Gaspaket seinen Drehimpuls um einen Faktor 1000 vermindern. Der zentrale galaktische Wind vermag dies zu leisten. Die großen inneren Turbulenzgeschwindigkeiten hemmen auch die Sternentstehung, sodass nur in den allergrößten Wolkenkomplexen neue Sterne beobachtet werden.

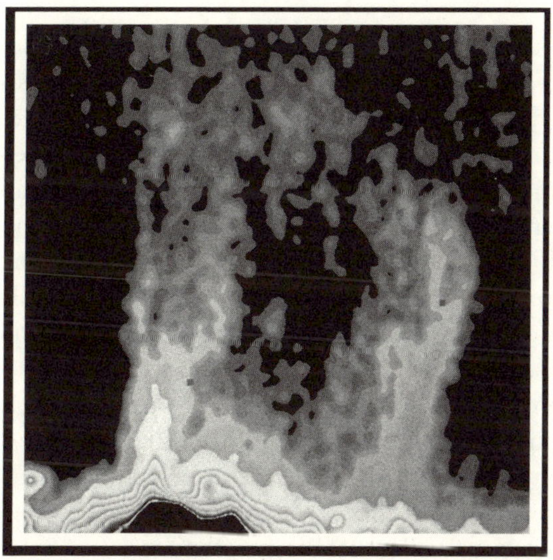

13.2 Ein gewaltiger Gasstrom zeigt sich im galaktischen Zentralbereich im Licht der kontinuierlichen Radiostrahlung bei 2,7 cm Wellenlänge. Er erstreckt sich rund 140 pc über die Grundebene; der Kern liegt mittig außerhalb des Bildes rund 70 pc tiefer (nach Messungen von Y. Sofue und T. Handa, Nature, 1984). Siehe Farbtafel VI

Bei 30 pc Abstand vom Zentrum werden die Geschwindigkeiten noch größer und das Durcheinander der Bewegungen erfährt eine weitere Steigerung. Die nach innen führenden Magnetfelder und ihre Verkoppelung mit dem heißen Gas ober- und unterhalb der zentralen Scheibe verdichten sich zum Zentrum hin und führen schließlich zu einer Destabilisierung in Zentrumsnähe. Die Felder brechen aus der innersten Scheibe heraus. Die radioastronomische Beobachtung von solchen bogenförmigen Strukturen, die aus der Ebene heraus weisen, stützt solche Überlegungen (Abb. 13.3).

13.4 Das Zentrum – lauert dort ein Schwarzes Loch?

Holprig führte uns der Weg immer näher zum Herzen der Milchstraße. Beobachtungen, Theorien, indirekte Schlussweisen und wieder die Beobachtung haben uns immer weiter zum Zentrum befördert. Natürlich, wenn so vielerlei Wellenlängen und Methoden ineinander greifen, dann sind auch Forscher mit verschiedenen Spezialgebieten auf diesem Marsch nach innen beteiligt. Leo Blitz als Radioastronom, James Binney als Stellardynamiker, K. Y. Lo und John Bally für Infrarotmessungen und Bahnrechnungen zuständig und T. P. Ho für die Hochenergiephysik der Röntgenstrahlung, sie versuchten zusammen das Dunkel zu lüften; aber auch P. G. Mezger über mm-Wellen-Beobachtungen und R. Genzel im Infraroten hatten das galaktische Zentrum im Visier. Folgen wir weiter dem von ihnen gelegten Trampelpfad einer Zusammenschau vieler Beobachtungsergebnisse.

Die Radiokontinuumsstrahlung bei Wellenlängen um 20 und 21 cm malt das Bild der nächsten 10 pc. Dieser Bereich wird von der Radioquelle Sagittarius A beherrscht und einem im infraroten Wellenlängenbereich beobachteten Sternhaufen. Sagittarius A (SgrA) besteht aus zwei Komponenten:

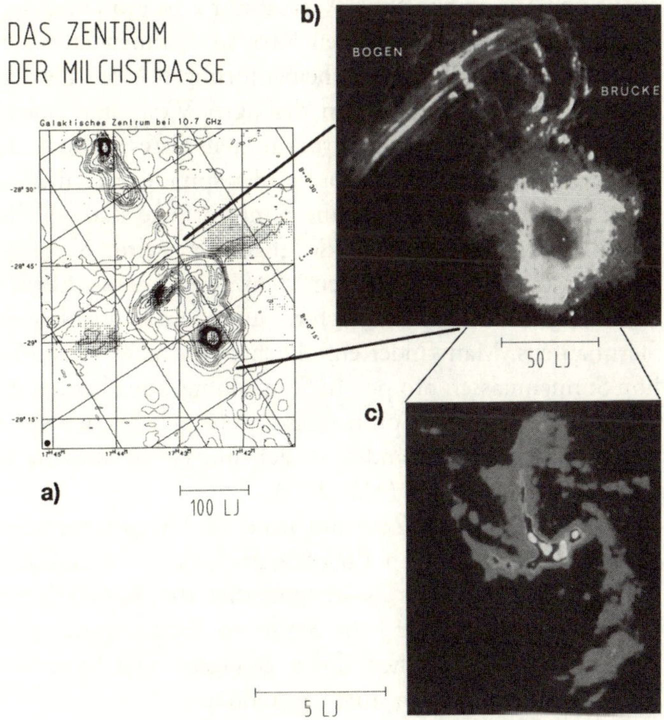

13.3 Das Zentrum der Milchstraße.
a) Radiostrahlung bei 2,8 cm Wellenlänge in einer Höhenliniendarstellung. Die kurzen Striche zeigen die Richtung und Stärke des Magnetfeldes an; Messungen mit dem Radioteleskop, Effelsberg, MPI Radioastronomie, Bonn.
b) 7-mal bessere Auflösung bei 20 cm mit einem Radiointerferometer (VLA-Neu Mexiko) in Falschfarbendarstellung. Deutlich sichtbar ist die Filamentstruktur des Bogens und der Brücke. Das weiße Pünktchen in der Mitte des Rotbereiches ist Sgr A*.
c) 200fach höhere Auflösung als Bild a, die Radioquelle Srg A* sitzt in der Mitte (weiß) der spiraligen Gasfilamente (MPI Radioastronomie, P. G. Mezger, Bonn). Siehe Farbtafel VII

SgrA Ost, SgrA West und einer Molekülwolke von rund 100 000 Sonnenmassen. SgrA Ost hat eine Ausdehnung von etwa 8 pc, sein thermisches Spektrum verrät als Energiequelle eine Supernova. SgrA West ist nur 2 pc groß und liegt in einer stark turbulenten, den Kern umspannenden Molekülwolke. Innerhalb dieser scheibenförmigen Molekülwolke ist eine zentrale Höhlung, in der SgrA West sitzt. Spiralfilamentartige Emissionen strukturieren dieses Gebilde. In dessen Zentrum, im Schnittpunkt der spiraligen Filamente, befindet sich SgrA*. Es ist eine punktförmige Radioquelle, die als Kern der Milchstraße angesehen wird. Sie zeigt Aspekte, die eindeutig auf ein Schwarzes Loch schließen lassen. SgrA* ist fast der Schwerpunkt eines überdichten Sternhaufens. Man findet eine Dichte von mehr als 1 Million Sonnenmassen pro pc^3. In Sonnenumgebung beträgt die Massendichte nur 0,1 Sonnenmassen pro pc^3! Bei den spiraligen Gasfilamenten handelt es sich um Gasströme, die in das Zentrum einlaufen (Abb. 13.3).

1 pc entspricht im Zentrum rund 22,5 Bogensekunden. Außerhalb des zentralen Parsec beeinflussen Sterne durch ihr kollektiv erzeugtes Balkenpotential die Kernaktivität; innerhalb von 1 pc sind die Sterne so dicht gepackt, dass Zusammenstöße zwischen ihnen genügend Gas freisetzen, um die Gasströme nach innen zu nähren.

Welche Energiequelle speist das galaktische Zentrum? Immerhin sind 5 bis 20 Millionen Sonnenleuchtkräfte nötig, um der gesamten Zentralleuchtkraft aus den innersten 10 pc Rechnung zu tragen. Sind es heiße Sterne oder ist es ein Schwarzes Loch? Es gibt im Zentrum heiße Sterne; sie verraten sich durch Emissionslinien von Helium. Aber wie sollten diese Sterne entstanden sein, wenn dort Gasdichten größer als 30 Millionen Gramm pro cm^3 notwendig sind, um ein Zerreißen durch Gezeitenkräfte zu verhindern?

Die einfachste Vorstellung von einem Schwarzen Loch ist ein immer tiefer werdender Potentialtrog, aus dem selbst Lichtteilchen, die Photonen, nicht mehr herauskommen; deren Energie ist zu klein, um der gewaltigen Anziehung zu entkommen. Der Potentialtrog, anschaulich gesprochen die Anziehungskraft, ist eine Folge der Masse. Je größer und dichter die Masse, umso größer sind die Anziehungskräfte. Am tiefsten Punkt des Milchstraßenpotentials, dort müsste also ein sich nochmals noch tiefer auftuender Gravitationsschlund sitzen, den wir als Schwarzes Loch beschreiben. Der innerste Kern der Milchstraße müsste dann etwa 3 Millionen Sonnenmassen beinhalten. Die Beobachtungen in vielen unterschiedlichen Wellenlängenbändern beweisen solch eine Massenkonzentration.

Schwarze Löcher, die alles Licht verschlucken, machen sich indirekt bemerkbar. Die Materie, die sie anziehen, kann nicht ohne weiteres in das Schwarze Loch hineinstürzen, sondern sammelt sich zunächst in einer dichten Aufsammlungsscheibe. Dort stößt und reibt das Gas aneinander, dort beeinflussen die Magnetfelder die Strömungen, dort wird die Energie freigesetzt. Die Aufsammlungsscheibe ihrerseits wird gespeist von den Gasströmen aus den zerrissenen Sternen der unmittelbaren Umgebung und dem sonstigen interstellaren Medium. Bis zu 10^{45} erg/sec oder 1 Billion Sonnenleuchtkräfte können so aus den Kernen anderer aktiver Galaxien abgegeben werden, und die Kerne sind kleiner als 1/3 pc. Bei diesen aktiven Galaxien muss die Masse des Schwarzen Loches 10^9 Sonnenmassen betragen. Solch eine große Masse sitzt im Zentrum der Milchstraße gewiss nicht. Trotzdem besitzt das Milchstraßenzentrum gewisse Ähnlichkeiten mit den kompakten Kernregionen anderer aktiver Galaxien.

SgrA* ist im Milchstraßensystem als Radiostrahlungsquelle einmalig und zeigt viele Eigenschaften, die kompakte aktive Kerne anderer Sternsysteme aufweisen. Seine Kompaktheit lässt sich begrenzen auf einen Wert kleiner als 1/20 600 pc; das ist rund zehnmal die Entfernung Erde – Sonne. Diese Kleinheit ist für seine Energiequelle eine wichtige einschränkende Bedingung. Damit wird ein Sternhaufen ausgeschlossen und ein Objekt erforderlich, das stellare Größe haben muss – ein Schwarzes Loch rückt somit als Lösung näher. Unsere Schlussweise bleibt indirekt, direkte Beobachtung war und ist noch nicht möglich. Aus den Rotationsgeschwindigkeiten von Sternen in unmittelbarer Nachbarschaft konnte allerdings eindeutig auf ein Schwarzes Loch zurück gerechnet werden.

Das Modell für SgrA* beinhaltet als Herzstück ein Schwarzes Loch. Auf dieses Schwarze Loch strömt über eine Aufsammlungsscheibe Materie; dabei wird Synchrotronstrahlung mit einer Wellenlängenverteilung abgegeben, die auch die Infrarotstrahlung abdeckt. Beobachtungen im Millimeterwellenlängenbereich eröffnen augenblicklich die Möglichkeit, die Aufsammlungsscheibe mit einem Durchmesser von etwa 0,1 pc zu erfassen. Auch die starken Sternwinde der heißen Heliumsterne tragen zu den nötigen Materieströmen bei.

Im Vergleich zu aktiven Galaxien, die zur Erklärung ihres ungeheuren Energieausstoßes Schwarze Löcher benötigen, sendet SgrA* nur wenig Energie aus. Die Radiostrahlungsleuchtkraft liegt bei rund 10^{35} erg/sec. Die zentrale Masse muss 2 bis 3 Millionen Sonnenmassen betragen. Solch eine Masse ist nötig, um die beobachtete Geschwindigkeitsstreuung der Sternumgebung zu verstehen. Auch wird diese Masse benötigt, um die festgestellten Einströmgeschwindigkeiten der Gasfilamente plausibel zu machen.

Das Schwarze Loch SgrA* sitzt im tiefsten Punkt des Milchstraßenpotentialtroges und müsste daher fast keine Eigenbewegung aufweisen. Wenn der Nachweis gelänge, dass die Bewegung kleiner als 1,7 km/s ist, dann wäre ein weiterer Baustein für den Beweis der Existenz des zentralen Schwarzen Loches gefunden. Die Beobachtungstechniken beginnen sich an diesen Wert heranzutasten.

Der Indizienbeweis hat zurzeit zwei wesentliche Stützen: die Kompaktheit von SgrA* als Radioquelle und die hohen Geschwindigkeiten des ionisierten Gases und der Sterne des Zentralbereiches. Es muss also eine Massenkonzentration von rund 3 Millionen Sonnenmassen vorhanden sein. Gibt es theoretische Voraussagen, die die Vorstellung eines Schwarzen Loches stützen könnten? Natürlich gibt es die. Die spektakulärste wäre ein Helligkeitsausbruch der zentralen Quelle. Die Aufströmrate von Materie in die Aufsammlungsscheibe müsste sich dabei schlagartig erhöhen. Solch ein Helligkeitsausbruch ist ein nicht ganz unwahrscheinlicher Vorgang. Seit 1974, dem Entdeckungsjahr der zentralen galaktischen Strahlungsquelle, hat sich die Leuchtkraft nur um einen Faktor 2 geändert. Wenn die Leuchtkraft über 10^{39} erg/sec anstiege oder um das Tausendfache des augenblicklichen Wertes anstiege, dann würde die Kleinheit des Emissionsvolumens und die Helligkeitssteigerung die Argumente für ein Schwarzes Loch zwingend werden lassen.

Unsere Argumentationsketten hinsichtlich der Existenz eines Schwarzen Loches im Milchstraßenzentrum verlaufen zurzeit noch indirekt. Sehen wir durch einen Feldstecher ein weißes Schaf, bewegt sich das Schaf nicht, können wir naturwissenschaftlich streng nicht behaupten, es sei ein weißes Schaf. Seine uns nicht sichtbare andere Seite könnte ja schwarz sein. Erst wenn wir durch zusätzliche Kenntnisse anderer uns zugänglicher Schafseigenschaften - z.B. Fellstruktur, Kopfform - die so nur stets bei Schecken auftreten, gewiss sein könnten, die andere Schafsseite muss schwarz sein - erst dann wird naturwissenschaftliche Erkenntnis zur Gewissheit. Das Wissen über den zentralen Bereich unseres Milchstraßenzentrums hat zurzeit Ähnlichkeit mit der uns zugänglichen einen Schafsseite. Künftigen astronomischen Bemühungen bleibt die Aufdeckung der anderen, uns noch verdeckten Seite vorbehalten.

14. Die Milchstraße aufgehoben im Strom der Zeit

In den letzten Jahrzehnten verschob sich der übergewichtige Interessenschwerpunkt der Astrophysik vom Studium der Einzelsterne zum Studium der Sternsysteme. Heute kommt beiden Gebieten gleiches Interesse zu. Der Grund liegt in den Fortschritten der Teleskopentwicklung, der Erschließung neuer Wellenlängenbänder und der hinsichtlich Auflösung und Empfindlichkeit verbesserten Beobachtungsgeräten. Immer mehr und vor allem immer lichtschwächere Galaxien können untersucht werden. Dabei stehen die Fragen nach Aufbau und Entwicklung der Galaxien an erster Stelle. 1923 gelang es Edwin Hubble, die äußeren Bereiche unseres Nachbarsternsystems, des Andromedanebels, in einzelne Sterne aufzulösen und über deren Veränderlichkeit eine Entfernungsbestimmung durchzuführen. Hubble errechnete für den Andromedanebel eine Entfernung von 900000 Lichtjahren (heutiger Wert 2,25 Millionen Lichtjahre). Damit stand fest, dass es ferne Welteninseln - ähnlich aufgebaut wie unsere eigene Milchstraße gibt. Anfang der dreißiger Jahre des 20. Jahrhunderts war diese Erkenntnis astronomisches Allgemeingut geworden.

Wir blicken heute auf rund 70 Jahre Galaxienforschung zurück. Der Erforschung unserer eigenen Milchstraße kommt dabei eine zentrale Rolle zu. Sei es, dass man Ergebnisse und Verfahren an anderen Sternsystemen nachprüfte; sei es, dass man Beobachtungen an fremden Sternsystemen, die man von außen sieht, für die Milchstraßenforschung nutzbar zu machen versuchte (Abb. 14.1). Eine typische Galaxie enthält rund 100 Milliarden Sterne und mindestens ebensoviel Galaxien finden sich im derzeit beobachtbaren Weltall. Die Bausteine des heutigen Universums auf Skalen von einigen 10^{26m} sind Galaxien. Auf dieser Stufe der Organisation des Universums setzt sich der hierarchische Aufbau des Weltalls fort: Galaxien ordnen sich in Galaxienhaufen zusammen und Galaxienhaufen scheinen sich girlandenförmig aneinander zuhängen. Zwischen diesen Ketten, Klumpen und Flächen von Sternsystemen im Raum existieren gewaltige Leerräume. Die Verteilung der Galaxien im Raum, ihre Anzahl, ihre Masse, ihre innere Entwicklung, ihr Bewegungszustand, liefern der Kosmologie die Beobachtungsdaten, um Weltmodelle überprüfen zu können.

Galaxien haben als Einzelbausteine des Kosmos eine höhere strukturelle Qualität als die Einzelsterne. Die Summe der Wechselwirkungen der Einzelsterne und der Gas- und Staubwolken zwischen den Sternen liefert ein Mehr an physikalisch messbaren Eigenschaften, als die pure Addition der Eigenschaften der Bestandteile eines Sternsystems. Galaxien, und wir sahen es in unserer Milchstraße, sind strukturbildende kosmische Objekte. Es sind rückgekoppelte astrophysikalische Ökosysteme, in denen Sterne geboren werden, sich entwickeln, absterben und Teile ihrer Materie an das interstellare Medium zurückgeben. Das zurückgeführte Material ist mit den Produkten der stellaren Elemententstehung angereichert. Die Dynamik und Kinematik der Sternsysteme zeigt Wege, diese strukturbildenden Prozesse zu verstehen.

14.1 Der Blick hinaus in den Raum ist immer ein Blick in die Zeit zurück. Von der Erde zum Mond sind es 1,3 Lichtsekunden; von der Erde zur Sonne sind es rund 8,2 Lichtminuten; zu den nächsten Sternen sind es 4–6 Lichtjahre.

Für den Sprung in die Umgebung der benachbarten Spiralarme benötigen wir einige hundert Lichtjahre.

Zum Zentrum der Milchstraße ist es rund 26000 Lichtjahre, zu den nächsten Galaxien sind es 2 Millionen Lichtjahre, zu den nächsten Galaxienhaufen 50 Millionen und Milliarden Lichtjahre, und erst danach kommen wir in Entfernungen und zu einem Weltalter, wo Galaxienentstehung beobachtbar wird. Siehe Farbtafel VIII

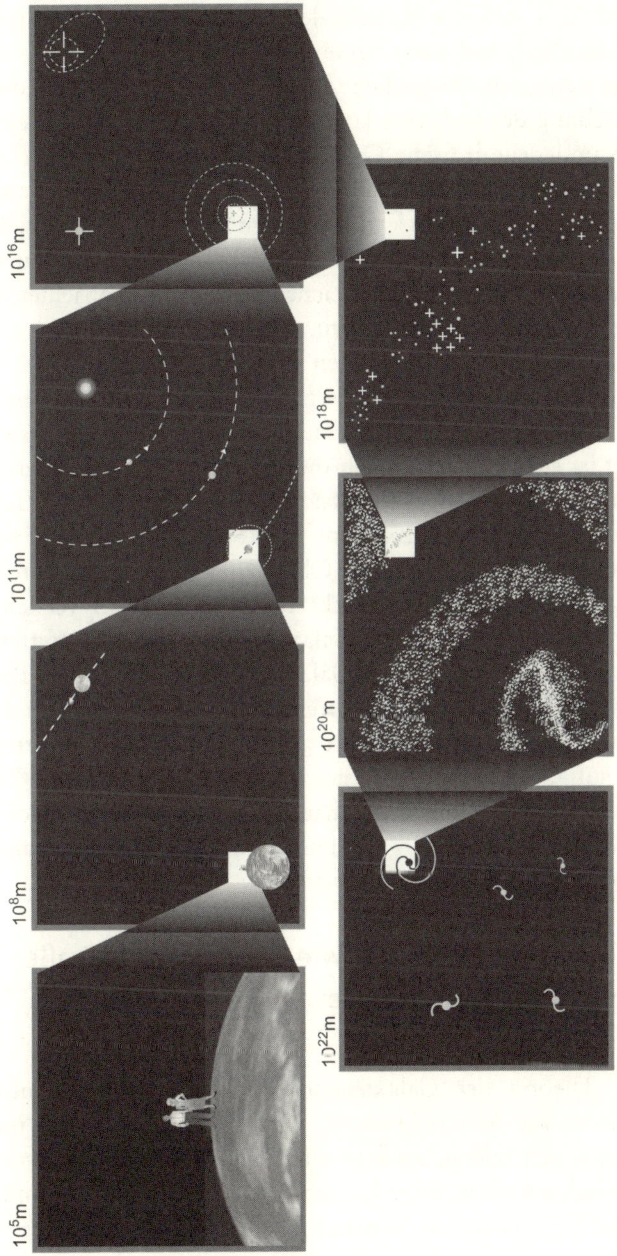
10^16m
10^11m
10^8m
10^5m
10^18m
10^20m
10^22m

Galaxien entwickeln sich. Jede Entwicklung hat einen Anfang. Während man heute den Prozess der Sternentstehung wenigstens in groben Zügen kennt, beginnt sich die Entstehung der Galaxien langsam zu lichten. Weltraumteleskop und neue irdische Großteleskope erfassen die Epoche der Galaxienentstehung. Sie liegt zeitlich, also räumlich sehr weit zurück. Unser Blick in den Raum ist ja immer ein Blick in die Zeit, in die Vergangenheit. Je weiter wir in den Raum hinausgehen, umso lichtschwächer werden die beobachteten Objekte. Zurzeit beginnen wir mit unseren Teleskopen zu sehen, wie Galaxien entstanden sind.

Sternbildung beobachten wir hier und heute in unserer Milchstraße und in anderen Sternsystemen. Galaxienentstehung ist sicher nicht einfach die große Schwester der Sternentstehung: Bei der Sternentstehung weiß man immerhin genau, was dabei herauskommt - ein Stern. Und Sterne sind physikalisch wohl definierte Objekte. Sie lassen sich durch einige wenige Parameter exakt beschreiben. Man versteht ihre Struktur, aber was sind Galaxien? Und wiederum treffen wir auf die zentrale Frage: Galaxien entwickeln sich. Galaxien sind komplexe, von inneren Wechselwirkungen gesteuerte Objekte. Und eine noch größere Schwierigkeit türmt sich auf. Galaxien scheinen aus über 80 bis 90% Materie zu bestehen, die wir heute überhaupt noch nicht direkt beobachten konnten. Steuert die Dunkelmaterie die Entstehung der Galaxien?

14.1 Ein Szenarium – wie unsere Milchstraße entstanden sein könnte

Eine Theorie der Galaxienentstehung müsste nicht nur erklären, wie Materieklumpen von galaktischer Masse im Kosmos sich bilden, sondern wie Galaxien gerade so geworden sind, wie sie in ihrer ganzen Komplexität nun mal sind. So gesehen muss eine künftige Theorie der Galaxienentstehung im weitesten Sinne zu der Synthese der Astronomie überhaupt führen. Für heute müssen wir unsere Ansprüche tiefer schrauben. Tun wir das, so stehen wir nicht ganz mit leeren Händen dar. Zumindest können wir ein astrophysikalisches Szenarium entwerfen, welches ein grobes Bild der Galaxienentstehung und einige Eigenschaften unserer Milchstraße zu erklären in der Lage ist.

Ausgang für unsere Überlegungen ist der beobachtete Zusammenhang zwischen Alter und Bewegung der Sterne. In einem zur Ruhe gekommenen Sternsystem sollten sich Bahnenergie und Bahndrehimpuls der Sterne nur sehr langsam ändern, in einer Zeit, die vergleichbar mit dem Gesamtalter des Universums ist. Kennt man daher die Bahnen der Sterne, so kennt man auch die anfängliche Dynamik der Materie, aus der die Sterne entstanden ist. Kombiniert man dies mit Informationen über das Alter der Materie, welches sich mit Hilfe der Sternentwicklungstheorie abschätzen lässt, gewinnt man folglich eine Vorstellung davon, wie sich Struktur und Dynamik der Milchstraße im Laufe der Zeit insgesamt geändert haben.

Die Grunddaten hierzu sind die Raumgeschwindigkeiten und die ultraviolette Überschussstrahlung von Hauptreihensternen aller Populationen. Die Raumgeschwindigkeiten gestatten die Berechnung der Sternbahnen. Die Strahlungsüberschüsse im Ultravioletten erlauben eine Abschätzung des Metallgehalts, also der Chemie der Sterne. Aus dem Metallgehalt kann dann – zwar etwas um die Ecke herum – das Sternalter festgelegt werden. Die Beobachtungen liefern klare Zusammenhänge zwischen dem Ultraviolett-Überschuss, der Bahnexzentrizität, dem Bahndrehimpuls und der Geschwindigkeit der Sterne senkrecht zur galaktischen Ebene.

Sterne mit großem Ultraviolett-Überschuss können den Hauptreihensternen von Kugelsternhaufen, also Population-II-Sternen gleichgesetzt werden. Sie haben einen kleinen Metallgehalt, sie haben hohe Raumgeschwindigkeiten, ihnen kann ein Alter von rund 10 Milliarden Jahren zugeordnet werden. Auf der anderen Seite dürfen Sterne mit kleinem oder fehlendem Ultraviolett-Überschuss, also hohem Metallgehalt, der ja ein Produkt vorangehender Sternbildung sein muss, als jung bezeichnet werden. Es sind die Population-I-Sterne. Die Ergebnisse dieser Beobachtungen und Korrelationen lassen sich nun wie folgt darstellen: Junge Sterne bevorzugen kreisnahe Bahnen in der Scheibe mit einer maximalen Höhe kleiner als 1 kpc und besitzen einen hohen Drehimpuls. Alte Sterne bewegen sich im galaktischen Sternenhalo, also bis 10 oder 20 kpc von der galaktischen Ebene weg, in stark exzentrischen Bahnen mit kleinem Drehimpuls. Die jungen Sterne entstanden also offenbar nahe der galaktischen Ebene, während die alten Sterne praktisch in jeder Höhe, je älter desto höher im Mittel, über der Ebene entstanden. Es drängt sich der Schluss auf: Die Milchstraße kollabierte allmählich zur Scheibe. Der Faktor, um den die Milchstraße zusammen schnurrte, beträgt etwa 25. Die Unterbausteine - Zwergsternsysteme, Gas- und Sternwolken -, aus denen sich die Milchstraße bildete, fanden zu einem Rotationsgleichgewicht. Der weitere Kollaps der Untersysteme erklärt den kleinen Drehimpuls der ersten, heute sehr alten Sterne. Aber woher stammen ihre extremen Bahnexzentrizitäten?

Die Bahnexzentrizität eines Sterns ist in der Regel eine Erhaltungsgröße, falls sich das Gravitationspotential des gesamten Sternsystems nur wenig im Zeitraum einer Rotationsperiode ändert. War nun ursprünglich, wie angenommen, die Milchstraße im Rotationsgleichgewicht, lief also alles auf Kreisbahnen, so bleibt nur der Schluss: Der Kollaps der Milchstraße und die Zusammenlagerung der Untersysteme geschah sehr rasch in weniger als 100 Millionen Jahren. Dann können die Sterne ihre Bahnexzentrizitäten ändern. Die ersten Sterne konnten also gerade ein winziges Stück ihrer Kreisbahn ziehen, schon war die Galaxie unter ihnen kollabiert und zog sie nun viel stärker an. So fielen die Milchstraßenältesten praktisch durchs Zentrum des kollabierten Sternsystems und bewegten sich fortan auf langgestreckten Bahnen mit hoher Bahnexzentrizität; diese Milchstraßenältesten, das sind die Kugelsternhaufen.

Von diesen Beobachtungen geleitet, lassen sich also die Kulissen unseres Szenariums „Entstehung der Milchstraße" etwa auf folgende Art und Weise ordnen. Vor ungefähr 10 Milliarden Jahren begannen Untersysteme - Zwerggalaxien, Gas- und Sternwolken - als noch langsam rotierende Vorgalaxis zu kollabieren; Kugelhaufen und metallarme Feldsterne bildeten sich als erste oder zweite Sterngeneration. Im Zuge des Kollapses wurde das Gas zur Ebene hin verdichtet und angereichert mit schweren Elementen aus den Trümmern der ersten Sterngeneration und der Zwerggalaxien. So entstanden immer mehr und mehr metallreichere Sterne. Die anwachsende Drehgeschwindigkeit beim Zusammenbruch des ganzen Systems brachte den Kollaps in radialer Richtung schließlich zum Stillstand. Parallel zur Rotationsachse, wo ihm nichts entgegenwirkte, führte er zur Bildung einer dünnen Scheibe, in der sich das übriggebliebene Gas im Rotationsgleichgewicht stabilisierte und in der seit der Entstehungszeit fast gleichmäßig metallreichere Sterne entstanden sind und noch entstehen. Der ganze Kollaps der Milchstraße hat nur wenige 100 Millionen Jahre gedauert und durch die rasche Änderung des Gravitationspotentials die erst vorhandenen und entstandenen Sterne in Bahnen großer Exzentrizität zurückgelassen. Und all dies lief unter dem Schleier der Dunkelmaterie. Diese unbekannte Kulisse im Szenarium der Milchstraßenentstehung, sie wird nur von der Wissenschaft zu bemalen und auszugestalten sein, wenn unsere Teleskope tiefer in die Entfernungen vorgedrungen sind, wo Galaxienentstehung in Raum und Zeit stattfand.

14.2 Aufgehoben im Strom der Zeit

Entstanden in Raum und Zeit, aufgehoben im Strom der Zeit, hat uns das *Unterwegs auf der Milchstraße* praktisch an die Grenze unseres Wissens geführt. Gesucht ist derjenige Anfangszustand des Universums, der in langer Geschichte diese Galaxie, unsere Milchstraße, hervorbringen musste. Es ist eine schwindelerregende Brücke von dem Hier und Jetzt auf dem kalten Körper Erde, angekettet an den Stern Sonne, über das Milchstraßenband hinweg zu den letzten Fragen und zu den Bausteinen des gesamten Universums. Die Geschichte unseres Universums enthält die Geschichte unserer Milchstraße.

Die Geschichte unserer Milchstraße und der Galaxien losgelöst von ihrer Umgebung zu behandeln, ist unmöglich; und Entstehung und Galaxienentwicklung voneinander zu trennen, ist ebenfalls unmöglich. Das Problem der Galaxienentstehung lösen heißt also, die Geschichte des gesamten erfassbaren Universums bis heute lückenlos zu beschreiben. Gelingt dies, dann haben wir auch das Werkzeug in der Hand, die Geschichte der Milchstraße lückenlos zu beschreiben. Unser *Unterwegs auf der Milchstraße* führt uns zu den letzten Fragen. Das Milchstraßenband ist der Wegweiser in die Tiefen des Kosmos, in die Unendlichkeit der Zeit.

Auf der Milchstraße haben wir uns Blasen gelaufen, und vor dem Tor zu den Sternen empfangen uns neue Fragen ohne Ende.

Weiterführende und umfassendere Literatur

Bergmann - Schäfer, Lehrbuch der Experimentalphysik, Band 8, Sterne und Weltraum, 2. Auflage, de Gruyter Verlag, Berlin, 2002
(darin die umfangreichen Beiträge: Duerbeck: Grundlagen der Astronomie; Scheffler und Feitzinger: Sterne und interstellare Materie; Feitzinger: Galaxien)

Cox A. N. (Herausgeber), Allen's Astrophysical Quantities, Springer Verlag, Berlin, 2000

Feitzinger J. V., Kosmische Horizonte, Spektrum Akademischer Verlag, Heidelberg, 2002

Harwit M., Astrophysical Concepts, Springer Verlag, Berlin, 2000

Kaler J. B., Sterne und ihre Spektren, Spektrum Akademischer Verlag, Heidelberg, 1994

Karttunen H. (Herausgeber), Fundamental Astronomy, Springer Verlag, Berlin, 2000

Keller H. U., Astrowissen, Kosmos Verlag, Stuttgart, 2000

Lang K. R., Astrophysical Formulae, Band 1–3, Springer Verlag, Berlin, 1999

Lang K. R., The Sun from Space, Springer Verlag, Berlin, 2000

Murdin P. (Herausgeber), Encyclopedia of Astronomy and Astrophysics, Nature Publishing Group, London, 2001

Unsöld A., Baschek B., Der neue Kosmos, Springer Verlag, Berlin, 2002

Weigert A., Wendker H., Astronomie und Astrophysik, VCH-Verlagsgesellschaft, Weinheim, 1996

Populärwissenschaftliche Zeitschriften

Astronomie und Raumfahrt im Unterricht, Friedrich Verlag, Velber, erscheint zweimonatlich

Sterne und Weltraum, Spektrum Akademischer Verlag, Heidelberg, erscheint monatlich

Index

S